Pestalozzi's

Elementarbücher.

Anschauungslehre der Zahlenverhältnisse.

Drittes Heft.

Zürich,
in Commission in der Geßnerschen Buchhandlung,
und in
Tübingen,
in der J. G. Cotta'schen Buchhandlung.
1804.

Vorrede.

Mit diesem dritten Hefte sind die Uebungen der Elementarlehre der Zahlenverhältnisse geschlossen. Ich habe mit denselben dem Publikum nichts anders, als durch praktische Anwendung entschieden bewährte Mittel zur Entwiklung, Uebung und Bildung der Vernunftkraft, in die Hand geben wollen, und hoffe jedem Freunde der Jugend um so mehr damit willkommen zu seyn, je mehr ihre Einfachheit und Lückenlosigkeit sie dazu eignen, daß sie vom gemeinen Lehrer und von der gemeinen Mutter in ihrer Einfalt, unabhängend von jeder tiefern Untersuchung, gebraucht und benuzt werden können. Alle tiefern Untersuchungen, und selbst die Frage: warum diese Mittel auf den menschlichen Geist die Wirkung haben die sie wirklich auf denselben haben, — gehört nicht ins Gebiet des sie einfach anwendenden Lehrers, noch viel weniger der sie einfach anwendenden Mutter; für diese beyde, das heißt aber bestimmt für diejenigen, um derer willen die Uebungen dieser Anschauungslehre geschrieben sind, kann nur das eigne zu einem hohen Grad von Fertigkeit betriebene Lernen und Lehren derselben, und die Erfahrung ihrer Wirkungen auf ihren Geist selbst sowohl, als auf den Geist derjenigen, die sie unterrichten, entscheiden — und er wird es thun. Meine Erfahrungen hierüber, die Erfahrungen meiner Freunde und aller derer, die dieses Lernen und Lehren nach der gegebenen Anleitung versucht haben, bestätigen und übertreffen meine Erwartungen auf eine Art, daß ich zu demjenigen, was ich in den Vorreden zu den vorhergehenden Heften gesagt habe, mit Ruhe und unbedingter Gewißheit hinzufügen darf: Wer immer die Reihenfolgen dieser Anschauungslehre nach ihrer Vorschrift zur Vollendung übt, der wird inne werden, daß ihre Ordnung tief aus der Natur des menschlichen Geistes geschöpft ist, und tief auf dieselbe wirkt.

Aber bey der bisherigen so vielseitigen unrichtigen Beurtheilung des Gegenstandes, muß ich noch einmal wiederholen, daß der wesentliche Zweck dieser Uebungen durchaus kein anderer ist, als derjenige, die Vernunftanlage des Menschen zur Vernunftkraft zu erheben; und daß es unrichtig ist, sie in dem engen und einseitigen Gesichtspunkte eines neuen Mittels, die Kinder rechnen zu lehren, ins Auge zu fassen. Sie lernen freylich durch diese Uebungen rechnen, aber mehr als rechnen lernen sie durch dieselben, Denken, und auch das Rechnen sollen sie durch dieselben nur denkend lernen.

So weit diese Uebungen gehen sind sie nur Uebungen der Kraft in der Anschauung reiner Verhältnisse, als Anwendung dieser Kraft auf die Berechnung der Größe, der Schwere, der Dauer und des Werthes aller Gegenstände der Wissenschaft und des Berufs, so wie auf die Fertigkeit das reine Bewußtseyn der Zahlenverhältnisse mit Verkürzungsmitteln, Zahlzeichen, auszudrücken; dazu braucht es neue Uebungen, die sich aber wesentlich an diese Fundamentalübungen anschliessen müssen. Gegenwärtig werden auch diese Anwendungsübungen bey uns bearbeitet, und wir werden nicht säumen dieselben dem Publikum ebenfalls mitzutheilen. Ich erwarte ruhig den Zeitpunkt, in welchem die Wirkung dieser Anwendung auf wissenschaftliche, noch mehr aber auf Berufsgegenstände sichtbar werden wird, und bin zum voraus überzeugt, daß dannzumal auch diejenigen Menschen, die jede Sache nur nach dem eingeschränkten Gesichtspunkte ihres Einflusses auf das, was sie selbst mehr oder minder können und treiben, beurtheilen, der Methode Gerechtigkeit wiederfahren lassen werden.

Burgdorf, den 1. März 1804.

P e s t a l o z z i.

Erste Bruchtabelle.

Sechste Uebung.

In dieser Uebung lernt das Kind die Summe bestimmen, von welcher eine gegebene Anzahl Theile eines Ganzen, als der halbe, der dritte, der vierte Theil u. s. w. ins Auge fällt, und eben so lernt es das einfachste Verhältniß angeben, das zwischen zweyen Summen von Theilen eines Ganzen statt hat, von welcher die größere bestimmt 2, 3, 4, 5 mal 2c. so groß als die kleinere ist, oder umgekehrt, von welchen die kleinere einen einfachen Theil der größern — den halben, 3ten, 4ten, den 5ten u. s. w. ausmacht.

Zweyte Reihe.

Der halbe Theil von 1 Ganzen ist einmal 1 Halbes:

1 mal 1/2 ist d. halbe Th. v. 2 m. 1/2. 2 m. 1/2 sind 2/2; 2/2 sind 1 Ganz.
1 — 1/2 — — 3te — — 3 — 1/2. 3 — 1/2 — 3/2. 3/2 — 1 — u. 1/2
1 — 1/2 — — 4te — — 4 — 1/2. 4 — 1/2 — 4/2. 4/2 — 2 Ganze
1 — 1/2 — — 5te — — 5 — 1/2. 5 — 1/2 — 5/2. 5/2 — 2 — u. 1/2
1 — 1/2 — — 6te — — 6 — 1/2. 6 — 1/2 — 6/2. 6/2 — 3 —
1 — 1/2 — — 7te — — 7 — 1/2. 7 — 1/2 — 7/2. 7/2 — 3 — u. 1/2
1 — 1/2 — — 8te — — 8 — 1/2. 8 — 1/2 — 8/2. 8/2 — 4 —
1 — 1/2 — — 9te — — 9 — 1/2. 9 — 1/2 — 9/2. 9/2 — 4 — u. 1/2
1 — 1/2 — — 10te — — 10 — 1/2. 10 — 1/2 — 10/2. 10/2 — 5 —

1 Ganzes ist 1 mal 2 Halbe:

1mal 2/2 ist d. halbe Th. von 2mal 2/2. 2mal 2/2 sind 4/2. 4/2 sind 2 G.
1 — 2/2 — — 3te — — 3 — 2/2. 3mal 2/2 — 6/2. 6/2 — 3 —
1 — 2/2 — — 4te — — 4 — 2/2. 4 — 2/2 — 8/2. 8/2 — 4 —

1 mal 2/2 ist der 5te Theil von 5 m. 2/2. 5 m. 2/2 sind 10/2. 10/2 sind 5 G.

1 — 2/2 — — 6te, 7te 8te Theil u. s. w. bis 1 mal 2/2 ist der 10te Theil von 10 mal 2/2. 10 mal 2/2 sind 20/2. 20/2 sind 10 Ganze.

1 Ganzes und 1 Halbes ist 1 mal 3 Halbe:

1 m. 3/2 ist der halbe Th. v. 2 m. 3/2. 2 m. 3/2 sind 6/2. 6/2 st. 3 Gze.

1 — 3/2 — — 3te — — 3 — 3/2. 3 — 3/2 — 9/2. 9/2 — 4 — u. 1/2

1 — 3/2 — — 4te — — 4 — 3/2. 4 — 3/2 — 12/2. 12/2 — 6 —

1 — 3/2 — — 5te — — 5 — 3/2. 5 — 3/2 — 15/2. 15/2 — 7 — u. 1/2

1 — 3/2 — — 6te — u. s. w.

2 Ganze sind 1 mal 4 Halbe:

1 mal 4/2 ist d. halbe Th. v. 2 m. 4/2. 2 m. 4/2 sind 8/2. 8/2 sind 4 Gze.

1 — 4/2 — — 3te — — 3 — 4/2. 3 — 4/2 — 12/2. 12/2 — 6 —

1 — 4/2 — — 4te — — 4 — 4/2. 4 — 4/2 — 16/2. 16/2 — 8 —

1 — 4/2 — — 5te — — 5 — 4/2. 5 — 4/2 — 20/2. 20/2 — 10 —

1 — 4/2 — — 6te — u. s. w.

2 Ganze und 1 Halbes sind 1 mal 5 Halbe:

1 mal 5/2 ist der halbe Th. v. 2 m. 5/2. 2 m. 5/2 st. 10/2. 10/2 sind 5 Gze.

1 — 5/2 — — 3te — — 3 — 5/2. 3 — 5/2 — 15/2. 15/2 — 7 — u. 1/2

1 — 5/2 — — 4te — — 4 — 5/2. 4 — 5/2 — 20/2. 20/2 — 10 —

1 — 5/2 — — 5te — — 5 — 5/2. 5 — 5/2 — 25/2. 25/2 — 12 — u. 1/2

1 — 5/2 — — 6te — u. s. w.

3 Ganze sind 1 mal 6 Halbe:

1 m. 6/2 ist der halbe Th. v. 2 m. 6/2. 2 m. 6/2 sind 12/2. 12/2 sind 6 Gze.

1 — 6/2 — — 3te — — 3 — 6/2. 3 — 6/2 — 18/2. 18/2 — 9 —

1 — 6/2 — — 4te — — 4 — 6/2. 4 — 6/2 — 24/2. 24/2 — 12 —

1 — 6/2 — — 5te — — 5 — 6/2. 5 — 6/2 — 30/2. 30/2 — 15 —

1 — 6/2 — — 6te — u. s. w.

3 Ganze und 1 Halbes sind 1 mal 7 Halbe:

1 m. 7/2 ist der halbe Th. v. 2 m. 7/2. 2 m. 7/2 sind 14/2. 14/2 st. 7 Gze.

1 — 7/2 — — 3te — — 3 — 7/2. 3 — 7/2 — 21/2. 21/2 — 10 — u. 1/2

1 — 7/2 — — 4te — — 4 — 7/2. 4 — 7/2 — 28/2. 28/2 — 14 —

1 — 7/2 — — 5te — — 5 — 7/2. 5 — 7/2 — 35/2. 35/2 — 17 — u. 1/2

1 — 7/2 — — 6te — u. s. w.

4 Ganze sind 1 mal 8 Halbe:

1 m. $8/2$ ist d. halbe Th. v. 2 m. $8/2$. 2 m. $8/2$ sind $16/2$. $16/2$ sind 8 Gze.
1 — $8/2$ — — 3te — — 3 — $8/2$. 3 — $8/2$ — $24/2$. $24/2$ — 12 —
1 — $8/2$ — — 4te — — 4 — $8/2$. 4 — $8/2$ — $32/2$. $32/2$ — 16 —
1 — $8/2$ — — 5te — — 5 — $8/2$. 5 — $8/2$ — $40/2$. $40/2$ — 20 —
1 — $8/2$ — — 6te — u. s. w.

4 Ganze und 1 Halbes sind 1 mal 9 Halbe:

1 m. $9/2$ ist d. halbe Th. v. 2 m. $9/2$. 2 m. $9/2$ si. $18/2$. $18/2$ si. 9 Ganze.
1 — $9/2$ — — 3te — — 3 — $9/2$. 3 — $9/2$ — $27/2$. $27/2$ — 13 — u. $1/2$.
1 — $9/2$ — — 4te — — 4 — $9/2$. 4 — $9/2$ — $36/2$. $36/2$ — 18 —
1 — $9/2$ — — 5te — — 5 — $9/2$. 5 — $9/2$ — $45/2$. $45/2$ — 22 — u. $1/2$
1 — $9/2$ — — 6te — u. s. w.

5 Ganze sind 1 mal 10 Halbe:

1 m. $10/2$ ist d. halbe Th. v. 2 m. $10/2$. 2 m. $10/2$ si. $20/2$. $20/2$ si. 10 Gze.
1 — $10/2$ — — 3te — — 3 — $10/2$. 3 — $10/2$ — $30/2$. $30/2$ — 15 —
1 — $10/2$ — — 4te — — 4 — $10/2$. 4 — $10/2$ — $40/2$. $40/2$ — 20 —
1 — $10/2$ — — 5te — — 5 — $10/2$. 5 — $10/2$ — $50/2$. $50/2$ — 25 —
1 — $10/2$ — — 6te — u. s. w.

So kann weiter fortgefahren werden, indem man bestimmt, wovon 11, 12, 13, 14 Halbe u. s. w. der halbe, 3te, 4te, 5te Theil u. s. w. seyen.

Fragen:

Von welcher Summe von Ganzen sind 4 Ganze und 1 Halbes der 4te Theil? Antwort: 4 Ganze und 1 Halbes sind der 4te Theil von 18 Ganzen. Auflösung: 4 Ganze und 1 Halbes sind 1 mal $9/2$. 1 mal $9/2$ sind der 4te Theil von 4 mal 9 Halben; 4 mal $9/2$ sind $36/2$. und $36/2$ sind 18 Ganze; folglich sind 4 Ganze und 1 Halbes der 4te Theil von 18 Ganzen.

Wie kann also das einfachste Verhältniß von 4 Ganzen und 1 Halben zu 18 Ganzen angegeben werden? Antwort. 4 Ganze und 1 Halbes sind der vierte Theil von 18 Ganzen. Auflösung: 4 Ganze und 1 Halbes sind 1 mal $9/2$; und

18 Ganze sind 4 mal $\frac{9}{2}$; nun ist 1 mal $\frac{9}{2}$ der vierte Theil von 4 mal $\frac{9}{2}$, folglich sind 4 Ganze und 1 Halbes der vierte Theil von 18 Ganzen.

Von welcher Summe von Ganzen sind 6 Ganze und 1 Halbes der 7te Theil? Antw. 6 Ganze und 1 Halbes sind der 7te Theil von 45 Ganzen und 1 Halben. Auflosung: 6 Ganze und 1 Halbes sind 1 mal $\frac{13}{2}$, 1 mal $\frac{13}{2}$ sind der 7te Theil von 7 mal $\frac{13}{2}$; 7 mal $\frac{13}{2}$ sind $\frac{91}{2}$ und $\frac{91}{2}$ sind 45 Ganze und 1 Halbes; folglich sind 6 Ganze und 1 Halbes der 7te Theil von 45 Ganzen und 1 Halben.

Wie kann also das einfachste Verhältniß von 6 Ganzen und 1 Halben angegeben werden? Antwort: 6 Ganze und 1 Halbes ist der siebente Theil von 45 Ganzen und 1 Halben. Auflösung: 6 Ganze und 1 Halbes sind 1 mal $\frac{13}{2}$ und 45 Ganze und 1 Halbes sind 7 mal $\frac{13}{2}$, nun ist 1 mal $\frac{13}{2}$ der siebente Theil von 7 mal $\frac{13}{2}$; folglich sind 6 Ganze und 1 Halbes der siebente Theil von 45 Ganzen und 1 Halben.

Dritte Reihe.

Der dritte Theil von 1 Ganzen ist 1 mal 1 Drittel:
1 mal $\frac{1}{3}$ ist d. halbe Th. von 2 mal $\frac{1}{3}$. 2 mal $\frac{1}{3}$ sind $\frac{2}{3}$.
1 — $\frac{1}{3}$ — — 3te — — 3 — $\frac{1}{3}$. 3 — $\frac{1}{3}$ — $\frac{3}{3}$. $\frac{3}{3}$ si. 1 G.
1 — $\frac{1}{3}$ — — 4te — u. s. w.

2 mal der dritte Theil von 1 Ganzen sind 1 mal 2 Drittel:
1 m. $\frac{2}{3}$ ist d. halbe Th. v. 2 m. $\frac{2}{3}$. 2 m. $\frac{2}{3}$ si. $\frac{4}{3}$. $\frac{4}{3}$ sind 1 Gz. u. $\frac{1}{3}$
1 — $\frac{2}{3}$ — — 3te — — 3 — $\frac{2}{3}$. 3 — $\frac{2}{3}$ — $\frac{6}{3}$. $\frac{6}{3}$ — 2 —
1 — $\frac{2}{3}$ — — 4te — u. s. w.

1 Ganzes ist 1 mal 3 Drittel:
1 m. $\frac{3}{3}$ ist d. halbe Th. v. 2 m. $\frac{3}{3}$. 2 mal $\frac{3}{3}$ sind $\frac{6}{3}$. $\frac{6}{3}$ sind 2 Gze.
1 — $\frac{3}{3}$ — — 3te — — 3 — $\frac{3}{3}$. 3 — $\frac{3}{3}$ — $\frac{9}{3}$. $\frac{9}{3}$ — 3 —
1 — $\frac{3}{3}$ — — 4te — u. s. w.

1 Ganzes und 1 Drittel sind 1 mal 4 Drittel:
1 m. $\frac{4}{3}$ ist d. halbe Th. v. 2 m. $\frac{4}{3}$. 2 m. $\frac{4}{3}$ si. $\frac{8}{3}$. $\frac{8}{3}$ si. 2 Gze. u. $\frac{2}{3}$
1 — $\frac{4}{3}$ — — 3te — — 3 — $\frac{4}{3}$. 3 — $\frac{4}{3}$ — $\frac{12}{3}$. $\frac{12}{3}$ — 4 —
1 — $\frac{4}{3}$ — — 4te — u. s. w.

1 Ganzes und 2 Drittel sind 1 mal 5 Drittel:
1 m. $\frac{5}{3}$ ist d. halbe Th. v. 2 m. $\frac{5}{3}$. 2 m. $\frac{5}{3}$ si. $\frac{10}{3}$. $\frac{10}{3}$ si. 3 G. u. $\frac{1}{3}$
1 — $\frac{5}{3}$ — — 3te — — 3 — $\frac{5}{3}$. 3 — $\frac{5}{3}$ — $\frac{15}{3}$. $\frac{15}{3}$ — 5 —
1 — $\frac{5}{3}$ — — 4te — u. s. w.

2 Ganze sind 1 mal 6 Drittel:
1 m. $\frac{6}{3}$ ist d. halbe Th. v. 2 m. $\frac{6}{3}$. 2 m. $\frac{6}{3}$ sind $\frac{12}{3}$. $\frac{12}{3}$ sind 4 Gze.
1 — $\frac{6}{3}$ — — 3te — — 3 — $\frac{6}{3}$. 3 — $\frac{6}{3}$ — $\frac{18}{3}$. $\frac{18}{3}$ — 6 —
1 — $\frac{6}{3}$ — — 4te — u. s. w.

2 Ganze und 1 Drittel sind 1 mal 7 Drittel.
1 m. $\frac{7}{3}$ ist d. halbe Th. v. 2 m. $\frac{7}{3}$. 2 m. $\frac{7}{3}$ si. $\frac{14}{3}$. $\frac{14}{3}$ si. 4 Gze. u. $\frac{2}{3}$
1 — $\frac{7}{3}$ — — 3te — — 3 — $\frac{7}{3}$. 3 — $\frac{7}{3}$ — $\frac{21}{3}$. $\frac{21}{3}$ — 7 —
1 — $\frac{7}{3}$ — — 4te — u. s. w.

2 Ganze und 2 Drittel sind 1 mal 8 Drittel.
1 m. $\frac{8}{3}$ ist d. halbe Th. v. 2 m. $\frac{8}{3}$. 2 m. $\frac{8}{3}$ si. $\frac{16}{3}$. $\frac{16}{3}$ si. 5 Gze. u. $\frac{1}{3}$
1 — $\frac{8}{3}$ — — 3te — — 3 — $\frac{8}{3}$. 3 — $\frac{8}{3}$ — $\frac{24}{3}$. $\frac{24}{3}$ — 8 —
1 — $\frac{8}{3}$ — — 4te — u. s. w.

3 Ganze sind 1 mal 9 Drittel:
1 m. $\frac{9}{3}$ ist d. halbe Th. v. 2 m. $\frac{9}{3}$. 2 m. $\frac{9}{3}$ sind $\frac{18}{3}$. $\frac{18}{3}$ sind 6 Gze.
1 — $\frac{9}{3}$ — — 3te — — 3 — $\frac{9}{3}$. 3 — $\frac{9}{3}$ — $\frac{27}{3}$. $\frac{27}{3}$ — 9 —
1 — $\frac{9}{3}$ — — 4te — u. s. w.

3 Ganze und 1 Drittel sind 1 mal 10 Drittel.
1 m. $\frac{10}{3}$ ist d. halbe Th. v. 2 m. $\frac{10}{3}$. 2 m. $\frac{10}{3}$ si. $\frac{20}{3}$. $\frac{20}{3}$ si. 6 G. u. $\frac{2}{3}$
1 — $\frac{10}{3}$ — — 3te — — 3 — $\frac{10}{3}$. 3 — $\frac{10}{3}$ — $\frac{30}{3}$. $\frac{30}{3}$ — 10 —
1 — $\frac{10}{3}$ — — 4te — u. s. w.

So wird fortgefahren, indem man bestimmt, wovon 11, 12, 13 und mehrere Drittel der halbe, 3te, 4te, 5te Theil u. s. w. seyen.

Fragen:

Von welcher Summme von Ganzen sind 5 Ganze und 2 Drittel der 6te Theil? Antwort: 5 Ganze und 2 Drittel sind der 6te Theil von 34 Ganzen. Auflösung: 5 Ganze und 2 Drittel sind 1 mal $17/3$; 1 mal $17/3$ ist der 6te Theil von 2 mal $17/3$; 6 mal $17/3$ sind $102/3$ und $102/3$ sind 34 Ganze; folglich sind 5 Ganze und 2 Drittel der 6te Theil von 34 Ganzen.

Wie kann also das einfachste Verhältniß von 5 Ganzen und 2 Drittel zu 34 Ganzen angegeben werden? Antw. 5 Ganze und 2 Drittel sind der sechste Theil von 34 Ganzen. Auflösung: 5 Ganze und 2 Drittel sind 1 mal $17/3$. und 34 Ganze sind 6 mal $17/3$; nun ist 1 mal $17/3$ der 6te Theil von 6 mal $17/3$; folglich sind 5 Ganze und 2 Drittel der sechste Theil von 34 Ganzen.

Vierte Reihe.

Der vierte Theil von 1 Ganzen ist 1 mal 1 Viertel.
1 m. $1/4$ ist d. halbe Theil von 2 m. $1/4$. 2 mal $1/4$ sind $2/4$. $2/4$ sind $1/2$.
1 — $1/4$ — — 3te — — 3 — $1/4$. 3 — $1/4$ — $3/4$.
1 — $1/4$ — — 4te — u. s. w.

2 mal der vierte Theil von 1 Ganzen ist 1 mal 2 Viertel:
1 m. $2/4$ ist der halbe Th. v. 2 m. $2/4$. 2 m. $2/4$ sind $4/4$. $4/4$ st. 1 Gzs.
1 — $2/4$ — — 3te — — 3 — $2/4$. 3 — $2/4$ — $6/4$. $6/4$ — 1 — u. $1/2$
1 — $2/4$ — — 4te — u. s. w.

3 mal der vierte Theil von 1 Ganzen ist 1 mal 3 Viertel:
1 m. $3/4$ ist d. halbe Theil v. 2 m. $3/4$. 2 m. $3/4$ st. $6/4$. $6/4$ st. 1 Gzs. u. $2/4$
1 — $3/4$ — — 3te — — 3 — $3/4$. 3 — $3/4$ — $9/4$. $9/4$ — 2 — u. $1/4$
1 — $3/4$ — — 4te — u. s. w.

1 Ganzes ist 1 mal 4 Viertel:
1 m. $4/4$ ist d. halbe Th. von 2 m. $4/4$. 2 m. $4/4$ sind $8/4$. $8/4$ sind 2 Gze.
1 — $4/4$ — — 3te — — 3 — $4/4$. 3 — $4/4$ — $12/4$. $12/4$ — 3 —
1 — $4/4$ — — 4te — u. s. w.

1 Ganzes und 1 Viertel sind 1 mal 5 Viertel:
1 m. $\frac{5}{4}$ ist d. halbe Th. v. 2 m. $\frac{5}{4}$. 2 m. $\frac{5}{4}$ st. $\frac{10}{4}$. $\frac{10}{4}$ st. 2 Gze. u. $\frac{2}{4}$
1 — $\frac{5}{4}$ — — 3te — — 3 — $\frac{5}{4}$. 3 — $\frac{5}{4}$ — $\frac{15}{4}$. $\frac{15}{4}$ — 3 — u. $\frac{3}{4}$
1 — $\frac{5}{4}$ — — 4te — u. s. w.

1 Ganzes und 2 Viertel sind 1 mal 6 Viertel:
1 m. $\frac{6}{4}$ ist der halbe Th. v. 2 m. $\frac{6}{4}$. 2 m. $\frac{6}{4}$ st. $\frac{12}{4}$. $\frac{12}{4}$ st. 3 Gze.
1 — $\frac{6}{4}$ — — 3te — — 3 — $\frac{6}{4}$. 3 — $\frac{6}{4}$ — $\frac{18}{4}$. $\frac{18}{4}$ — 4 — u. $\frac{2}{4}$
1 — $\frac{6}{4}$ — — 4te — u. s. w.

1 Ganzes und 3 Viertel sind 1 mal 7 Viertel:
1 m. $\frac{7}{4}$ ist d. halbe Th. v. 2 m. $\frac{7}{4}$. 2 m. $\frac{7}{4}$ st. $\frac{14}{4}$. $\frac{14}{4}$ st. 3 G. u. $\frac{2}{4}$
1 — $\frac{7}{4}$ — — 3te — — 3 — $\frac{7}{4}$. 3 — $\frac{7}{4}$ — $\frac{21}{4}$. $\frac{21}{4}$ — 5 — u. $\frac{1}{4}$
1 — $\frac{7}{4}$ — — 4te — u. s. w.

2 Ganze sind 1 mal 8 Viertel:
1 m. $\frac{8}{4}$ ist der halbe Th. v. 2 m. $\frac{8}{4}$. 2 mal $\frac{8}{4}$ st. $\frac{16}{4}$. $\frac{16}{4}$ sind 4 Gze.
1 — $\frac{8}{4}$ — — 3te — — 3 — $\frac{8}{4}$. 3 — $\frac{8}{4}$ — $\frac{24}{4}$. $\frac{24}{4}$ — 6 —
1 — $\frac{8}{4}$ — — 4te — u. s. w.

2 Ganze und 1 Viertel sind 1 mal 9 Viertel:
1 m. $\frac{9}{4}$ ist d. halbe Th. v. 2 m. $\frac{9}{4}$. 2 m. $\frac{9}{4}$ st. $\frac{18}{4}$. $\frac{18}{4}$ st. 4 Gze. u. $\frac{2}{4}$
1 — $\frac{9}{4}$ — — 3te — — 3 — $\frac{9}{4}$. 3 — $\frac{9}{4}$ — $\frac{27}{4}$. $\frac{27}{4}$ — 6 — u. $\frac{3}{4}$
1 — $\frac{9}{4}$ — — 4te — u. s. w.

2 Ganze und 2 Viertel sind 1 mal 10 Viertel:
1 m. $\frac{10}{4}$ ist d. halbe Th. v. 2 m. $\frac{10}{4}$. 2 m. $\frac{10}{4}$ st. $\frac{20}{4}$. $\frac{20}{4}$ st. 5 Gze.
1 — $\frac{10}{4}$ — — 3te — — 3 — $\frac{10}{4}$. 3 — $\frac{10}{4}$ — $\frac{30}{4}$. $\frac{30}{4}$ — 7 — u. $\frac{2}{4}$
1 — $\frac{10}{4}$ — — 4te — u. s. w.

Fragen:

Von welcher Summe von Ganzen sind 7 Ganze und 1 Viertel der 3te Theil? Antw. 7 Ganze und 1 Viertel sind der 3te Theil von 21 Ganzen und 3 Vierteln. Auflösung: 7 Ganze und 1 Viertel sind 1 mal 29 Viertel; 1 mal $\frac{29}{4}$ ist der 3te Theil von 3 mal $\frac{29}{4}$; 3 mal $\frac{29}{4}$ sind $\frac{87}{4}$. und $\frac{87}{4}$ sind 21 Ganze und 3 Viertel; folglich sind 7 Ganze und $\frac{1}{4}$ der 3te Theil von 21 Ganzen und 3 Vierteln.

Wie kann also das einfachste Verhältniß von 7 Ganzen und 1 Viertel zu 21 Ganzen und 3 Vierteln angegeben werden? Antw. 7 Ganze und 1 Viertel sind der dritte Theil von 21 Ganzen und 3 Vierteln. Auflösung: 7 Ganze und 1 Viertel sind 1 mal 29 Viertel; und 21 Ganze und 3 Viertel sind 3 mal 29 Viertel; nun ist 1 mal 29/4 der 3te Theil von 3 mal 29/4; folglich sind 7 Ganze und 1 Viertel der dritte Theil von 21 Ganzen und 3 Vierteln.

Von welcher Summe von Ganzen sind 6 Ganze und 3 Viertel der 7 Theil? Antw. 6 Ganze und 3 Viertel sind der 7te Theil von 47 Ganzen und 1 Viertel. Auflösung: 6 Ganze und 3 Viertel sind 1 mal 27/4; 1 mal 27/4 ist der 7te Theil von 7 mal 27/4; 7 mal 27/4 sind 189/4. und 189/4 sind 47 Ganze und 1 Viertel; folglich sind 6 Ganze und 3 Viertel der 7te Theil von 47 Ganzen und 1 Viertel.

Wie kann also das einfachste Verhältniß von 6 Ganzen und 3 Vierteln zu 47 Ganzen und 1 Viertel angegeben werden? Antw. 6 Ganze und 3 Viertel sind der siebente Theil von 47 Ganzen und 1 Viertel.

Fünfte Reihe.

Der fünfte Theil von 1 Ganzen ist 1 mal 1 Fünftel:
1 mal 1/5 ist der halbe Theil von 2 mal 1/5. 2 mal 1/5 sind 2/5.
1 — 1/5 — — 3te — — 3 — 1/5. 3 — 1/5 — 3/5.
1 — 1/5 — — 4te — u. s. w.

2 mal der fünfte Theil von 1 Ganzen ist 1 mal 2 Fünftel:
1 mal 2/5 ist der halbe Theil von 2 mal 2/5. 2 mal 2/5 sind 4/5.
1 — 2/5 — — 3te — — 3 — 2/5. 3 — 2/5 — 6/5.
1 — 2/5 — — 4te — u. s. w.

3 mal der fünfte Theil von 1 Ganzen ist 1 mal 3 Fünftel:
1 m. 3/5 ist d. halbe Th. v. 2 m. 3/5. 2 m. 3/5 st. 6/5. 6/5 st. 1 Gzs. u. 1/5
1 — 3/5 — — 3te — — 3 — 3/5. 3 — 3/5 — 9/5. 9/5 — 1 — u. 4/5
1 — 3/5 — — 4te — u. s. w.

4 mal der fünfte Theil von 1 Ganzen ist 1 mal 4 Fünftel:
1 m. 4/5 ist d. halbe Th. v. 2 m. 4/5. 2 m. 4/5 si. 8/5. 8/5 si. 1 Gzs. u. 3/5
1 — 4/5 — — 3te — — 3 — 4/5. 3 — 4/5 — 12/5. 12/5 — 2 Gze. u. 2/5
1 — 4/5 — — 4te — u. s. w.

1 Ganzes ist 1 mal 5 Fünftel:
1 m. 5/5 ist d. halbe Th. v. 2 m. 5/5. 2 m. 5/5 sind 10/5. 10/5 sind 2 Gze.
1 — 5/5 — — 3te — — 3 — 5/5. 3 — 5/5 — 15/5. 15/5 — 3 —
1 — 5/5 — — 4te — u. s. w.

1 Ganzes und 1 Fünftel sind 1 mal 6 Fünftel:
1 m. 6/5 ist d. halbe Th. v. 2 m. 6/5. 2 m. 6/5 si. 12/5. 12/5 si. 2 Gze. u. 2/5
1 — 6/5 — — 3te — — 3 — 6/5. 3 — 6/5 — 18/5. 18/5 — 3 — u. 3/5
1 — 6/5 — — 4te — u. s. w.

1 Ganzes und 2 Fünftel sind 1 mal 7 Fünftel:
1 m. 7/5 ist d. halbe Th. v. 2 m. 7/5. 2 m. 7/5 si. 14/5. 14/5 si. 2 Gze. u. 4/5
1 — 7/5 — — 3te — — 3 — 7/5. 3 — 7/5 — 21/5. 21/5 — 4 — u. 1/5
1 — 7/5 — — 4te — u. s. w.

1 Ganzes und 3 Fünftel sind 1 mal 8 Fünftel.
1 m. 8/5 ist d. halbe Th. v. 2 m. 8/5. 2 m. 8/5 si. 16/5. 16/5 si. 3 Gze. u. 1/5
1 — 8/5 — — 3te — — 3 — 8/5. 3 — 8/5 — 24/5. 24/5 — 4 — u. 4/5
1 — 8/5 — — 4te — u. s. w.

1 Ganzes und 4 Fünftel sind 1 mal 9 Fünftel:
1 m. 9/5 ist d. halbe Th. v. 2 m. 9/5. 2 m. 9/5 si. 18/5. 18/5 si. 3 Gze. u. 3/5
1 — 9/5 — — 3te — — 3 — 9/5. 3 — 9/5 — 27/5. 27/5 — 5 — u. 2/5
1 — 9/5 — — 4te — u. s. w.

2 Ganze sind 1 mal 10 Fünftel:
1 m. 10/5 ist d. halbe Th. v. 2 m. 10/5. 2 m. 10/5 si. 20/5. 20/5 si. 4 Gze.
1 — 10/5 — — 3te — — 3 — 10/5. 3 — 10/5 — 30/5. 30/5 — 6 —.
1 — 10/5 — — 4te — u. s. w.

Fragen:

Von welcher Summe von Ganzen sind 2 Ganze und 3 Fünftel der 5te Theil? Antwort: 2 Ganze und 3 Fünfte sind der 5te Theil von 13 Ganzen. Auflösung: 2 Ganze und 3 Fünftel sind 1 mal 13 Fünftel, 1 mal $^{13}/_{5}$ ist der 5te Theil von 5 mal $^{13}/_{5}$; 5 mal $^{13}/_{5}$ sind $^{65}/_{5}$. und $^{65}/_{5}$ sind 13 Ganze; folglich sind 2 Ganze und 3 Fünftel der 5te Theil von 13 Ganzen.

Wie kann also das einfachste Verhältniß von 2 Ganzen und 3 Fünfteln zu 13 Ganzen angegeben werden? Antwort: 2 Ganze und 3 Fünftel sind der fünfte Theil von 13 Ganzen. Auflösung: 2 Ganze und 3 Fünftel sind 1 mal 13 Fünftel, und 13 Ganze sind 5 mal $^{13}/_{5}$. nun ist 1 mal $^{13}/_{5}$ der 5te Theil von 5 mal $^{13}/_{5}$; folglich sind 2 Ganze und 3 Fünftel der fünfte Theil von 13 Ganzen.

Von welcher Summe von Ganzen sind 8 Ganze und 1 Fünftel der halbe Theil? Antwort: 8 Ganze und 1 Fünftel sind der halbe Theil von 16 Ganzen und 2 Fünftel. Auflösung: 8 Ganze und 1 Fünftel sind 1 mal $^{41}/_{5}$; 1 mal $^{41}/_{5}$ sind der halbe Theil von 2 mal $^{41}/_{5}$. 2 mal $^{41}/_{5}$ sind $^{82}/_{5}$. und $^{82}/_{5}$ sind 16 Ganze und $^{2}/_{5}$; folglich sind 8 Ganze und 1 Fünftel der halbe Theil von 16 Ganzen und 2 Fünfteln.

Wie kann also das einfachste Verhältniß von 8 Ganzen und 1 Fünftel zu 16 Ganzen und 2 Fünfteln angegeben werden? Antwort: 8 Ganze und 1 Fünftel sind der halbe Theil von 16 Ganzen und 2 Fünfteln.

Sechste Reihe:

Der sechste Theil von 1 Ganzen ist 1 mal 1 Sechstel:
1 mal $^{1}/_{6}$ ist der halbe Theil von 2 mal $^{1}/_{6}$. 2 mal $^{1}/_{6}$ sind $^{2}/_{6}$.
1 — $^{1}/_{6}$ — — 3te — — 3 — $^{1}/_{6}$. 3 — $^{1}/_{6}$ — $^{3}/_{6}$.
1 — $^{1}/_{6}$ — — 4te — u. s. w.

2 mal der sechste Theil von 1 Ganzen ist 1 mal 2 Sechstel
1 mal $^{2}/_{6}$ ist der halbe Th. v. 2 m. $^{2}/_{6}$. 2 m. $^{2}/_{6}$ sind $^{4}/_{6}$.
1 — $^{2}/_{6}$ — — 3te — — 3 — $^{2}/_{6}$. 3 — $^{2}/_{6}$ — $^{6}/_{6}$. $^{6}/_{6}$ sind 1 Gzs.
1 — $^{2}/_{6}$ — — 4te — u. s. w.

3 mal der sechste Theil von 1 Ganzen ist 1 mal 3 Sechstel:
1 m. 3/6 ist d. halbe Theil von 2 m. 3/6. 2 m. 3/6 sind 6/6. 6/6 si. 1 Gzs.
1 — 3/6 — — 3te — — 3 — 3/6. 3 — 3/6 — 9/6. 9/6 — 1 — u. 3/6
1 — 3/6 — — 4te — u. s. w.

4 mal der sechste Theil von 1 Ganzen ist 1 mal 4 Sechstel:
1 mal 4/6 ist d. halbe Th. v. 2 m. 4/6. 2 m. 4/6 si. 8/6. 8/6 si. 1 Gzs. u. 2/6
1 — 4/6 — — 3te — — 3 — 4/6. 3 — 4/6 — 12/6. 12/6 — 2 —
1 — 4/6 — — 4te — u. s. w.

5 mal der sechste Theil von 1 Ganzen ist 1 mal 5 Sechstel:
1 m. 5/6 ist d. halbe Th. v. 2 m. 5/6. 2 m. 5/6 si. 10/6. 10/6 si. 1 Gzs. u. 4/6
1 — 5/6 — — 3te — — 3 — 5/6. 3 — 5/6 — 15/6. 15/6 — 2 — u. 3/6
1 — 5/6 — — 4te — u. s. w.

1 Ganzes ist 1 mal 6 Sechstel:
1 m. 6/6 ist d. halbe Th. v. 2 m. 6/6. 2 m. 6/6 sind 12/6. 12/6 sind 2 Gze.
1 — 6/6 — — 3te — — 3 — 6/6. 3 — 6/6 — 18/6. 18/6 — 3 —
1 — 6/6 — — 4te — u. s. w.

1 Ganzes und 1 Sechstel sind 1 mal 7 Sechstel:
1 m. 7/6 ist d. halbe Th. v. 2 m. 7/6. 2 m. 7/6 si. 14/6. 14/6 si. 2 Gze. u. 2/6
1 — 7/6 — — 3te — — 3 — 7/6. 3 — 7/6 — 21/6. 21/6 — 3 — u. 3/6
1 — 7/6 — — 4te — u. s. w.

1 Ganzes und 2 Sechstel sind 1 mal 8 Sechstel:
1 m. 8/6 ist d. halbe Th. v. 2 m. 8/6. 2 m. 8/6 si. 16/6. 16/6 si. 2 Gze. u. 4/6
1 — 8/6 — — 3te — — 3 — 8/6. 3 — 8/6 — 24/6. 24/6 — 4 —
1 — 8/6 — — 4te — u. s. w.

1 Ganzes und 3 Sechstel sind 1 mal 9 Sechstel:
1 m. 9/6 ist d. halbe Th. v. 2 m. 9/6. 2 m. 9/6 si. 18/6. 18/6 si. 3 Gze.
1 — 9/6 — — 3te — — 3 — 9/6. 3 — 9/6 — 27/6. 27/6 — 4 — u. 3/6
1 — 9/6 — — 4te — u. s. w.

1 Ganzes und 4 Sechstel sind 1 mal 10 Sechstel:
1 m. 10/6 ist d. halbe Th. v. 2 m. 10/6. 2 m. 10/6 si. 20/6. 20/6 si. 3 Gze. u. 2/6
1 — 10/6 — — 3te — — 3 — 10/6. 3 — 10/6 — 30/6. 30/6 — 5 —
1 — 10/6 — — 4te — u. s. w.

Fragen:

Von welcher Summe von Ganzen sind 1 Ganzes und 5 Sechstel der 5te Theil? Antw. 1 Ganzes und 5 Sechstel sind der 5te Theil von 9 Ganzen und 1 Sechstel. Auflösung: 1 Ganzes und 5 Sechstel sind 1 mal 11 Sechstel, 1 mal 11 Sechstel ist der 5te Theil von 5 mal 11 Sechstel, 5 mal 11 Sechstel sind 55 Sechstel und 55 Sechstel sind 9 Ganze und 1 Sechstel; folglich sind 1 Ganzes und 5 Sechstel der 5te Theil von 9 Ganzen und 1 Sechstel.

Wie kann also das einfachste Verhältniß von 1 Ganzen und 5 Sechstel zu 9 Ganzen und 1 Sechstel angegeben werden? Antwort: 1 Ganzes und 5 Sechstel sind der fünfte Theil von 9 Ganzen und 1 Sechstel. Auflösung: 1 Ganzes und 5 Sechstel sind 1 mal 11 Sechstel, und 9 Ganze und 1 Sechstel sind 5 mal 11 Sechstel, nun ist 1 mal 11 Sechstel der 5te Theil von 5 mal 11 Sechstel; folglich sind 1 Ganzes und 5 Sechstel der fünfte Theil von 9 Ganzen und 1 Sechstel.

Von wie viel Ganzen sind 3 Ganze und 1 Sechstel der 9te Theil? Antwort: 3 Ganze und 1 Sechstel sind der 9te Theil von 28 Ganzen und 3 Sechsteln. Auflösung: 3 Ganze und 1 Sechstel sind 1 mal 19 Sechstel, und 1 mal $^{19}/_{6}$ ist der 9te Theil von 9 mal 19 Sechsteln; 9 mal 19 Sechstel sind 171 Sechstel, und 171 Sechstel sind 28 Ganze und 3 Sechstel; folglich sind 3 Ganze und 1 Sechstel der 9te Theil von 28 Ganzen und 3 Sechsteln.

Wie kann also das einfachste Verhältniß von 3 Ganzen und 1 Sechstel zu 28 Ganzen und 3 Sechstel angegeben werden? Antwort: 3 Ganze und 1 Sechstel sind der neunte Theil von 28 Ganzen und 3 Sechsteln. Auflösung: 3 Ganze und 1 Sechstel sind 1 mal 19 Sechstel, und 28 Ganze und 3 Sechstel sind 9 mal 19 Sechstel; nun ist 1 mal 19 Sechstel der neunte Theil von 9 mal 19 Sechsteln; folglich sind

3 Ganze und 1 Sechstel der **neunte** Theil von 28 Ganzen und 1 Sechstel.

Siebente Reihe:

Der siebente Theil von 1 Ganzen ist 1 mal 1 Siebentel:
1 mal $\frac{1}{7}$ ist der halbe Theil von 2 mal $\frac{1}{7}$. 2 mal $\frac{1}{7}$ sind $\frac{2}{7}$.
1 — $\frac{1}{7}$ — — 3te — — 3 — $\frac{1}{7}$. 3 — $\frac{1}{7}$ — $\frac{3}{7}$.
1 — $\frac{1}{7}$ — — 4te — u. s. w.

2 mal der siebente Theil von 1 Ganzen ist 1 mal 2 Siebentel:
1 mal $\frac{2}{7}$ ist der halbe Theil von 2 mal $\frac{2}{7}$. 2 mal $\frac{2}{7}$ sind $\frac{4}{7}$.
1 — $\frac{2}{7}$ — — 3te — — 3 — $\frac{2}{7}$. 3 — $\frac{2}{7}$ — $\frac{6}{7}$.
1 — $\frac{2}{7}$ — — 4te — u. s. w.

3 mal der siebente Theil von 1 Ganzen ist 1 mal 3 Siebentel:
1 m. $\frac{3}{7}$ ist d. halbe Th. v. 2 m. $\frac{3}{7}$. 2 m. $\frac{3}{7}$ sind $\frac{6}{7}$.
1 — $\frac{3}{7}$ — — 3te — — 3 — $\frac{3}{7}$. 3 — $\frac{3}{7}$ — $\frac{9}{7}$, $\frac{9}{7}$ si. 1 Gzs. u. $\frac{2}{7}$
1 — $\frac{3}{7}$ — — 4te — u. s. w.

4 mal der siebente Theil von 1 Ganzen ist 1 mal 4 Siebentel:
1 m. $\frac{4}{7}$ ist d. halbe Th. v. 2 m. $\frac{4}{7}$. 2 m. $\frac{4}{7}$ si. $\frac{8}{7}$. $\frac{8}{7}$ sind 1 Gzs. u. $\frac{1}{7}$
1 — $\frac{4}{7}$ — — 3te — — 3 — $\frac{4}{7}$. 3 — $\frac{4}{7}$ — $\frac{12}{7}$. $\frac{12}{7}$ — 1 — u. $\frac{5}{7}$
1 — $\frac{4}{7}$ — — 4te — u. s. w.

5 mal der 7te Theil von 1 Ganzen ist 1 mal 5 Siebentel:
1 m. $\frac{5}{7}$ ist d. halbe Th. v. 2 m. $\frac{5}{7}$. 2 m. $\frac{5}{7}$ si. $\frac{10}{7}$. $\frac{10}{7}$ si. 1 Gzs. u. $\frac{3}{7}$
1 — $\frac{5}{7}$ — — 3te — — 3 — $\frac{5}{7}$. 3 — $\frac{5}{7}$ — $\frac{15}{7}$. $\frac{15}{7}$ — 2 — — $\frac{1}{7}$
1 — $\frac{5}{7}$ — — 4te — u. s. w.

6 mal der siebente Theil von 1 Ganzen ist 1 mal 6 Siebentel:
1 m. $\frac{6}{7}$ ist d. halbe Th. v. 2 m. $\frac{6}{7}$. 2 m. $\frac{6}{7}$ si. $\frac{12}{7}$. $\frac{12}{7}$ si. 1 Gzs. u. $\frac{5}{7}$
1 — $\frac{6}{7}$ — — 3te — — 3 — $\frac{6}{7}$. 3 — $\frac{6}{7}$ — $\frac{18}{7}$. $\frac{18}{7}$ — 2 — u. $\frac{4}{7}$
1 — $\frac{6}{7}$ — — 4te — u. s. w.

1 Ganzes ist 1 mal 7 Siebentel:
1 m. $\frac{7}{7}$ ist der halbe Th. v. 2 m. $\frac{7}{7}$. 2 m. $\frac{7}{7}$ si. $\frac{14}{7}$. $\frac{14}{7}$ sind 2 Ganze.
1 — $\frac{7}{7}$ — — 3te — — 3 — $\frac{7}{7}$. 3 — $\frac{7}{7}$ — $\frac{21}{7}$. $\frac{21}{7}$ — 3 —
1 — $\frac{7}{7}$ — — 4te — u. s. w.

1 Ganzes und 1 Siebentel sind 1 mal 8 Siebentel:
1 m. $^8/_7$ ist d. halbe Th. v. 2 m. $^8/_7$. 2 m. $^8/_7$ si. $^{16}/_7$. $^{16}/_7$ si. 2 Gze. u. $^2/_7$
1 — $^8/_7$ — — 3te — — 3 — $^8/_7$. 3 — $^8/_7$ — $^{24}/_7$. $^{24}/_7$ — 3 — u. $^3/_7$
1 — $^8/_7$ — — 4te — u. s. w.

1 Ganzes und 2 Siebentel sind 1 mal 9 Siebentel:
1 m. $^9/_7$ ist d. halbe Th. v. 2 m. $^9/_7$. 2 m. $^9/_7$ si. $^{18}/_7$. $^{18}/_7$ si. 2 Gze. u. $^4/_7$
1 — $^9/_7$ — — 3te — — 3 — $^9/_7$. 3 — $^9/_7$ — $^{27}/_7$. $^{27}/_7$ — 3 — u. $^6/_7$
1 — $^9/_7$ — — 4te — u. s. w.

1 Ganzes und 3 Siebentel sind 1 mal 10 Siebentel:
1 m. $^{10}/_7$ ist d. halbe Th. v. 2 m. $^{10}/_7$. 2 m. $^{10}/_7$ si. $^{20}/_7$. $^{20}/_7$ si. 2 Gze. u. $^6/_7$
1 — $^{10}/_7$ — — 3te — — 3 — $^{10}/_7$. 3 — $^{10}/_7$ — $^{30}/_7$. $^{30}/_7$ — 4 — u. $^2/_7$
1 — $^{10}/_7$ — — 4te — u. s. w.

Fragen:

Von welcher Summe von Ganzen sind 5 Ganze und 2 Siebentel der 6te Theil? Antwort: 5 Ganze und 2 Siebentel sind der 6te Theil von 31 Ganzen und 5 Siebenteln. Auflösung: 5 Ganze und 2 Siebentel sind 1 mal 37 Siebentel, 1 mal 37 Siebentel sind der 6te Theil von 6 mal 37 Siebentel, 6 mal 37 Siebentel sind 222 Siebentel und 222 Siebentel sind 31 Ganze und 5 Siebentel; folglich sind 5 Ganze und 2 Siebentel der 6te Theil von 31 Ganzen und 5 Siebenteln.

Wie kann also das einfachste Verhältniß von 5 Ganzen und 2 Siebenteln zu 31 Ganzen und 5 Siebenteln angegeben werden? Antwort: 5 Ganze und 2 Siebentel sind der sechste Theil von 31 Ganzen und 5 Siebenteln. Auflösung: 5 Ganze und 2 Siebentel sind 1 mal 37 Siebentel und 31 Ganze und 5 Siebentel sind 6 mal 37 Siebentel; nun ist 1 mal 37 Siebentel der sechste Theil von 6 mal 37 Siebentel; folglich sind 5 Ganze und 2 Siebentel der sechste Theil von 31 Ganzen und 5 Siebenteln.

Von wie viel Ganzen sind 4 Ganze und 3 Siebentel der 4te Theil? Antwort: 4 Ganze und 3 Siebentel sind der 4te

Theil von 17 Ganzen und 5 Siebenteln. Auflösung: 4 Ganze und 3 Siebentel sind 1 mal 31 Siebentel; 1 mal 31 Siebentel sind der 4te Theil von 4 mal 31 Siebentel; 4 mal 31 Siebentel sind 124 Siebentel, und 124 Siebentel sind 17 Ganze und 5 Siebentel; folglich sind 4 Ganze und 3 Siebentel der 4te Theil von 17 Ganzen und 5 Siebenteln.

Wie kann also das einfachste Verhältniß von 4 Ganzen und 3 Siebenteln zu 17 Ganzen und 5 Siebenteln angegeben werden? Antwort: 4 Ganze und 3 Siebentel sind der vierte Theil von 17 Ganzen und 5 Siebenteln. Auflösung: 4 Ganze und 3 Siebentel sind 1 mal 31 Siebentel, und 17 Ganze und 5 Siebentel sind 4 mal 31 Siebentel; nun ist 1 mal 31 Siebentel der vierte Theil von 4 mal 31 Siebentel; folglich sind 4 Ganze und 3 Siebentel der vierte Theil von 17 Ganzen und 5 Siebenteln.

Achte Reihe.

Der achte Theil von 1 Ganzen ist 1 mal 1 Achtel:

1 mal $\frac{1}{8}$ ist der halbe Theil von 2 mal $\frac{1}{8}$. 2 mal $\frac{1}{8}$ sind $\frac{2}{8}$.

1 — $\frac{1}{8}$ — — 3te — — 3 — $\frac{1}{8}$. 3 — $\frac{1}{8}$ — $\frac{3}{8}$.

1 — $\frac{1}{8}$ — — 4te — u. s. w.

2 mal der achte Theil von 1 Ganzen ist 1 mal 2 Achtel:

1 mal $\frac{2}{8}$ ist der halbe Theil von 2 mal $\frac{2}{8}$. 2 mal $\frac{2}{8}$ sind $\frac{4}{8}$.

1 — $\frac{2}{8}$ — — 3te — — 3 — $\frac{2}{8}$. 3 — $\frac{2}{8}$ — $\frac{6}{8}$.

1 — $\frac{2}{8}$ — — 4te — u. s. w.

3 mal der achte Theil von 1 Ganzen ist 1 mal 3 Achtel:

1 m. $\frac{3}{8}$ ist der halbe Th. v. 2 m. $\frac{3}{8}$. 2 m. $\frac{3}{8}$ si. $\frac{6}{8}$.

1 — $\frac{3}{8}$ — — 3te — — 3 — $\frac{3}{8}$. 3 — $\frac{3}{8}$ — $\frac{9}{8}$. $\frac{9}{8}$ si. 1 G. u. $\frac{1}{8}$

1 — $\frac{3}{8}$ — — 4te — u. s. w.

4 mal der achte Theil von 1 Ganzen ist 1 mal 4 Achtel:

1 m. $\frac{4}{8}$ ist d. halbe Th. v. 2 m. $\frac{4}{8}$. 2 m. $\frac{4}{8}$ si. $\frac{8}{8}$. $\frac{8}{8}$ si. 1 Ganzes.

1 — $\frac{4}{8}$ — — 3te — — 3 — $\frac{4}{8}$. 3 — $\frac{4}{8}$ — $\frac{12}{8}$. $\frac{12}{8}$ — 1 — u. $\frac{4}{8}$

1 — $\frac{4}{8}$ — — 4te — u. s. w.

5 mal der achte Theil von 1 Ganzen ist 1 mal 5 Achtel:
1 m. 5/8 ist d. halbe Th. v. 2 m. 5/8. 2 m. 5/8 si. 10/8. 10/8 si. 1 Gzs. u. 2/8
1 — 5/8 — — 3te — — 3 — 5/8. 3 — 5/8 — 15/8. 15/8 — 1 — u. 7/8
1 — 5/8 — — 4te — u. s. w.

6 mal der achte Theil von 1 Ganzen ist 1 mal 6 Achtel:
1 m. 6/8 ist d. halbe Th. v. 2 m. 6/8. 2 m. 6/8 si. 12/8. 12/8 si. 1 Gzs. u. 4/2
1 — 6/8 — — 3te — — 3 — 6/8. 3 — 6/8 — 18/8. 18/8 — 2 Gze. u. 2/8
1 — 6/8 — — 4te — u. s. w.

7 mal der achte Theil von 1 Ganzen ist 1 mal 7 Achtel:
1 m. 7/8 ist d. halbe Th. v. 2 m. 7/8. 2 m. 7/8 si. 14/8. 14/8 si. 1 Gzs. u. 6/8
1 — 7/8 — — 3te — — 3 — 7/8. 3 — 7/8 — 21/8. 21/8 — 2 Gze. u. 5/8
1 — 7/8 — — 4te — u. s. w.

1 Ganzes ist 1 mal 8 Achtel:
1 m. 8/8 ist der halbe Th. v. 2 m. 8/8 2 m. 8/8 sind 16/8. 16/8 sind 2 Gze.
1 — 8/8 — — 3te — — 3 — 8/8 3 — 8/8 — 24/8. 24/8 — 3 —
1 — 8/8 — — 4te — u. s. w.

1 Ganzes und 1 Achtel sind 1 mal 9 Achtel:
1 m. 9/8 ist d. halbe Th. v. 2 m. 9/8. 2 m. 9/8 si. 18/8. 18/8 si. 2 Gze. u. 2/8
1 — 9/8 — — 3te — — 3 — 9/8. 3 — 9/8 — 27/8. 27/8 — 3 — u. 3/8
1 — 9/8 — — 4te — u. s. w.

1 Ganzes und 2 Achtel sind 1 mal 10 Achtel:
1 m. 10/8 ist d. halbe Th. v. 2 m. 10/8. 2 m. 10/8 si. 20/8. 20/8 si. 2 Gze. u. 4/8
1 — 10/8 — — 3te — — 3 — 10/8. 3 — 10/8 — 30/8. 30/8 — 3 — u. 6/8
1 — 10/8 — — 4te — u. s. w.

Fragen:

Von wie viel Ganzen sind 5 Ganze und 3 Achtel der 7te Theil? Antwort: 5 Ganze und 3 Achtel sind der 7te Theil von 37 Ganzen und 5 Achteln. Auflösung: 5 Ganze und 3 Achtel sind 1 mal 43 Achtel, 1 mal 43 Achtel sind der 7te Theil von 7 mal 43 Achteln; 7 mal 43 Achtel sind 301 Achtel, und 301 Achtel sind 37 Ganze und 5 Achtel; folglich sind

5 Ganze

5 Ganze und 3 Achtel der 7te Theil von 37 Ganzen und 5 Achteln.

Wie kann also das einfachste Verhältniß von 5 Ganzen und 3 Achteln zu 37 Ganzen und 5 Achteln angegeben werden? Antwort: 5 Ganze und 3 Achtel sind der siebente Theil von 37 Ganzeu und 5 Achteln. Auflösung: 5 Ganze und 3 Achtel sind 1 mal 43 Achtel; und 37 Ganze und 5 Achtel sind 7 mal 43 Achtel; nun ist 1 mal 43 Achtel der siebente Theil von 7 mal 43 Achtel; folglich sind 5 Ganze und 3 Achtel der siebente Theil von 37 Ganzen und 5 Achteln.

Von wie viel Ganzen sind 6 Ganze und 2 Achtel der 3te Theil? Antwort: 6 Ganze und 2 Achtel sind der 3te Theil von 18 Ganzen und 6 Achteln. Auflösung: 6 Ganze und 2 Achtel sind 1 mal 50 Achtel; 1 mal 50 Achtel sind der 3te Theil von 3 mal 50 Achteln; 3 mal 50 Achtel sind 150 Achtel, und 150 Achtel sind 18 Ganze und 6 Achtel; folglich sind 6 Ganze und 2 Achtel der 3te Theil von 18 Ganzen und 6 Achteln.

Wie kann also das einfachste Verhältniß von 6 Ganzen und 2 Achteln zu 18 Ganzen und 6 Achteln angegeben werden? Antwort: 6 Ganze und 2 Achtel sind der 3te Theil von 18 Ganzen und 6 Achteln. Auflösung: 6 Ganze und 2 Achtel sind 1 mal 50 Achtel, und 18 Ganze und 6 Achtel sind 3 mal 50 Achtel; nun ist einmal 50 Achtel der dritte Theil von 3 mal 50 Achtel; folglich sind 6 Ganze und 2 Achtel der dritte Theil von 18 Ganzen und 6 Achteln.

Neunte Reihe:

Der neunte Theil von 1 Ganzen ist 1 mal 1 Neuntel:
1 mal $1/9$ ist der halbe Theil von 2 mal $1/9$; 2 mal $1/9$ sind $2/9$.
1 — $1/9$ — — 3te — — 3 — $1/9$. 3 — $1/9$ — $3/9$.
1 — $1/9$ — — 3te — u. s. w.

2 mal der neunte Theil von 1 Ganzen ist 1 mal 2 Neuntel;
1 mal $\frac{2}{9}$ ist der halbe Theil von 2 mal $\frac{2}{9}$. 2 mal $\frac{2}{9}$ sind $\frac{4}{9}$.
1 — $\frac{2}{9}$ — — 3te — — 3 — $\frac{2}{9}$. 3 — $\frac{2}{9}$ — $\frac{6}{9}$.
1 — $\frac{2}{9}$ — — 4te — u. s. w.

3 mal der neunte Theil von 1 Ganzen ist 1 mal 3 Neuntel:
1 mal $\frac{3}{9}$ ist d. halbe Theil v. 2 mal $\frac{3}{9}$. 2 mal $\frac{3}{9}$ si. $\frac{6}{9}$.
1 — $\frac{3}{9}$ — — 3te — — 3 — $\frac{3}{9}$. 3 — $\frac{3}{9}$ — $\frac{9}{9}$. $\frac{9}{9}$ si 1 Gzs.
1 — $\frac{3}{9}$ — — 4te — u. s. w.

4 mal der neunte Theil von 1 Ganzen ist 1 mal 4 Neuntel:
1 m. $\frac{4}{9}$ ist d. halbe Th. v. 2 m. $\frac{4}{9}$. 2 m. $\frac{4}{9}$ si. $\frac{8}{9}$.
1 — $\frac{4}{9}$ — — 3te — — 3 — $\frac{4}{9}$. 3 — $\frac{4}{9}$ — $\frac{12}{9}$. $\frac{12}{9}$ — 1 Gzs. u. $\frac{3}{9}$.
1 — $\frac{4}{9}$ — — 4te — u. s. w.

5 mal der neunte Theil von 1 Ganzen ist 1 mal 5 Neuntel;
1 m. $\frac{5}{9}$ ist d. halbe Th. v. 2 m. $\frac{5}{9}$. 2 m. $\frac{5}{9}$ si. $\frac{10}{9}$. $\frac{10}{9}$ si. 1 Gzs. u. $\frac{1}{9}$
1 — $\frac{5}{9}$ — — 3te — — 3 — $\frac{5}{9}$. 3 — $\frac{5}{9}$ — $\frac{15}{9}$. $\frac{15}{9}$ — 1 — — $\frac{6}{9}$
1 — $\frac{5}{9}$ — — 4te — u. s. w.

6 mal der neunte Theil von 1 Ganzen ist 1 mal 6 Neuntel:
1 m. $\frac{6}{9}$ ist d. halbe Th. v. 2 m. $\frac{6}{9}$. 2 m. $\frac{6}{9}$ si. $\frac{12}{9}$. $\frac{12}{9}$ si. 1 Gzs. u. $\frac{3}{9}$
1 — $\frac{6}{9}$ — — 3te — — 3 — $\frac{6}{9}$. 3 — $\frac{6}{9}$ — $\frac{18}{9}$. $\frac{18}{9}$ — 2 Gze.
1 — $\frac{6}{9}$ — — 4te — u. s. w.

7 mal der neunte Theil von 1 Ganzen ist 1 mal 7 Neuntel:
1 m. $\frac{7}{9}$ ist d. halbe Th. v. 2 m. $\frac{7}{9}$. 2 m. $\frac{7}{9}$ si. $\frac{14}{9}$. $\frac{14}{9}$ si. 1 Gzs. u. $\frac{5}{9}$
1 — $\frac{7}{9}$ — — 3te — — 3 — $\frac{7}{9}$. 3 — $\frac{7}{9}$ — $\frac{21}{9}$. $\frac{21}{9}$ — 2 Gze. u. $\frac{3}{9}$
1 — $\frac{7}{9}$ — — 4te — u. s. w.

8 mal der neunte Theil von 1 Ganzen ist 1 mal 8 Neuntel:
1 m. $\frac{8}{9}$ ist d. halbe Th. v. 2 m. $\frac{8}{9}$. 2 m. $\frac{8}{9}$ si. $\frac{16}{9}$. $\frac{16}{9}$ si. 1 Gzs. u. $\frac{7}{9}$
1 — $\frac{8}{9}$ — — 3te — — 3 — $\frac{8}{9}$. 3 — $\frac{8}{9}$ — $\frac{24}{9}$, $\frac{24}{9}$ si. 2 Gze. u. $\frac{6}{9}$
1 — $\frac{8}{9}$ — — 4te — u. s. w.

1 Ganzes ist 1 mal 9 Neuntel:
1 m. $\frac{9}{9}$ ist d. halbe Th. v. 2 m. $\frac{9}{9}$. 2 m. $\frac{9}{9}$ sind $\frac{18}{9}$. $\frac{18}{9}$ sind 2 Gze.
1 — $\frac{9}{9}$ — — 3te — — 3 — $\frac{9}{9}$. 3 — $\frac{9}{9}$ — $\frac{27}{9}$. $\frac{27}{9}$ — 3 —
1 — $\frac{9}{9}$ — — 4te — u. s. w.

1 Ganzes und 1 Neuntel sind 1 mal 10 Neuntel:
1 m. 10/9 ist d. halbe Th. v. 2 m. 10/9. 2 m. 10/9 si. 20/9. 20/9 si. 2 G. u. 2/9
1 — 10/9 — — 3te — — 3 — 10/9. 3 — 10/9 — 30/9. 30/9 — 3 — u. 3/9
1 — 10/9 — — 4te — u. s. w.

Fragen:

Von wie viel Ganzen sind 2 Ganze und 5 Neuntel der 5te Theil? Antwort: 2 Ganze und 5 Neuntel sind der 5te Theil von 12 Ganzen und 7 Neunteln. Auflösung: 2 Ganze und 5 Neuntel sind 1 mal 23 Neuntel, 1 mal 23 Neuntel sind der 5te Theil von 5 mal 23 Neunteln; 5 mal 23 Neuntel sind 115 und 115 Neuntel sind 13 Ganze und 7 Neuntel; folglich sind 2 Ganze und 5 Neuntel der 5te Theil von 12 Ganzen und 7 Neunteln.

Wie kann also das einfachste Verhältniß von 2 Ganzen und 5 Neuntel zu 12 Ganzen und 7 Neunteln angegeben werden? Antw. 2 Ganze und 5 Neuntel sind der fünfte Theil von 12 Ganzen und 7 Neunteln. Auflösung: 2 Ganze und 5 Neuntel sind 1 mal 23 Neuntel; und 12 Ganze und 7 Neuntel sind 5 mal 23 Neuntel; nun ist 1 mal 23 Neuntel der fünfte Theil von 5 mal 23 Neuntel; folglich sind 2 Ganze und 5 Neuntel der fünfte Theil von 12 Ganzen und 7 Neunteln.

Von wie viel Ganzen sind 3 Ganze und 7 Neuntel der 3te Theil? Antwort: 3 Ganze und 7 Neuntel sind der 3te Theil von 11 Ganzen und 3 Neunteln. Auflösung: 3 Ganze und 7 Neuntel sind 1 mal 34 Neuntel; 1 mal 34 Neuntel ist der 3te Theil von 3 mal 34 Neuntel; 3 mal 34 Neuntel sind 102 Neuntel und 102 Neuntel sind 11 Ganze und 3 Neuntel; folglich sind 3 Ganze und 7 Neuntel der 3te Theil von 11 Ganzen und 3 Neunteln.

Wie kann also das einfachste Verhältniß von 3 Ganzen und 7 Neunteln zu 11 Ganzen und 3 Neunteln angegeben werden? Antw. 3 Ganze und 7 Neuntel sind der dritte Theil von 11 Ganzen und 3 Neunteln. Auflösung: 3 Ganze und

7 Neuntel sind 1 mal 34 Neuntel, und 11 Ganze und 3 Neuntel sind 3 mal 34 Neuntel, und 11 Ganze und 3 Neuntel sind 3 mal 34 Neuntel; nun ist 1 mal 34 Neuntel der dritte Theil von 3 mal 34 Neunteln; folglich sind 3 Ganze und 7 Neuntel der dritte Theil von 11 Ganzen und 3 Neunteln.

Zehnte Reihe.

Der zehnte Theil von 1 Ganzen ist 1 mal 1 Zehntel;
1 mal $\frac{1}{10}$ ist d. halbe Th. von 2 mal $\frac{1}{10}$. 2 mal $\frac{1}{10}$ sind $\frac{2}{10}$.
1 — $\frac{1}{10}$ — — 3te — — 3 — $\frac{1}{10}$. 3 — $\frac{1}{10}$ — $\frac{3}{10}$.
1 — $\frac{1}{10}$ — — 4te — u. s. w.

2 mal der zehnte Theil von 1 Ganzen sind 1 mal 2 Zehntel;
1 mal $\frac{2}{10}$ ist der halbe Theil von 2 mal $\frac{2}{10}$. 2 mal $\frac{2}{10}$ sind $\frac{4}{10}$.
1 — $\frac{2}{10}$ — — 3te — — 3 — $\frac{2}{10}$. 3 — $\frac{2}{10}$ — $\frac{6}{10}$.
1 — $\frac{2}{10}$ — — 4te — u. s. w.

3 mal der zehnte Theil von 1 Ganzen ist 1 mal 3 Zehntel:
1 mal $\frac{3}{10}$ ist der halbe Theil von 2 mal $\frac{3}{10}$. 2 mal $\frac{3}{10}$ sind $\frac{6}{10}$.
1 — $\frac{3}{10}$ — — 3te — — 3 — $\frac{3}{10}$. 3 — $\frac{3}{10}$ — $\frac{9}{10}$.
1 — $\frac{3}{10}$ — — 4te — u. s. w.

4 mal der zehnte Theil von 1 Ganzen ist 1 mal 4 Zehntel:
1 m. $\frac{4}{10}$ ist d. halbe Th. v. 2 m. $\frac{4}{10}$. 2 m. $\frac{4}{10}$ si. $\frac{8}{10}$.
1 — $\frac{4}{10}$ — — 3te — — 3 — $\frac{4}{10}$. 3 — $\frac{4}{10}$ — $\frac{12}{10}$. $\frac{12}{10}$ si. 1 Gz. u. $\frac{2}{10}$
1 — $\frac{4}{10}$ — — 4te — u. s. w.

5 mal der zehnte Theil von 1 Ganzen ist 1 mal 5 Zehntel:
1 m. $\frac{5}{10}$ ist d. halbe Th. v. 2 m. $\frac{5}{10}$. 2 m. $\frac{5}{10}$ si. $\frac{10}{10}$. $\frac{10}{10}$ si. 1 Gzs.
1 — $\frac{5}{10}$ — — 3te — — 3 — $\frac{5}{10}$. 3 — $\frac{5}{10}$ — $\frac{15}{10}$. $\frac{15}{10}$ — 1 — u. $\frac{5}{10}$
1 — $\frac{5}{10}$ — — 4te — u. s. w.

6 mal der zehnte Theil von 1 Ganzen ist 1 mal 6 Zehntel:
1 m. $\frac{6}{10}$ ist d. halbe Th. v. 2 m. $\frac{6}{10}$. 2 m. $\frac{6}{10}$ si. $\frac{12}{10}$. $\frac{12}{10}$ si. 1 G. u. $\frac{2}{10}$
1 — $\frac{6}{10}$ — — 3te — — 3 — $\frac{6}{10}$. 3 — $\frac{6}{10}$ — $\frac{18}{10}$. $\frac{18}{10}$ — 1 — u. $\frac{8}{10}$
1 — $\frac{6}{10}$ — — 4te — u. s. w.

7 mal der zehnte Theil von 1 Ganzen ist 1 mal 7 Zehntel:
1 m. 7/10 ist d. halbe Th. v. 2m. 7/10. 2m. 7/10 st. 14/10. 14/10 st. 1 G. u. 4/10
1 — 7/10 — — 3te — — 3 — 7/10. 3 — 7/10 — 21/10. 21/10 — 2 — u. 1/10
1 — 7/10 — — 4te — u. s. w.

8 mal der zehnte Theil von 1 Ganzen ist 1 mal 8 Zehntel:
1 m. 8/10 ist d. halbe Th. v. 2m. 8/10. 2m. 8/10 st. 16/10. 16/10 st. 1 G. u. 6/10
1 — 8/10 — — 3te — — 3 — 8/10. 3 — 8/10 — 24/10 24/10 — 2 — u. 4/10
1 — 8/10 — — 4te — u. s. w.

9 mal der zehnte Theil von 1 Ganzen ist 1 mal 9 Zehntel:
1 m. 9/10 ist d. halbe Th. v. 2 m. 9/10. 2 m. 9/10 st. 18/10. 18/10 st. 1 G. u. 8/10
1 — 9/10 — — 3te — — 3 — 9/10. 3 — 9/10 — 27/10. 27/10 — 2 — u. 7/10
1 — 9/10 — — 4te — u. s. w.

1 Ganzes ist 1 mal 10 Zehntel:
1 m. 10/10 ist d. halbe Th. v. 2 m. 10/10. 2 m. 10/10 st. 20/10. 20/10 st. 2 Gze.
1 — 10/10 — — 3te — — 3 — 10/10. 3 — 10/10 — 30/10. 30/10 — 3 —
1 — 10/10 — — 4te — u. s. w.

Fragen:

Von welcher Summe von Ganzen sind 4 Ganze und 3 Zehntel der 8te Theil? Antw. 4 Ganze und 3 Zehntel sind der 8te Theil von 34 Ganzen und 4 Zehnteln. Auflösung: 4 Ganze und 3 Zehntel sind 1 mal 43 Zehntel; 1 mal 43 Zehntel ist der 8te Theil von 8 mal 43 Zehntel; 8 mal 43 Zehntel sind 344 Zehntel und 344 Zehntel sind 34 Ganze und 4 Zehntel; folglich sind 4 Ganze und 3 Zehntel der 8te Theil von 34 Ganzen und 4 Zehnteln.

Wie kann also das einfachste Verhältniß von 4 Ganzen und 3 Zehnteln zu 34 Ganzen und 4 Zehnteln angegeben werden? Antwort: 4 Ganze und 3 Zehntel sind der achte Theil von 34 Ganzen und 4 Zehntel. Auflösung: 4 Ganze und 3 Zehntel sind 1 mal 34 Zehntel; 34 Ganze und 4 Zehntel sind 8 mal 43 Zehntel, nun ist 1 mal 43 Zehntel der achte

Theil von 8 mal 43 Zehntel; folglich sind 4 Ganze und 3 Zehntel der achte Theil von 34 Ganzen und 4 Zehnteln.

Von wie viel Ganzen sind 6 Ganze und 1 Zehntel der 4te Theil? Antwort: 6 Ganze und 1 Zehntel sind der 4te Theil von 24 Ganzen und 4 Zehnteln.

Wie kann also das einfachste Verhältniß von 6 Ganzen und 1 Zehntel zu 24 Ganzen und 4 Zehntel angegeben werden? Antwort: 6 Ganze und 1 Zehntel sind der vierte Theil von 24 Ganzen und 4 Zehnteln.

Siebente Uebung.

In dieser Uebung lernt das Kind die Summe bestimmen, von welcher eine gegebene Anzahl Ganze, als 2, 3, 4, 5, 6, 7, 8, 9, 10 mal der halbe, der dritte, der vierte Theil u. s. w. ins Auge fällt, und eben so lernt es das einfachste Verhältniß angeben, das zwischen zweyen Summen statt hat, von der die eine 2, 3, 4, 5, 6, 7, 8, 9, 10 mal den halben, den dritten, den vierten, den fünften Theil u. s. w. von der andern ausmacht.

Zweyte Reihe.

1 Ganzes ist 2 Halbe, 2 Halbe sind 2 mal 1 Halbes:
2 mal ½ sind 2 m. d. 3te Theil v. 3 m. ½. 3 m. ½ st. 3/2; 3/2 st. 1 u. ½
2 — ½ — 2 — — 4te — — 4 — ½. 4 — ½ — 4/2. 4/2 — 2.
2 — ½ — 2 — — 5te — — 5 — ½. 5 — ½ — 5/2. 5/2 — 2 u. ½
2 — ½ — 2 — — 6te — — 6 — ½. 6 — ½ — 6/2. 6/2 — 3.
2 — ½ — 2 — — 7te — — 7 — ½. 7 — ⅓ — 7/2. 7/2 — 3 u. ½
2 — ½ — 2 — — 8te — — 8 — ½. 8 — ½ — 8/2. 8/2 — 4.
2 — ½ — 2 — — 9te — — 9 — ½. 9 — ½ — 9/2. 9/2 — 4 u. ⅓
2 — ½ — 2 — — 10te — — 10 — ½. 10 — ½ — 10/2. 10/2 — 5.

2 Ganze sind 4 Halbe; 4 Halbe sind 2 mal 2 Halbe:
2 mal 2/2 sind 2 m. d. 3te Theil von 3mal 2/2. 3mal 2/2 si. 6/2. 6/2 si. 3.
2 — 2/2 — 2 — — 4te — — 4 — 2/2. 4 — 2/2 — 8/2. 8/2 — 4.
2 — 2/2 — 2 — — 5te — — 5 — 2/2. 5 — 2/2 — 10/2. 10/2 — 5.
2 — 2/2 — 2 — — 6te — — 6 — 2/2. 6 — 2/2 — 12/2. 12/2 — 6.
2 — 2/2 — 2 — — 7te — — 7 — 2/2. 7 — 2/2 — 14/2. 14/2 — 7.
2 — 2/2 — 2 — — 8te — — 8 — 2/2. 8 — 2/2 — 16/2. 16/2 — 8.
2 — 2/2 — 2 — — 9te — — 9 — 2/2. 9 — 2/2 — 18/2. 18/2 — 9.
2 — 2/2 — 2 — — 10te — — 10 — 2/2. 10 — 2/2 — 20/2. 20/2 — 10.

3 Ganze sind 6 Halbe, 6 Halbe sind 2 mal 3 Halbe:
2 m. 3/2 sind 2 m. d. 3te Th. v. 3 m. 3/2. 3 m. 3/2 si. 9/2. 9/2 si. 4 u. 1/2
2 — 3/2 — 2 — — 4te — u. s. w.

4 Ganze sind 8 Halbe; 8 Halbe sind 2 mal 4 Halbe:
1 mal 4/2 sind 2 m. der 3te Th. v. 3 m. 4/2. 3 m. 4/2. si. 12/2. 12/2 si. 6.
2 — 4/2 — 2 — — 4te — u. s. w.

5 Ganze sind 10 Halbe; 10 Halbe sind 2 mal 5 Halbe:
2 m. 5/2 si. 2 m. d. 3te Th. v. 3 m. 5/2. 3 m. 5/2 si. 15/2. 15/2 si. 7 u. 1/2
2 — 5/2 — 2 — — 4te — u. s. w.

6 Ganze sind 12 Halbe; 12 Halbe sind 2 mal 6 Halbe:
2 m. 6/2 sind 2 m. d. 3te Th. v. 3 m. 6/2. 3 m. 6/2 sind 18/2. 18/2 sind 9.
2 — 6/2 — 2 — — 4te — u. s. w.

7 Ganze sind 14 Halbe, 14 Halbe sind 2 mal 7 Halbe:
2 m. 7/2 si. 2 m. d. 3te Th. v. 3 m. 7/2. 3 m. 7/2 si. 21/2. 21/2 si. 10 u. 1/2
2 — 7/2 — 2 — — 4te — u. s. w.

8 Ganze sind 16 Halbe; 16 Halbe sind 2 mal 8 Halbe:
2 mal 8/2 si. 2 m. d. 3te Th. v. 3 m. 8/2. 3 m. 8/2 sind 24/2. 24/2 sind 12.
2 — 8/2 — 2 — — 4te — u. s. w.

9 Ganze sind 18 Halbe, 18 Halbe sind 2 mal 9 Halbe:
2 m. 9/2 si. 2 m. d. 3te Th. v. 3 m. 9/2. 3 m. 9/2 si. 27/2. 27/2 si. 13 u. 1/2
2 — 9/2 — 2 — — 4te — u. s. w.

10 Ganze sind 20 Halbe; 20 Halbe sind 2 mal 10 Halbe:
2 m. 10/2 si. 2 m. d. 3te Th. v. 3 m. 10/2. 3 m. 10/2 si. 30/2. 30/2 si. 15.
2 — 10/2 — 2 — — 4te — u. s. w.

Fragen:

Von welcher Summe von Ganzen sind 7 Ganze 2 mal der 6te Theil? Antwort: 7 Ganze sind 2 mal der 6te Theil von 21 Ganzen. Auflösung: 7 Ganze sind 14 Halbe; 14 Halbe sind 2 mal 7 Halbe; 2 mal 7 Halbe sind 2 mal der 6te Theil von 6 mal 7 Halben; 6 mal 7 Halbe sind 42 Halbe; und 42 Halbe sind 21 Ganze; folglich sind 7 Ganze 2 mal der 6te Theil von 21 Ganzen.

Wie kann also nach dieser Antwort das Verhältniß von 7 Ganzen zu 21 Ganzen angegeben werden? Antwort: 7 Ganze sind 2 mal der 6te Theil von 21 Ganzen. Auflösung: 7 Ganze sind 14 Halbe; 21 Ganze sind 42 Halbe; 14 Halbe sind 2 mal 7 Halbe; — 42 Halbe sind 6 mal 7 Halbe; nun sind 2 mal 7 Halbe 2 mal der 6te Theil von 6 mal 7 Halben; folglich sind 7 Ganze 2 mal der 6te Theil von 21 Ganzen.

Das Verhältniß von 7 Ganzen zu 21 Ganzen kann aber auch einfacher und auf das einfachste so angegeben werden: 7 Ganze sind der dritte Theil von 21 Ganzen — weil 1 mal 7 der 3te Theil von 3 mal 7 oder 21 ist.

Von welcher Summe von Ganzen sind 3 Ganze 2 mal der 7te Theil? Antw. 3 Ganze sind 2 mal der 7te Theil von 10 Ganzen und 1 Halben. Auflösung: 3 Ganze sind 6 Halbe; 6 Halbe sind 2 mal 3 Halbe; 2 mal 3 Halbe sind 2 mal der 7te Theil von 7 mal 3 Halben; 7 mal 3 Halbe sind 21 Halbe; und 21 Halbe sind 10 Ganze und 1 Halbes; folglich sind 3 Ganze 2 mal der 7te Theil von 10 Ganzen und 1 Halben.

Wie kann also das einfachste Verhältniß von 3 Ganzen zu 10 Ganzen und 1 Halben angegeben werden? Antwort: 3 Ganze sind 2 mal der 7te Theil von 10 Ganzen und 1 Halben. Auflösung: 3 Ganze sind 6 Halbe; 10 Ganze und 1 Halbes sind 21 Halbe; 6 Halbe sind 2 mal 3 Halbe und

21

21 Halbe sind 7 mal 3 Halbe; nun sind 2 mal 3 Halbe 2 mal der 7te Theil von 7 mal 3 Halben; folglich sind 3 Ganze 2 mal der 7te Theil von 10 Ganzen und 1 Halben.

Dritte Reihe.

1 Ganzes ist 3 Drittel; 3 Drittel sind 3 mal 1 Drittel:

3 m. 1/3 si. 3 m. d. halbe Th. v. 2 m. 1/3; 2 m. 1/3 si. 2/3.

3 — 1/3 — 3 — — 3te — — 3 — 1/3. 3 — 1/3 — 3/3. 3/3 si. 1 G.

3 — 1/3 — 3 — — 4te — — 4 — 1/3. 4 — 1/3 — 4/3. 4/3 — 1 — u. 1/3

3 — 1/3 — 3 — — 5te — — 5 — 1/3. 5 — 1/3 — 5/3. 5/3 — 1 — u. 2/3

3 — 1/3 — 3 — — 6te — — 6 — 1/3. 6 — 1/3 — 6/3. 6/3 — 2 —

3 — 1/3 — 3 — — 7te — — 7 — 1/3. 7 — 1/3 — 7/3. 7/3 — 2 — u. 1/3

3 — 1/3 — 3 — — 8te — — 8 — 1/3. 8 — 1/3 — 8/3. 8/3 — 2 — u. 2/3

3 — 1/3 — 3 — — 9te — — 9 — 1/3. 9 — 1/3 — 9/3. 9/3 — 3 —

3 — 1/3 — 3 — — 10te — — 10 — 1/3. 10 — 1/3 — 10/3. 10/3 — 3 — u. 1/3

2 Ganze sind 6 Drittel; 6 Drittel sind 3 mal 2 Drittel:

3 m. 2/3 si. 3 m. der halbe Th. v, 2 m. 2/3. 2 m. 2/3 si. 4/3. 4/3 1 u. 1/3

3 — 2/3 — 3 — — 3te — — 3 — 2/3. 3 — 2/3 — 6/3. 6/3 2.

3 — 2/3 — 3 — — 4te — u. s. w.

3 Ganze sind 9 Drittel; 9 Drittel sind 3 mal 3 Drittel:

3 m. 3/3 si. 3 m. d. halbe Th. v. 2 m. 3/3. 2 m. 3/3 si. 6/3. 6/3 si. 2 Gze.

3 — 3/3 — 3 — — 3te — — 3 — 3/3. 3 — 3/3 — 9/3. 9/3 — 3 —

3 — 3/3 — 3 — — 4te — u. s. w.

4 Ganze sind 12 Drittel; 12 Drittel sind 3 mal 4 Drittel:

3 m. 4/3 si. 3 m. d. halbe Th. v. 2 m. 4/3. 2 m. 4/3 si. 8/3. 8/3 si. 2 G. u. 2/3

3 — 4/3 — 3 — — 3te — — 3 — 4/3. 3 — 4/3 — 12/3. 12/3 — 4 —

3 — 4/3 — 3 — — 4te — u. s. w.

5 Ganze sind 15 Drittel; 15 Drittel sind 3 mal 5 Drittel:

3 m. 5/3 si. 3 m. d. halbe Th. v. 2 m. 5/3; 2 m. 5/3 si. 10/3. 10/3 si. 3 u. 1/3

3 — 5/3 — 3 — — 3te — — 3 — 5/3. 3 — 5/3 — 15/3. 15/3 — 5.

3 — 5/3 — 3 — — 4te — u. s. w.

6 Ganze sind 18 Drittel, 18 Drittel sind 3 mal 6 Drittel:
3 mal 6/3 si. 3 m. d. halbe Th. v. 2 m. 6/3. 2 m. 6/3 si. 12/3. 12/3 si. 4 G.
3 — 6/3 — 3 — — 3te — — 3 — 6/3. 3 — 6/3 — 18/3. 18/3 — 6 —
3 — 6/3 — 3 — — 4te — u. s. w.

7 Ganze sind 21 Drittel; 21 Drittel sind 3 mal 7 Drittel:
3 m. 7/3 si. 3 m. d. halbe Th. v. 2 m. 7/3. 2 m. 7/3 si. 14/3. 14/3 si. 4 u. 2/3
3 — 7/3 — 3 — — 3te — — 3 — 7/3. 3 — 7/3 — 21/3. 21/3 — 7.
3 — 7/3 — 3 — — 4te u. s. w.

8 Ganze sind 24 Drittel; 24 Drittel sind 3 mal 8 Drittel:
3 m. 8/3 si. 3 m. d. halbe Th. v. 2m. 8/3. 2 m. 8/3 si. 16/3. 16/3 si. 5 u. 1/3
3 — 8/3 — 3 — — 3te — — 3 — 8/3. 3 — 8/3 — 24/3. 24/3 — 8.
3 — 8/3 — 3 — — 4te — u. s. w.

9 Ganze sind 27 Drittel; 27 Drittel sind 3 mal 9 Drittel:
3 m. 9/3 si. 3 m. d. halbe Th. v. 2 m. 9/3. 2 m. 9/3 si. 18/3. 18/3 si. 6 G.
3 — 9/3 — 3 — — 3te — — 3 — 9/3. 3 — 9/3 — 27/3. 27/3 — 9 —
3 — 9/3 — 3 — — 4te — u. s. w.

10 Ganze sind 30 Drittel; 30 Drittel sind 3 mal 10 Drittel:
3m. 10/3 si. 3m. d. halbe Th. v. 2m. 10/3. 2m. 10/3 si. 20/3. 20/3 si. 6 G. u. 2/3
3 — 10/3 — 3 — — 3te — — 3 — 10/3. 3 — 10/3 — 30/3. 30/3 — 10 —
3 — 10/3 — 3 — — 4te — u. s. w.

Fragen:

Von wie viel Ganzen sind 4 Ganze 3 mal der 8te Theil? Antw. 4 Ganze sind 3 mal der 8te Theil von 10 Ganzen und 2 Dritteln. Auflösung: 4 Ganze sind 12 Drittel; 12 Drittel sind 3 mal 4 Drittel; 3 mal 4 Drittel sind 3 mal der 8te Theil von 8 mal 4 Drittel, 8 mal 4 Drittel sind 32 Drittel, und 32 Drittel sind 10 Ganze und 2 Drittel; folglich sind 4 Ganze 3 mal der 8te Theil von 10 Ganzen und 2 Dritteln.

Wie kann also das einfachste Verhältniß von 4 Ganzen zu 10 Ganzen und 2 Drittel angegeben werden? Antwort: 4 Ganze sind **3 mal der 8te Theil** von 10 Ganzen und 2 Dritteln.

Auflösung: 4 Ganze sind 12 Drittel, 10 Ganze und 2 Drittel sind 32 Drittel; 12 Drittel sind 3 mal 4 Drittel, und 32 Drittel sind 8 mal 4 Drittel; nun sind 3 mal 4 Drittel 3 mal der 8te Theil von 8 mal 4 Drittel; folglich sind 4 Ganze 3 mal der 8te Theil von 10 Ganzen und 2 Dritteln.

Von welcher Summe von Ganzen sind 5 Ganze 3 mal der 8te Theil? Antw. 5 Ganze sind 3 mal der 8te Theil von 13 Ganzen und 1 Drittel. Auflösung: 5 Ganze sind 15 Drittel; 15 Drittel sind 3 mal 5 Drittel; 3 mal 5 Drittel sind 3 mal der 8te Theil von 8 mal 5 Drittel; 8 mal 5 Drittel sind 40 Drittel; 40 Drittel sind 13 Ganze und 1 Drittel; folglich sind 5 Ganze 3 mal der 8te Theil von 13 Ganzen und 1 Drittel.

Wie kann also das einfachste Verhältniß von 5 Ganzen zu 13 Ganzen und 1 Drittel angegeben werden? Antw. 5 Ganze sind 3 mal der 8te Theil von 13 Ganzen und 1 Drittel. Auflösung: 5 Ganze sind 15 Drittel; 13 Ganze und 1 Drittel sind 40 Drittel; 15 Drittel sind 3 mal 5 Drittel, und 40 Drittel sind 8 mal 5 Drittel; nun sind 3 mal 5 Drittel 3 mal der 8te Theil von 8 mal 5 Dritteln; folglich sind 5 Ganze 3 mal der 8te Theil von 13 Ganzen und 1 Drittel.

Vierte Reihe.

1 Ganzes ist 4 Viertel; 4 Viertel sind 4 mal 1 Viertel:

4 m. ¼ si. 4 m. d. halbe Th. v. 2 m. ¼. 2 m. ¼ si. 2/4.
4 — ¼ — 4 — — 3te — — 3 — ¼. 3 — ¼ — ¾.
4 — ¼ — 4 — — 4te — — 4 — ¼. 4 — ¼ — 4/4. 4/4 si. 1 G.
4 — ¼ — 4 — — 5te — — 5 — ¼. 5 — ¼ — 5/4. 5/4 — 1 — u. ¼
4 — ¼ — 4 — — 6te — — 6 — ¼. 6 — ¼ — 6/4. 6/4 — 1 — u. 2/4
4 — ¼ — 4 — — 7te — — 7 — ¼. 7 — ¼ — 7/4. 7/4 — 1 — u. ¾
4 — ¼ — 4 — — 8te — — 8 — ¼. 8 — ¼ — 8/4. 8/4 — 2 —
4 — ¼ — 4 — — 9te — — 9 — ¼. 9 — ¼ — 9/4. 9/4 — 2 — u. ¼
4 — ¼ — 4 — — 10te — — 10 — ¼. 10 — ¼ — 10/4. 10/4 — 2 — u. 2/4

2 Ganze sind 8 Viertel; 8 Viertel sind 4 mal 2 Viertel:
4 m. 2/4 si. 4 m. d. halbe Th. v. 2 m. 2/4. 2 m. 2/4 si. 4/4. 4/4 si. 1 G.
4 — 2/4 — 4 — — 3te — — 3 — 2/4. 3 — 2/4 — 6/4. 6/4 — 1 — u. 2/4
4 — 2/4 — 4 — — 4te — u. s. w.

3 Ganze sind 12 Viertel; 12 Viertel sind 4 mal 3 Viertel:
4 m. 3/4 si. 4 m. d. halbe Th. v. 2 m. 3/4. 2 m. 3/4 si. 6/4. 6/4 si. 1 G. u. 2/4
4 — 3/4 — 4 — — 3te — — 3 — 3/4. 3 — 3/4 — 9/4. 9/4 — 2 — u. 1/4
4 — 3/4 — 4 — — 4te — u. s. w.

4 Ganze sind 16 Viertel; 16 Viertel sind 4 mal 4 Viertel:
4 m. 4/4 si. 4 m. d. halbe Th. v. 2 m. 4/4. 2 m. 4/4 si. 8/4. 8/4 si. 2 Gze.
4 — 4/4 — 4 — — 3te — — 3 — 4/4. 3 — 4/4 — 12/4. 12/4 — 3 —
4 — 4/4 — 4 — — 4te — u. s. w.

5 Ganze sind 20 Viertel, 20 Viertel sind 4 mal 5 Viertel:
4 m. 5/4 si. 4 m. d. halbe Th. v. 2 m. 5/4. 2 m. 5/4 si. 10/4. 10/4 si. 2 u. 2/4
4 — 5/4 — 4 — — 3te — — 3 — 5/4. 3 — 5/4 — 15/4. 15/4 — 3 u. 3/4
4 — 5/4 — 4 — — 4te — u. s. w.

6 Ganze sind 24 Viertel; 24 Viertel sind 4 mal 6 Viertel:
4 m. 6/4 si. 4 m. d. halbe Th. v. 2 m. 6/4. 2 m. 6/4 si. 12/4. 12/4 3 G.
4 — 6/4 — 4 — — 3te — — 3 — 6/4. 3 — 6/4 — 18/4. 18/4 4 — u. 2/4
4 — 6/4 — 4 — — 4te — u. s. w.

7 Ganze sind 28 Viertel; 28 Viertel sind 4 mal 7 Viertel:
4 m. 7/4 si. 4 m. d. halbe Th. v. 2 m. 7/4. 2 m. 7/4 si. 14/4. 14/4 si. 3 u. 2/4
4 — 7/4 — 4 — — 3te — — 3 — 7/4. 3 — 7/4 — 21/4. 21/4 — 5 u. 1/4
4 — 7/4 — 4 — — 4te — u. s. w.

8 Ganze sind 32 Viertel; 32 Viertel sind 4 mal 8 Viertel:
4 m. 8/4 si. 4 m. d. halbe Th. v. 2 m. 8/4 2 m. 8/4 si. 16/4. 16/4 si. 4 Gze.
4 — 8/4 — 4 — — 3te — — 3 — 8/4 3 — 8/4 — 24/4. 24/4 — 6 —
4 — 8/4 — 4 — — 4te — u. s. w.

9 Ganze sind 36 Viertel; 36 Viertel sind 4 mal 9 Viertel:
4 m. 9/4 si. 4 m. d. halbe Th. v. 2 m. 9/4. 2 m. 9/4 si. 18/4. 18/4 si. 4 u. 2/4
4 — 9/4 — 4 — — 3te — — 3 — 9/4. 3 — 9/4 — 27/4. 27/4 — 6 u. 3/4
4 — 9/4 — 4 — — 4te — u. s. w.

10 Ganze sind 40 Viertel; 40 Viertel sind 4 mal 10 Viertel:
4 m. 10/4 si. 4 m. d. halbe Th. v. 2 m. 10/4. 2 m. 10/4 si. 20/4. 20/4 si. 5.
4 — 10/4 — 4 — — 3te — — 3 — 10/4. 3 — 10/4 — 30/4. 30/4 — 7 u. 2/4
4 — 10/4 — 4 — — 4te — u. s. w.

Fragen:

Von welcher Summe von Ganzen sind 7 Ganze 4 mal der 7te Theil? Antwort: 7 Ganze sind 4 mal der 7te Theil von 12 Ganzen und 1 Viertel. Auflösung: 7 Ganze sind 28 Viertel; 28 Viertel sind 4 mal 7 Viertel; 4 mal 7 Viertel sind 4 mal der 7te Theil von 7 mal 7 Viertel; 7 mal 7 Viertel sind 49 Viertel; 49 Viertel sind 12 Ganze und 1 Viertel; folglich sind 7 Ganze 4 mal der 7te Theil von 12 Ganzen und 1 Viertel.

Wie kann also das einfachste Verhältniß von 7 Ganzen zu 12 Ganzen und 1 Viertel angegeben werden? Antwort: 7 Ganze sind 4 mal der 7te Theil von 12 Ganzen und 1 Viertel. Auflösung: 7 Ganze sind 28 Viertel; 12 Ganze und 1 Viertel sind 49 Viertel; 28 Viertel sind 4 mal 7 Viertel und 49 Viertel sind 7 mal 7 Viertel; nun sind 4 mal 7 Viertel 4 mal der 7te Theil von 7 mal 7 Viertel; folglich sind 7 Ganze 4 mal der 7te Theil von 12 Ganzen und 1 Viertel.

Von wie viel Ganzen sind 5 Ganze 4 mal der 9te Theil? Antwort: 5 Ganze sind 4 mal der 9te Theil von 11 Ganzen und 1 Viertel. Auflösung: 5 Ganze sind 20 Viertel; 20 Viertel sind 4 mal 5 Viertel; 4 mal 5 Viertel sind 4 mal der 9te Theil von 9 mal 5 Viertel; 9 mal 5 Viertel sind 45 Viertel, und 45 Viertel sind 11 Ganze und 1 Viertel; folglich sind 5 Ganze 4 mal der 9te Theil von 11 Ganzen und 1 Viertel.

Wie kann also das Verhältniß von 5 Ganzen zu 11 Ganzen und 1 Viertel angegeben werden? Antwort: 5 Ganze sind 4 mal der 9te Theil von 11 Ganzen und 1 Viertel.

Auflöſung: 5 Ganze ſind 20 Viertel; 11 Ganze und 1 Viert ſind 45 Viertel; 20 Viertel ſind 4 mal 5 Viertel, und 45 Viertel ſind 9 mal 5 Viertel; nun ſind 4 mal 5 Viertel 4 mal der 9te Theil von 9 mal 5 Viertel; folglich ſind 5 Ganze 4 mal der 9te Theil von 11 Ganzen und 1 Viertel.

Fünfte Reihe.

1 Ganzes iſt 5 Fünftel; 5 Fünftel ſind 5 mal 1 Fünftel:
5 m. 1/5 ſi. 5 m. d. halbe Th. v. 2 m. 1/5. 2 m. 1/5 ſi. 2/5.
5 — 1/5 — 5 — — 3te — — 3 — 1/5. 3 — 1/5 — 3/5.
5 — 1/5 — 5 — — 4te — — 4 — 1/5. 4 — 1/5 — 4/5.
5 — 1/5 — 5 — — 5te — — 5 — 1/5. 5 — 1/5 — 5/5. 5/5 ſi. 1 G.
5 — 1/5 — 5 — — 6te — — 6 — 1/5. 6 — 1/5 — 6/5. 6/5 — 1 — u. 1/5
5 — 1/5 — 5 — — 7te — — 7 — 1/5. 7 — 1/5 — 7/5. 7/5 — 1 — u. 2/5
5 — 1/5 — 5 — — 8te — — 8 — 1/5. 8 — 1/5 — 8/5. 8/5 — 1 — u. 3/5
5 — 1/5 — 5 — — 9te — — 9 — 1/5. 9 — 1/5 — 9/5. 9/5 — 1 — u. 4/5
5 — 1/5 — 5 — — 10te — — 10 — 1/5. 10 — 1/5 — 10/5. 10/5 — 2 —

2 Ganze ſind 10 Fünftel; 10 Fünftel ſind 5 mal 2 Fünftel:
5 m. 2/5 ſi. 5 m. d. halbe Th. v. 2 m. 2/5. 2 m. 2/5 ſi. 4/5.
5 — 2/5 — 5 — — 3te — — 3 — 2/5. 3 — 2/5 — 6/5. 6/5 ſi. 1 G. u. 1/5
5 — 2/5 — 5 — — 4te — u. ſ. w.

3 Ganze ſind 15 Fünftel; 15 Fünftel ſind 5 mal 3 Fünftel:
5 m. 3/5 ſi. 5 m. d. halbe Th. v. 2 m. 3/5. 2 m. 3/5 ſi. 6/5. 6/5 ſi. 1 u. 1/5
5 — 3/5 — 5 — — 3te — — 3 — 3/5. 3 — 3/5 — 9/5. 9/5 — 1 u. 4/5
5 — 3/5 — 5 — — 4te — u. ſ. w.

4 Ganze ſind 20 Fünftel; 20 Fünftel ſind 5 mal 4 Fünftel:
5 m. 4/5 ſi. 5 m. d. halbe Th. v. 2 m. 4/5. 2 m. 4/5 ſi. 8/5. 8/5 ſi. 1 u. 3/5
5 — 4/5 — 5 — — 3te — — 3 — 4/5. 3 — 4/5 — 12/5. 12/5 — 2 u. 2/5
5 — 4/5 — 5 — — 4te — u. ſ. w.

5 Ganze ſind 25 Fünftel; 25 Fünftel ſind 5 mal 5 Fünftel:
5 m. 5/5 ſi. 5 m. d. halbe Th. v. 2 m. 5/5. 2 m. 5/5 ſi. 10/5. 10/5 ſind 2.
5 — 5/5 — 5 — — 3te — — 3 — 5/5. 3 — 5/5 — 15/5. 15/5 — 3.
5 — 5/5 — 5 — — 4te — u. ſ. w.

6 Ganze sind 30 Fünftel; 30 Fünftel sind 5 mal 6 Fünftel:
5 m. 6/5 si. 5 m. d. halbe Th. v. 2 m. 6/5. 2 m. 6/5 si. 12/5. 12/5 si. 2 u. 2/5
5 — 6/5 — 5 — — 3te — — 3 — 6/5. 3 — 6/5 — 18/5. 18/5 — 3 u. 3/5
5 — 6/5 — 5 — — 4te — u. s. w.

7 Ganze sind 35 Fünftel; 35 Fünftel sind 5 mal 7 Fünftel:
5 m. 7/5 si. 5 m. d. halbe Th. v. 2 m. 7/5. 2 m. 7/5 si. 14/5. 14/5 si. 2 u. 4/5
5 — 7/5 — 5 — — 3te — — 3 — 7/5. 3 — 7/5 — 21/5. 21/5 — 4 u. 1/5
5 — 7/5 — 5 — — 4te — u. s. w.

8 Ganze sind 40 Fünftel; 40 Fünftel sind 5 mal 8 Fünftel:
5 m. 8/5 si. 5 m. d. halbe Th. v. 2 m. 8/5. 2 m. 8/5 si. 16/5. 16/5 si. 3 u. 1/5
5 — 8/5 — 5 — — 3te — — 3 — 8/5. 3 — 8/5 — 24/5. 24/5 — 4 u. 4/5
5 — 8/5 — 5 — — 4te — u. s. w.

9 Ganze sind 45 Fünftel; 45 Fünftel sind 5 mal 9 Fünftel:
5 m. 9/5 si. 5 m. d. halbe Th. v. 2 m. 9/5. 2 m. 9/5 si. 18/5. 18/5 si. 3 u. 3/5
5 — 9/5 — 5 — — 3te — — 3 — 9/5. 3 — 9/5 — 27/5. 27/5 — 5 u. 2/5
5 — 9/5 — 5 — — 4te — u. s. w.

10 Ganze sind 50 Fünftel; 50 Fünftel sind 5 mal 10 Fünftel:
5 m. 10/5 si. 5 m. d. halbe Th. v. 2 m. 10/5. 2 m. 10/5 si. 20/5. 20/5 si. 4 G.
5 — 10/5 — 5 — — 3te — — 3 — 10/5. 3 — 10/5 — 30/5. 30/5 — 6 —
5 — 10/5 — 5 — — 4te — u. s. w.

Fragen:

Von welcher Summe von Ganzen sind 6 Ganze 5 mal der 4te Theil? Antwort: 6 Ganze sind 5 mal der 4te Theil von 4 Ganzen und 4 Fünfteln. Auflösung: 6 Ganze sind 30 Fünftel; 30 Fünftel sind 5 mal 6 Fünftel; 5 mal 6 Fünftel sind 5 mal der 4te Theil von 4 mal 6 Fünftel; 4 mal 6 Fünftel sind 24 Fünftel; 24 Fünftel sind 4 Ganze und 4 Fünftel; folglich sind 6 Ganze 5 mal der 4te Theil von 4 Ganzen und 4 Fünfteln.

Wie kann also das Verhältniß von 6 Ganzen zu 4 Ganzen und 4 Fünfteln angegeben werden? Antwort: 6 Ganze sind

5 mal der 4te Theil von 4 Ganzen und 4 Fünfteln. Auflösung: 6 Ganze sind 30 Fünftel; 4 Ganze und 4 Fünftel sind 24 Fünftel; 30 Fünftel sind 5 mal 6 Fünftel; 24 Fünftel sind 4 mal 6 Fünftel; nun sind 5 mal 6 Fünftel 5 mal der 4te Theil von 4 mal 6 Fünfteln; folglich sind 6 Ganze 5 mal der 4te Theil von 4 Ganzen und 4 Fünfteln.

Von wie viel Ganzen sind 7 Ganze 5 mal der 3te Theil? Antw. 7 Ganze sind 5 mal der 3te Theil von 4 Ganzen und 1 Fünftel. Auflösung: 7 Ganze sind 35 Fünftel; 35 Fünftel sind 5 mal 7 Fünftel; 5 mal 7 Fünftel sind 5 mal der 3te Theil von 3 mal 7 Fünftel; 3 mal 7 Fünftel sind 21 Fünftel, und 21 Fünftel sind 4 Ganze und 1 Fünftel.

Wie kann also das Verhältniß von 7 Ganzen zu 4 Ganzen und 1 Fünftel angegeben werden? Antwort: 7 Ganze sind 5 mal der 3te Theil von 4 Ganzen und 1 Fünftel. Auflösung: 7 Ganze sind 35 Fünftel; 4 Ganze und 1 Fünftel sind 21 Fünftel; 35 Fünftel sind 5 mal 7 Fünftel, und 21 Fünftel sind 3 mal 7 Fünftel; nun sind 5 mal 7 Fünftel 5 mal der 3te Theil von 3 mal 7 Fünftel; folglich sind 7 Ganze 5 mal der 3te Theil von 4 Ganzen und 1 Fünftel.

Sechste Reihe:

1 Ganzes ist 6 Sechstel; 6 Sechstel sind 6 mal 1 Sechstel:

6 m. 1/6 st. 6 m. d. halbe Th. v. 2 m. 1/6. 2 m. 1/6 st. 2/6.
6 — 1/6 — 6 — — 3te — — 3 — 1/6. 3 — 1/6 — 3/6.
6 — 1/6 — 6 — — 4te — — 4 — 1/6. 4 — 1/6 — 4/6.
6 — 1/6 — 6 — — 5te — — 5 — 1/6. 5 — 1/6 — 5/6.
6 — 1/6 — 6 — — 6te — — 6 — 1/6. 6 — 1/6 — 6/6. 6/6 st. 1 G.
6 — 1/6 — 6 — — 7te — — 7 — 1/6. 7 — 1/6 — 7/6. 7/6 — 1 u. 1/6
6 — 1/6 — 6 — — 8te — — 8 — 1/6. 8 — 1/6 — 8/6. 8/6 — 1 u. 2/6
6 — 1/6 — 6 — — 9te — — 9 — 1/6. 9 — 1/6 — 9/6. 9/6 — 1 u. 3/6
6 — 1/6 — 6 — — 10te — — 10 — 1/6. 10 — 1/6 — 10/6. 10/6 — 1 u. 4/6

2 Ganze

2 Ganze si. 12 Sechstel; 12 Sechstel si. 6 mal 2 Sechstel:
6 mal 2/6 sind 6 m. d. halbe Th. v. 2 m. 2/6. 2 m. 2/6 si. 4/6.
6 — 2/6 — 6 — — 3te — — 3 — 2/6. 3 — 2/6 — 6/6. 6/6 si. 1 G.
6 — 2/6 — 6 — — 4te — u. s. w.

3 Ganze si. 18 Sechstel; 18 Sechstel si. 6 mal 3 Sechstel:
6 m. 3/6 si. 6 m. d. halbe Th. v. 2 m. 3/6. 2 m. 3/6 si. 6/6. 6/6 si. 1 G.
6 — 3/6 — 6 — — 3te — — 3 — 3/6. 3 — 3/6 — 9/6. 9/6 — 1 — 3/6
6 — 3/6 — 6 — — 4te — u. s. w.

4 Ganze si. 24 Sechstel; 24 Sechstel si. 6 mal 4 Sechstel:
6 m. 4/6 si. 6 m. d. halbe Th. v. 2 m. 4/6. 2 m. 4/6 si. 8/6. 8/6 si. 1 G. u. 2/6
6 — 4/6 — 6 — — 3te — — 3 — 4/6. 3 — 4/6 — 12/6. 12/6 — 2 —
6 — 4/6 — 6 — — 4te — u. s. w.

5 Ganze sind 30 Sechstel; 30 Sechstel si. 6 mal 5 Sechstel:
6 m. 5/6 si. 6 m. d. halbe Th. v. 2 m. 5/6. 2 m. 5/6 si. 10/6. 10/6 si. 1 G. 4/6.
6 — 5/6 — 6 — — 3te — — 3 — 5/6. 3 — 5/6 — 15/6. 15/6 — 2 — 3/6.
6 — 5/6 — 6 — — 4te — u. s. w.

6 Ganze sind 36 Sechstel; 36 Sechstel si. 6 mal 6 Sechstel:
6 mal 6/6 si. 6 m. d. halbe Th. v. 2 m. 6/6. 2 m. 6/6 si. 12/6. 12/6 si. 2 G.
6 — 6/6 — 6 — — 3te — — 3 — 6/6. 3 — 6/6 — 18/6. 18/6 — 3 —.
6 — 6/6 — 6 — — 4te — u. s. w.

7 Ganze sind 42 Sechstel; 42 Sechstel si. 6 m 7 Sechstel:
6 m. 7/6 si. 6 nr. d. halbe Th. v. 2 m. 7/6. 2 m. 7/6 si. 14/6. 14/6 si. 2 u. 2/6
6 — 7/6 — 6 — — 3te — — 3 — 7/6. 3 — 7/6 — 21/6. 21/6 — 3 u. 3/6
6 — 7/6 — 6 — — 4te — u. s. w.

8 Ganze sind 48 Sechstel; 48 Sechstel si. 6 m. 8 Sechstel:
6 m. 8/6 si. 6 m. d. halbe Th. v. 2 m. 8/6. 2 m. 8/6 si. 16/6. 16/6 si. 2 u. 4/6.
6 — 8/6 — 6 — — 3te — — 3 — 8/6. 3 — 8/6 — 24/6. 24/6 — 4.
6 — 8/6 — 6 — — 4te — u. s. w.

9 Ganze siud 54 Sechstel; 54 Sechstel si. 6 m. 9 Sechstel:
6 m. 9/6 si. 6 m. d. halbe Th. v. 2 m. 9/6. 2 m. 9/6 si. 18/6. 18/6 si. 3.
6 — 9/6 — 6 — — 3te — — 3 — 9/6. 3 — 9/6 — 27/6. 27/6 — 4 u. 3/6
6 — 9/6 — 6 — — 4te — u. s. w.

10 Ganze si 60 Sechstel; 60 Sechstel si. 6 m. 10 Sechstel:
6 m. 10/6 si. 6 m. d. halbe Th. v. 2 m. 10/6. 2 m. 10/6 si. 20/6. 20/6 si. 3 u. 2/6
6 — 10/6 — 6 — — 3te — — 3 — 10/6. 3 — 10/6 — 30/6. 30/6 — 5.
6 — 10/6 — 6 — — 4te — u. s. w.

Fragen:

Von welcher Summe von Ganzen sind 8 Ganze 6 mal der 9te Theil? Antwort: 8 Ganze sind 6 mal der 9te Theil von 12 Ganzen. Auflösung: 8 Ganze sind 48 Sechstel; 48 Sechstel sind 6 mal 8 Sechstel; 6 mal 8 Sechstel sind 6 mal der 9te Theil von 9 mal 8 Sechstel; 9 mal 8 Sechstel sind 72 Sechstel, und 72 Sechstel sind 12 Ganze; folglich sind 8 Ganze 6 mal der 9te Theil von 12 Ganzen.

Wie kann also das Verhältniß von 8 Ganzen zu 12 Ganzen angegeben werden? Antwort: 8 Ganze sind 6 mal der 9te Theil von 12 Ganzen. Auflösung: 8 Ganze sind 48 Sechstel; 12 Ganze sind 72 Sechstel; 48 Sechstel sind 6 mal 8 Sechstel, und 72 Sechstel sind 9 mal 8 Sechstel; nun sind 6 mal 8 Sechstel 6 mal der 9te Theil von 9 mal 8 Sechstel; folglich sind 8 Ganze 6 mal der 9te Theil von 12 Ganzen.

Von wie viel Ganzen sind 4 Ganze 6 mal der 7te Theil? Antwort: 4 Ganze sind 6 mal der 7te Theil von 4 Ganzen und 4 Sechsteln. Auflösung: 4 Ganze sind 24 Sechstel; 24 Sechstel sind 6 mal 4 Sechstel; 6 mal 4 Sechstel sind 6 mal der 7te Theil von 7 mal 4 Sechsteln; 7 mal 4 Sechstel sind 28 Sechstel; und 28 Sechstel sind 4 Ganze und 4 Sechstel; folglich sind 4 Ganze 6 mal der 7te Theil von 4 Ganzen und 4 Sechsteln.

Wie kann also das Verhältniß von 4 Ganzen zu 4 Ganzen und 4 Sechsteln angegeben werden? Antwort: 4 Ganze sind 6 mal der 7te Theil von 4 Ganzen und 4 Sechsteln. Auflösung: 4 Ganze sind 24 Sechstel; 4 Ganze und 4 Sechstel sind 28 Sechstel; 24 Sechstel sind 6 mal 4 Sechstel; und 28 Sechstel sind 7 mal 4 Sechstel; nun sind 6 mal 4 Sechstel 6 mal der 7te Theil von 7 mal 4 Sechsteln; folglich sind 4 Ganze 6 mal der 7te Theil von 4 Ganzen und 4 Sechsteln.

Siebente Reihe:

1 Ganzes ist 7 Siebentel; 7 Siebentel si. 7 m. 1 Siebentel:
7 m. $\frac{1}{7}$ si. 7 m. d. halbe Th. v. 2 m. $\frac{1}{7}$ 2 m. $\frac{1}{7}$ si. $\frac{2}{7}$.
7 — $\frac{1}{7}$ — 7 — — 3te — — 3 — $\frac{1}{7}$. 3 — $\frac{1}{7}$ — $\frac{3}{7}$.
7 — $\frac{1}{7}$ — 7 — — 4te — — 4 — $\frac{1}{7}$. 4 — $\frac{1}{7}$ — $\frac{4}{7}$.
7 — $\frac{1}{7}$ — 7 — — 5te — — 5 — $\frac{1}{7}$. 5 — $\frac{1}{7}$ — $\frac{5}{7}$.
7 — $\frac{1}{7}$ — 7 — — 6te — — 6 — $\frac{1}{7}$. 6 — $\frac{1}{7}$ — $\frac{6}{7}$.
7 — $\frac{1}{7}$ — 7 — — 7te — — 7 — $\frac{1}{7}$. 7 — $\frac{1}{7}$ — $\frac{7}{7}$. $\frac{7}{7}$ si. 1 G.
7 — $\frac{1}{7}$ — 7 — — 8te — — 8 — $\frac{1}{7}$. 8 — $\frac{1}{7}$ — $\frac{8}{7}$. $\frac{8}{7}$ — 1 — u. $\frac{1}{7}$.
7 — $\frac{1}{7}$ — 7 — — 9te — — 9 — $\frac{1}{7}$. 9 — $\frac{1}{7}$ — $\frac{9}{7}$. $\frac{9}{7}$ — 1 — u. $\frac{2}{7}$
7 — $\frac{1}{7}$ — 7 — — 10te — — 10 — $\frac{1}{7}$. 10 — $\frac{1}{7}$ — $\frac{10}{7}$. $\frac{10}{7}$ — 1 — u. $\frac{3}{7}$

2 Ganze si. 14 Siebentel; 14 Siebentel si. 7 m. 2 Siebentel:
7 mal $\frac{2}{7}$ sind 7 m. der halbe Th. v. 2 m. $\frac{2}{7}$. 2 m. $\frac{2}{7}$ sind $\frac{4}{7}$.
7 — $\frac{2}{7}$ — 7 — — 3te — — 3 — $\frac{2}{7}$. 3 — $\frac{2}{7}$ — $\frac{6}{7}$.
7 — $\frac{2}{7}$ — 7 — — 4te — u. s. w.

3 Ganze si. 21 Siebentel; 21 Siebentel si. 7 m. 3 Siebentel:
7 m. $\frac{3}{7}$ si. 7 m. d. halbe Th. v. 2 m. $\frac{3}{7}$. 2 m. $\frac{3}{7}$ si. $\frac{6}{7}$.
7 — $\frac{3}{7}$ — 7 — — 3te — — 3 — $\frac{3}{7}$. 3 — $\frac{3}{7}$ — $\frac{9}{7}$. $\frac{9}{7}$ si. 1 u. $\frac{2}{7}$
7 — $\frac{3}{7}$ — 7 — — 4te — u. s. w.

4 Ganze si. 28 Siebentel; 28 Siebentel si. 7 m. 4 Siebentel:
7 m. $\frac{4}{7}$ si. 7 m. d. halbe Th. v. 2 m. $\frac{4}{7}$. 2 m. $\frac{4}{7}$ si. $\frac{8}{7}$. $\frac{8}{7}$ si. 1 u. $\frac{1}{7}$
7 — $\frac{4}{7}$ — 7 — — 3te — — 3 — $\frac{4}{7}$. 3 — $\frac{4}{7}$ — $\frac{12}{7}$. $\frac{12}{7}$ — 1 u. $\frac{5}{7}$
7 — $\frac{4}{7}$ — 7 — — 4te — u. s. w.

5 Ganze si. 35 Siebentel; 35 Siebentel si. 7 m. 5 Siebentel:
7 m. $\frac{5}{7}$ si. 7 m. d. halbe Th. v. 2 m. $\frac{5}{7}$. 2 m. $\frac{5}{7}$ si. $\frac{10}{7}$. $\frac{10}{7}$ si. 1 u. $\frac{3}{7}$
7 — $\frac{5}{7}$ — 7 — — 3te — — 3 — $\frac{5}{7}$. 3 — $\frac{5}{7}$ — $\frac{15}{7}$. $\frac{15}{7}$ — 2 u. $\frac{1}{7}$
7 — $\frac{5}{7}$ — 7 — — 4te — u. s. w.

6 Ganze ſi. 42 Siebentel; 42 Siebentel ſi. 7 m. 6 Siebentel:
7 m. 6/7 ſi. 7 m. d. halbe Th. v. 2 m. 6/7. 2 m. 6/7 ſi. 12/7. 12/7 ſi. 1 u. 5/7
7 — 6/7 — 7 — — 3te — — 3 — 6/7. 3 — 6/7 — 18/7. 18/7 — 2 u. 4/7
7 — 6/7 — 7 — — 4te — u. ſ. w.

7 Ganze ſi. 49 Siebentel; 49 Siebentel ſi. 7 m. 7 Siebentel:
7 mal 7/7 ſind 7 m. d. halbe Th. v. 2 m. 7/7. 2 m. 7/7 ſi. 14/7. 14/7 ſi. 2.
7 — 7/7 — 7 — — 3te — — 3 — 7/7. 3 — 7/7 — 21/7. 21/7 — 3.
7 — 7/7 — 7 — — 4te — u. ſ. w.

8 Ganze ſi. 56 Siebentel; 56 Siebentel ſi. 7 m. 8 Siebentel:
7 m. 8/7 ſi. 7 m. d. halbe Th. v. 2 m. 8/7. 2 m. 8/7 ſi. 16/7. 16/7 ſi. 2 u. 2/7
7 — 8/7 — 7 — — 3te — — 3 — 8/7 3 — 8/7 — 24/7. 24/7 — 3 u. 3/7
7 — 8/7 — 7 — — 4te — u. ſ. w.

9 Ganze ſi. 63 Siebentel; 63 Siebentel ſi. 7 m. 9 Siebentel:
7 m. 9/7 ſi. 7 m. d. halbe Th. v. 2 m. 9/7. 2 m. 9/7 ſi. 18/7. 18/7 ſi. 2 u. 4/7
7 — 9/7 — 7 — — 3te — — 3 — 9/7. 3 — 9/7 — 27/7. 27/7 — 3 u. 6/7
7 — 9/7 — 7 — — 4te — u. ſ. w.

10 Ganze ſi. 70 Siebentel; 70 Siebentel ſi. 7 m. 10 Siebentel:
7 m. 10/7 ſi. 7 m. d. halbe Th. v. 2 m. 10/7. 2 m. 10/7 ſi. 20/7. 20/7 ſi. 2 u. 6/7
7 — 10/7 — 7 — — 3te — — 3 — 10/7. 3 — 10/7 — 30/7. 30/7 — 4 u. 2/7
7 — 10/7 — 7 — — 4te — u. ſ. w.

Fragen:

Von welcher Summe von Ganzen ſind 8 Ganze 7 mal der 6te Theil? Antw. 8 Ganze ſind 7 mal der 6te Theil von 6 Ganzen und 6 Siebenteln. Auflöſung: 8 Ganze ſind 56 Siebentel; 56 Siebentel ſind 7 mal 8 Siebentel; 7 mal 8 Siebentel ſind 7 mal der 6te Theil von 6 mal 8 Siebentel; 6 mal 8 Siebentel ſind 48 Siebentel; 48 Siebentel ſind 6 Ganze und 6 Siebentel; folglich ſind 8 Ganze 7 mal der 6te Theil von 6 Ganzen und 6 Siebenteln.

Wie kann alſo das Verhältniß von 8 Ganzen zu 6 Ganzen und 6 Siebenteln angegeben werden? Antwort: 8 Ganze sind 7 mal der 6te Theil von 6 Ganzen und 6 Siebenteln. Auflösung: 8 Ganze sind 56 Siebentel, 6 Ganze und 6 Siebentel sind 48 Siebentel; 56 Siebentel sind 7 mal 8 Siebentel, und 48 Siebentel sind 6 mal 8 Siebentel; nun sind 7 mal 8 Siebentel 7 mal der 6te Theil von 6 mal 8 Siebentel; folglich sind 8 Ganze 7 mal der 6te Theil von 6 Ganzen und 6 Siebenteln.

Von welcher Summe von Ganzen sind 5 Ganze 7 mal der 9te Theil? Antwort: 5 Ganze sind 7 mal der 9te Theil von 6 Ganzen und 3 Siebenteln. Auflösung: 5 Ganze sind 35 Siebentel; 35 Siebentel sind 7 mal 5 Siebentel; 7 mal 5 Siebentel sind 7 mal der 9te Theil von 9 mal 5 Siebenteln; 9 mal 5 Siebentel sind 45 Siebentel; 45 Siebentel sind 6 Ganze und 3 Siebentel; folglich sind 5 Ganze 7 mal der 9te Theil von 6 Ganzen und 3 Siebenteln.

Wie kann also das einfachste Verhältniß von 5 Ganzen zu 6 Ganzen und 3 Siebenteln angegeben werden? Antwort: 5 Ganze sind 7 mal der 9te Theil von 6 Ganzen und 3 Siebenteln. Auflösung: 5 Ganze sind 35 Siebentel; 6 Ganze und 3 Siebentel sind 45 Siebentel; 35 Siebentel sind 7 mal 5 Siebentel; und 45 Siebentel sind 9 mal 5 Siebentel; nun sind 7 mal 5 Siebentel 7 mal der 9te Theil von 9 mal 5 Siebentel; folglich sind 5 Ganze 7 mal der 9te Theil von 6 Ganzen und 3 Siebenteln.

Achte Reihe.

1 Ganzes ist 8 Achtel; 8 Achtel sind 8 mal 1 Achtel:

8 m. 1/8 ſ. 8 m. d. halbe Th. v. 2 m. 1/8. 2 m. 1/8 ſ. 2/8.
8 — 1/8 — 8 — — 3te — — 3 — 1/8. 3 — 1/8 — 3/8.
8 — 1/8 — 8 — — 4te — — 4 — 1/8. 4 — 1/8 — 4/8.
8 — 1/8 — 8 — — 5te — — 5 — 1/8. 5 — 1/8 — 5/8.
8 — 1/8 — 8 — — 6te — — 6 — 1/8. 6 — 1/8 — 6/8.
8 — 1/8 — 8 — — 7te — — 7 — 1/8. 7 — 1/8 — 7/8.
8 — 1/8 — 8 — — 8te — — 8 — 1/8. 8 — 1/8 — 8/8. 8/8 ſ. 1 Gzs.

8 m. 1/8 ſi. 8 m. d. 9te Th. v. 9 m. 1/8. 9 m. 1/8 ſi. 9/8. 9/8 ſi. 1 u. 1/8
8 — 1/8 — 8 — — 10te — — 10 — 1/8. 10 — 1/8 — 10/8. 10/8 — 1 u. 2/8

2 Ganze ſind 16 Achtel; 16 Achtel ſind 8 mal 2 Achtel:
8 m. 2/8 ſind 8 m. der halbe Theil von 2 m. 2/8. 2 m. 2/8 ſind 4/8.
8 — 2/8 — 8 — — 3te — — 3 — 2/8. 3 — 2/8 — 6/8.
8 — 2/8 — 8 — — 4te — u. ſ. w.

3 Ganze ſind 24 Achtel; 24 Achtel ſind 8 mal 3 Achtel:
8 m. 3/8 ſi. 8 m. d. halbe Th. v. 2 m. 3/8. 2 m. 3/8 ſi. 6/8.
8 — 3/8 — 8 — — 3te — — 3 — 3/8. 3 — 3/8 — 9/8. 9/8 ſi. 1 u. 1/8
8 — 3/8 — 8 — — 4te — u. ſ. w.

4 Ganze ſind 32 Achtel; 32 Achtel ſind 8 mal 4 Achtel:
8 m. 4/8 ſi. 8 m. d. halbe Th. v. 2 m. 4/8. 2 m. 4/8 ſi. 8/8. 8/8 ſi. 1 G.
8 — 4/8 — 8 — — 3te — — 3 — 4/8. 3 — 4/8 — 12/8. 12/8 — 1 u. 4/8
8 — 4/8 — 8 — — 4te — u. ſ. w.

5 Ganze ſind 40 Achtel; 40 Achtel ſind 8 mal 5 Achtel:
8 m. 5/8 ſi. 8 m. d. halbe Th. v. 2 m. 5/8. 2 m. 5/8 ſi. 10/8. 10/8 ſi. 1 u. 2/8
8 — 5/8 — 8 — — 3te — — 3 — 5/8. 3 — 5/8 — 15/8. 15/8 — 1 u. 7/8
8 — 5/8 — 8 — — 4te — u. ſ. w.

6 Ganze ſind 48 Achtel; 48 Achtel ſind 8 mal 6 Achtel:
8 m. 6/8 ſi. 8 m. d. halbe Th. v. 2 m. 6/8. 2 m. 6/8 ſi. 12/8. 12/8 ſi. 1 u. 4/8
8 — 6/8 — 8 — — 3te — — 3 — 6/8. 3 — 6/8 — 18/8. 18/8 — 2 u. 2/8
8 — 6/8 — 8 — — 4te — u. ſ. w.

7 Ganze ſind 56 Achtel; 56 Achtel ſind 8 mal 7 Achtel:
8 m. 7/8 ſi. 8 m. d. halbe Th. v. 2 m. 7/8. 2 m. 7/8 ſi. 14/8. 14/8 ſi. 1 u. 6/8
8 — 7/8 — 8 — — 3te — — 3 — 7/8. 3 — 7/8 — 21/8. 21/8 — 2 u. 5/8
8 — 7/8 — 8 — — 4te — u. ſ. w.

8 Ganze ſind 64 Achtel; 64 Achtel ſind 8 mal 8 Achtel:
8 m. 8/8 ſi. 8 m. d. halbe Th. v. 2 m. 8/8. 2 m. 8/8 ſi. 16/8. 16/8 ſind 2.
8 — 8/8 — 8 — — 3te — — 3 — 8/8. 3 — 8/8 — 24/8. 24/8 — 3.
8 — 8/8 — 8 — — 4te — u. ſ. w.

9 Ganze sind 72 Achtel; 72 Achtel sind 8 mal 9 Achtel:
8 m. 9/8 si. 8 m. d. halbe Th. v. 2 m. 9/8. 2 m. 9/8 si. 18/8. 18/8 si. 2 u. 2/8
8 — 9/8 — 8 — — 3te — — 3 — 9/8. 3 — 9/8 — 27/8. 27/8 — 3 u. 3/8
8 — 9/8 — 8 — — 4te — u. s. w.

10 Ganze sind 80 Achtel; 80 Achtel sind 8 mal 10 Achtel:
8 m. 10/8 si. 8 m. d. halbe Th. v. 2 m. 10/8. 2 m. 10/8 si. 20/8. 20/8 si. 2 u. 4/8
8 — 10/8 — 8 — — 3te — — 3 — 10/8. 3 — 10/8 — 30/8. 30/8 — 3 u. 6/8
8 — 10/8 — 8 — — 4te — u. s. w.

Fragen:

Von wie viel Ganzen sind 9 Ganze 8 mal der 5te Theil? Antwort: 9 Ganze sind 8 mal der 5te Theil von 5 Ganzen und 5 Achteln. Auflösung: 9 Ganze sind 72 Achtel; 72 Achtel sind 8 mal 9 Achtel; 8 mal 9 Achtel sind 8 mal der 5te Theil von 5 mal 9 Achteln; 5 mal 9 Achtel sind 45 Achtel; und 45 Achtel sind 5 Ganze und 5 Achtel; folglich sind 9 Ganze 8 mal der 5te Theil von 5 Ganzen und 5 Achteln.

Wie kann also das Verhältniß von 9 Ganzen zu 5 Ganzen und 5 Achteln angegeben werden? Antwort: 9 Ganze sind 8 mal der 5te Theil von 5 Ganzen und 5 Achteln. Auflösung: 9 Ganze sind 72 Achtel; 5 Ganze und 5 Achtel sind 45 Achtel; 72 Achtel sind 8 mal 9 Achtel, und 45 Achtel sind 5 mal 9 Achtel; nun sind 8 mal 9 Achtel 8 mal der 5te Theil von 5 mal 9 Achteln; folglich sind 9 Ganze 8 mal der 5te Theil von 5 Ganzen und 5 Achteln.

Von welcher Summe von Ganzen sind 5 Ganze 8 mal der 7te Theil? Antwort: 5 Ganze sind 8 mal der 7te Theil von 4 Ganzen und 3 Achteln. Auflösung: 5 Ganze sind 40 Achtel; 40 Achtel sind 8 mal 5 Achtel; 8 mal 5 Achtel sind 8 mal der 7te Theil von 7 mal 5 Achteln; 7 mal 5 Achtel sind 35 Achtel; 35 Achtel sind 4 Ganze und 3 Achtel; folglich sind 5 Ganze 8 mal der 7te Theil von 4 Ganzen und 3 Achteln.

Wie kann also das Verhältniß von 5 Ganzen zu 4 Ganzen und 3 Achteln angegeben werden? Antwort: 5 Ganze sind 8 mal der 7te Theil von 4 Ganzen und 3 Achteln. Auflösung: 5 Ganze sind 40 Achtel; 4 Ganze und 3 Achtel sind 35 Achtel; 40 Achtel sind 8 mal 5 Achtel; und 35 Achtel sind 7 mal 5 Achtel; nun sind 8 mal 5 Achtel 8 mal der 7te Theil von 7 mal 5 Achteln; folglich sind 5 Ganze 8 mal der 7te Theil von 4 Ganzen und 3 Achteln.

Neunte Reihe:

1 Ganzes ist 9 Neuntel; 9 Neuntel sind 9 mal 1 Neuntel:
9 m. 1/9 sind 9 m. der halbe Theil v. 2 m. 1/9. 2 m. 1/9 sind 2/9.
9 — 1/9 — 9 — — 3te — — 3 — 1/9. 3 — 1/9 — 3/9.
9 — 1/9 — 9 — — 4te — u. s. w.

2 Ganze sind 18 Neuntel; 18 Neuntel si. 9 m. 2 Neuntel:
9 m. 2/9 sind 9 m. der halbe Theil v. 2 m. 2/9. 2 m. 2/9 sind 4/9.
9 — 2/9 — 9 — — 3te — — 3 — 2/9. 3 — 2/9 — 6/9.
9 — 2/9 — 9 — — 4te — u. s. w.

3 Ganze sind 27 Neuntel; 27 Neuntel si. 9 m. 9 Neuntel;
9 m. 3/9 si. 9 m. d. halbe Th. v. 2 m. 3/9. 2 m. 3/9 si. 6/9.
9 — 3/9 — 9 — — 3te — — 3 — 3/9. 3 — 3/9 — 9/9. 9/9 si. 1 G.
9 — 3/9 — 9 — — 4te — u. s. w.

4 Ganze sind 36 Neuntel; 36 Neuntel sind 9 m. 4 Neuntel:
9 m. 4/9 si. 9 m. d. halbe Th. v. 2 m. 4/9. 2 m. 4/9 si. 8/9.
9 — 4/9 — 9 — — 3te — — 3 — 4/9. 3 — 4/9 — 12/9. 12/9 si. 1 u. 3/9
9 — 4/9 — 9 — — 3te — u. s. w.

5 Ganze sind 45 Neuntel; 45 Neuntel sind 9 m. 5 Neuntel:
9 m. 5/9 si. 9 m. d. halbe Th. v. 2 m. 5/9. 2 m. 5/9 si. 10/9. 10/9 si. 1 u. 1/9
9 — 5/9 — 9 — — 3te — — 3 — 5/9. 3 — 5/9 — 15/9. 15/9 — 1 u. 6/9
9 — 5/9 — 9 — — 4te — u. s. w.

6 Ganze sind 54 Neuntel; 54 Neuntel sind 9 m. 6 Neuntel;
9 m. 6/9 si. 9 m. d. halbe Th. v. 2 m. 6/9. 2 m. 6/9 si. 12/9. 12/9 si. 1 u. 3/9
9 — 6/9 — 9 — — 3te — — 3 — 6/9. 3 — 6/9 — 18/9. 18/9 — 2.
9 — 6/9 — 9 — — 4te — u. s. w.

7 Ganze

7 Ganze sind 63 Neuntel; 63 Neuntel sind 9 m. 7 Neuntel:
9 m. 7/9 si. 9 m. d. halbe Th. v. 2 m. 7/9. 2 m. 7/9 si. 14/9. 14/9 si. 1 u. 5/9
9 — 7/9 — 9 — — 3te — — 3 — 7/9. 3 — 7/9 — 21/9. 21/9 — 2 u. 3/9
9 — 7/9 — 9 — — 4te — u. s. w.

8 Ganze sind 72 Neuntel; 72 Neuntel sind 9 mal 8 Neuntel.
9 m. 8/9 si. 9 m. d. halbe Th. v. 2 m. 8/9. 2 m. 8/9 si. 16/9. 16/9 si. 1 u. 7/9
9 — 8/9 — 9 — — 3te — — 3 — 8/9. 3 — 8/9 — 24/9. 24/9 — 2 — 6/9
9 — 8/9 — 9 — — 4te — u. s. w.

9 Ganze sind 81 Neuntel; 81 Neuntel sind 9 mal 9 Neuntel:
9 m. 9/9 si. 9 m. d. halbe Th. v. 2 m. 9/9. 2 m. 9/9 si. 18/9. 18/9 sind 2.
9 — 9/9 — 9 — — 3te — — 3 — 9/9 3 — 9/9 — 27/9. 27/9 — 3.
9 — 9/9 — 9 — — 4te — u. s. w.

10 Ganze si. 90 Neuntel; 90 Neuntel si. 9 m. 10 Neuntel:
9 m. 10/9 si. 9 m. d. halbe Th. v. 2 m. 10/9. 2 m. 10/9 si. 20/9. 20/9 si. 2 u. 2/9
9 — 10/9 — 9 — — 3te — — 3 — 10/9. 3 — 10/9 — 30/9. 30/9 — 3 u. 3/9
9 — 10/9 — 9 — — 4te — u. s. w.

Fragen:

Von wie viel Ganzen sind 7 Ganze 9 mal der 4te Theil? Antwort: 7 Ganze sind 9 mal der 4te Theil von 3 Ganzen und 1 Neuntel. Auflösung: 7 Ganze sind 63 Neuntel; 63 Neuntel sind 9 mal 7 Neuntel; 9 mal 7 Neuntel sind 9 mal der 4te Theil von 4 mal 7 Neunteln; 4 mal 7 Neuntel sind 28 Neuntel; 28 Neuntel sind 3 Ganze und 1 Neuntel; folglich sind 7 Ganze 9 mal der 4te Theil von 3 Ganzen und 1 Neuntel.

Wie kann also das Verhältniß von 7 Ganzen zu 3 Ganzen und 1 Neuntel angegeben werden? Antwort: 7 Ganze sind 9 mal der 4te Theil von 3 Ganzen und 1 Neuntel. Auflösung: 7 Ganze sind 63 Neuntel; 3 Ganze und 1 Neuntel sind 28 Neuntel; 63 Neuntel sind 9 mal 7 Neuntel; und 28 Neuntel sind 4 mal 7 Neuntel; nun sind 9 mal 7 Neuntel 9 mal der 4te Theil von 4 mal 7 Neunteln; folglich sind 4 Ganze 9 mal der 4te Theil von 3 Ganzen und 1 Neuntel.

Von welcher Summe von Ganzen sind 4 Ganze 9 mal der 8te Theil? Antwort: 4 Ganze sind 9 mal der 8te Theil von 3 Ganzen und 5 Neunteln. Auflösung: 4 Ganze sind 36 Neuntel; 36 Neuntel sind 9 mal 4 Neuntel; 9 mal 4 Neuntel sind 9 mal der 8te Theil von 8 mal 4 Neuntel; 8 mal 4 Neuntel sind 32 Neuntel; 32 Neuntel sind 3 Ganze und 5 Neuntel; folglich sind 4 Ganze 9 mal der 8te Theil von 3 Gänzen und 5 Neunteln.

Wie kann also das Verhältniß von 4 Ganzen zu 3 Ganzen und 5 Neunteln angegeben werden? Antwort: 4 Ganze sind 9 mal der 8te Theil von 3 Ganzen und 5 Neunteln. Auflösung: 4 Ganze sind 36 Neuntel; 3 Ganze und 5 Neuntel sind 32 Neuntel, 36 Neuntel sind 9 mal 4 Neuntel; und 32 Neuntel sind 8 mal 4 Neuntel; nun sind 9 mal 4 Neuntel 9 mal der 8te Theil von 8 mal 4 Neunteln; folglich sind 4 Ganze 9 mal der 8te Theil von 3 Ganzen und 5 Neunteln.

Zehnte Reihe.

1 Ganzes ist 10 Zehntel; 10 Zehntel sind 10 m. 1 Zehntel:
10 m. $1/10$ st. 10 m. d. halbe Th. v. 2 m. $1/10$. 2 m. $1/10$ st. $2/10$.
10 — $1/10$ — 10 — — 3te — — 3 — $1/10$. 3 — $1/10$ — $3/10$.
10 — $1/10$ — 10 — — 4te — u. s. w.

2 Ganze sind 20 Zehntel; 20 Zehntel si. 10 mal 2 Zehntel:
10 mal $2/10$ sind 10 m. der halbe Theil v. 2 m. $2/10$. 2 m. $2/10$ st. $4/10$.
10 — $2/10$ — 10 — — 3te — — 3 — $2/10$. 3 — $2/10$ — $6/10$.
10 — $2/10$ — 10 — — 4te — u. s. w.

3 Ganze sind 30 Zehntel; 30 Zehntel sind 10 mal 3 Zehntel:
10 mal $3/10$ sind 10 m. der halbe Theil v. 2 m. $3/10$. 2 m. $3/10$ st. $6/10$.
10 — $3/10$ — 10 — — 3te — — 3 — $3/10$. 3 — $3/10$ — $9/10$.
10 — $3/10$ — 10 — — 4te — u. s. w.

4 Ganze sind 40 Zehntel; 40 Zehntel sind 10 mal 4 Zehntel:
10m. $\frac{4}{10}$ si. 10m. d. halbe Th. v. 2 m. $\frac{4}{10}$. 2m. $\frac{4}{10}$ si. $\frac{8}{10}$.
10 — $\frac{4}{10}$ — 10 — — 3te — — 3 — $\frac{4}{10}$. 3 — $\frac{4}{10}$ — $\frac{12}{10}$. $\frac{12}{10}$ si. 1 u. $\frac{2}{10}$
10 — $\frac{4}{10}$ — 10 — — 4te — u. s. w.

5 Ganze sind 50 Zehntel; 50 Zehntel sind 10 mal 5 Zehntel:
10m. $\frac{5}{10}$ si. 10m. d. halbe Th. v. 2m. $\frac{5}{10}$. 2m. $\frac{5}{10}$ si. $\frac{10}{10}$. $\frac{10}{10}$ si. 1.
10 — $\frac{5}{10}$ — 10 — — 3te — — 3 — $\frac{5}{10}$. 3 — $\frac{5}{10}$ — $\frac{15}{10}$. $\frac{15}{10}$ — 1 u. $\frac{5}{10}$
10 — $\frac{5}{10}$ — 10 — — 4te — u. s. w.

6 Ganze sind 60 Zehntel; 60 Zehntel sind 10 mal 6 Zehntel:
10m. $\frac{6}{10}$ si. 10m. d. halbe Th. v. 2m. $\frac{6}{10}$. 2m. $\frac{6}{10}$ si. $\frac{12}{10}$. $\frac{12}{10}$ si. 1 u. $\frac{2}{10}$
10 — $\frac{6}{10}$ — 10 — — 3te — — 3 — $\frac{6}{10}$. 3 — $\frac{6}{10}$ — $\frac{18}{10}$. $\frac{18}{10}$ — 1 u. $\frac{8}{10}$
10 — $\frac{6}{10}$ — 10 — — 4te — u. s. w.

7 Ganze sind 70 Zehntel; 70 Zehntel sind 10 mal 7 Zehntel:
10m. $\frac{7}{10}$ si. 10m. d. halbe Th. v. 2m. $\frac{7}{10}$. 2m. $\frac{7}{10}$ si. $\frac{14}{10}$. $\frac{14}{10}$ si. 1 u. $\frac{4}{10}$
10 — $\frac{7}{10}$ — 10 — — 3te — — 3 — $\frac{7}{10}$. 3 — $\frac{7}{10}$ — $\frac{21}{10}$. $\frac{21}{10}$ — 2 u. $\frac{1}{10}$
10 — $\frac{7}{10}$ — 10 — — 4te — u. s. w.

8 Ganze sind 80 Zehntel; 80 Zehntel sind 10 mal 8 Zehntel:
10m. $\frac{8}{10}$ si. 10m. d. halbe Th. v. 2m. $\frac{8}{10}$. 2m. $\frac{8}{10}$ si. $\frac{16}{10}$. $\frac{16}{10}$ si. 1 u. $\frac{6}{10}$
10 — $\frac{8}{10}$ — 10 — — 3te — — 3 — $\frac{8}{10}$. 3 — $\frac{8}{10}$ — $\frac{24}{10}$ $\frac{24}{10}$ — 2 u. $\frac{4}{10}$
10 — $\frac{8}{10}$ — 10 — — 4te — u. s. w.

9 Ganze sind 90 Zehntel; 90 Zehntel sind 10 mal 9 Zehntel:
10m. $\frac{9}{10}$ si. 10m. d. halbe Th. v. 2m. $\frac{9}{10}$. 2m. $\frac{9}{10}$ si. $\frac{18}{10}$. $\frac{18}{10}$ si. 1 u. $\frac{8}{10}$
10 — $\frac{9}{10}$ — 10 — — 3te — — 3 — $\frac{9}{10}$. 3 — $\frac{9}{10}$ — $\frac{27}{10}$. $\frac{27}{10}$ — 1 u. $\frac{7}{10}$
10 — $\frac{9}{10}$ — 10 — — 4te — u. s. w.

10 Ganze sind 100 Zehntel; 100 Zehntel si. 10 m. 10 Zehntel:
10m. $\frac{10}{10}$ si. 10m. d. halbe Th. v. 2m. $\frac{10}{10}$. 2m. $\frac{10}{10}$ si. $\frac{20}{10}$. $\frac{20}{10}$ si. 2.
10 — $\frac{10}{10}$ — 10 — — 3te — — 3 — $\frac{10}{10}$. — $\frac{10}{10}$ — $\frac{30}{10}$. $\frac{30}{10}$ — 3.
10 — $\frac{10}{10}$ — 10 — — 4te — u. s. w.

Fragen:

Von welcher Summe von Ganzen sind 9 Ganze 10 mal der 5te Theil? Antwort: 9 Ganze sind 10 mal der 5te Theil von 4 Ganzen und 5 Zehnteln. Auflösung: 9 Ganze sind

90 Zehntel; 90 Zehntel sind 10 mal 9 Zehntel; 10 mal 9 Zehntel sind 10 mal der 5te Theil von 5 mal 9 Zehntel; 5 mal 9 Zehntel sind 45 Zehntel, und 45 Zehntel sind 4 Ganze und 5 Zehntel; folglich sind 9 Ganze 10 mal der 5te Theil von 4 Ganzen und 5 Zehnteln.

Wie kann also das Verhältniß von 9 Ganzen zu 4 Ganzen und 5 Zehnteln angegeben werden? Antwort: 9 Ganze sind 10 mal der 5te Theil von 4 Ganzen und 5 Zehnteln. Auflösung: 9 Ganze sind 90 Zehntel; 4 Ganze und 5 Zehntel sind 45 Zehntel; 90 Zehntel sind 10 mal 9 Zehntel und 45 Zehntel sind 5 mal 9 Zehntel; nun sind 10 mal 9 Zehntel 10 mal der 5te Theil von 5 mal 9 Zehnteln; folglich sind 9 Ganze 10 mal der 5te Theil von 4 Ganzen und 5 Zehnteln.

Von welcher Summe von Ganzen sind 7 Ganze 10 mal der 7te Theil? Antwort: 7 Ganze sind 10 mal der 7te Theil von 4 Ganzen und 9 Zehnteln. Auflösung: 7 Ganze sind 70 Zehntel; 70 Zehntel sind 10 mal 7 Zehntel; 10 mal 7 Zehntel sind 10 mal der 7te Theil von 7 mal 7 Zehntel; 7 mal 7 Zehntel sind 49 Zehntel; 49 Zehntel sind 4 Ganze und 9 Zehntel; folglich sind 7 Ganze 10 mal der 7te Theil von 4 Ganzen und 9 Zehnteln.

Wie kann also das Verhältniß von 7 Ganzen zu 4 Ganzen und 9 Zehnteln angegeben werden? Antwort: 7 Ganze sind 10 mal der 7te Theil von 4 Ganzen und 9 Zehnteln. Auflösung: 7 Ganze sind 70 Zehntel; 4 Ganze und 9 Zehntel sind 49 Zehntel; 70 Zehntel sind 10 mal 7 Zehntel, und 49 Zehntel sind 7 mal 7 Zehntel; nun sind 10 mal 7 Zehntel 10 mal der 7te Theil von 7 mal 7 Zehntel; folglich sind 7 Ganze 10 mal der 7te Theil von 4 Ganzen und 9 Zehnteln.

Achte Uebung.

So wie das Kind in der sechsten Uebung Verhältnisse angeben, d. h. bestimmen gelernt hat, welchen Theil eine Anzahl Ganze oder Theile von Ganzen von einer andern Anzahl Ganzen oder Theilen von Ganzen ausmache; so lernt es in dieser Uebung bestimmen, welche von diesen Verhältnissen einander gleich seyen: und so wie es in der sechsten Uebung die Summe bestimmen gelernt hat, von welcher eine gegebene Zahl den halben, den 3ten, den 4ten Theil u. s. w. ausmacht, so lernt es in dieser Uebung die Summe bestimmen, zu welcher eine gegebene Zahl in einem Verhältnisse steht, das demjenigen gleich ist, welches zwischen 2 andern gegebenen Zahlen statt hat, und als Maasstab angegeben ist.

Zweyte Reihe.

1 Halbes zu 2 mal 1 Halben
verhält sich:

wie 1 Ganzes		zu 2 mal	1 Ganzen		
— 1 — —	u. 1 Halbes	— 2 —	1	— —	und 1 Halben.
— 2 Ganze		— 2 —	2	— —	
— 2 — —	u. 1 Halbes	— 2 —	2	— —	und 1 Halben.
— 3 — —		— 2 —	3	— —	
— 3 — —	u. 1 Halbes	— 2 —	3	— —	und 1 Halben.
— 4 — —		— 2 —	4	— —	
— 4 — —	u. 1 Halbes	— 2 —	4	— —	und 1 Halben.
— 5 — —		— 2 —	5	— —	

2 m. ½ si. 2/2. 2/2 si. 1 Gzs.
1 Gzs. ist 2/2. 2 m. 1 Gzs. sind 2 — 2/2.
2 — 2/2 — 4/2. 4/2 — 2 Gze.
1 — u. ½ si. 3/2. 2 — 1 — u. ½ — 2 — 3/2.
2 — 3/2 — 6/2. 6/2 — 3 —

2 Gze. fl. 4/2. 2 m. 2 Gze. fl. 2 m. 4/2.
2 — 4/2 fl. 8/2. 8/2 sind 4 Gze.
2 — u. 1/2 — 5/2. 2 — 2 — u. 1/2 — 2 — 5/2.
2 — 5/2 — 10/2. 10/2 — 5 —
3 — — 6/2. 2 — 3 — — 2 — 6/2.
2 — 6/2 — 12/2. 12/2 — 6 —
3 — u. 1/2 — 7/2. 2 — 3 — u. 1/2 — 2 — 7/2.
2 — 7/2 — 14/2. 14/2 — 7 —
4 — — 8/2. 2 — 4 — — 2 — 8/2.
2 — 8/2 — 16/2. 16/2 — 8 —
4 — u. 1/2 — 9/2. 2 — 4 — u. 1/2 — 2 — 9/2.
2 — 9/2 — 18/2. 18/2 — 9 —
5 — — 10/2. 2 — 5 — — 2 — 10/2.
2 — 10/2 — 20/2. 20/2 — 10 —

Fragen:

Frage: Zu wie viel mal 2 Ganzen und 1 Halben verhalten sich 2 Ganze und 1 Halbes, wie sich 3 Ganze und 1 Halbes zu 2 mal 3 Ganzen und 1 Halben verhalten?

Antwort: 2 Ganze und 1 Halbes verhalten sich zu 2 mal 2 Ganzen und 1 Halben wie sich 3 Ganze und 1 Halbes zu 2 mal 3 Ganzen nnd 1 Halben verhält.

Fr. Welche Anzahl Ganze kommt heraus, wenn 3 Ganze und 1 Halbes 2 mal genommen werden?

Antw. 2 mal 3 Ganze und 1 Halbes geben 7 Ganze.

(Auflösung: 3 Ganze und 1 Halbes sind 7 Halbe; 2 mal 3 Ganze und 1 Halbes sind 2 mal 7 Halbe; 2 mal 7 Halbe sind 14 Halbe, und 14 Halbe sind 7 Ganze.)

Fr. Wie viel Ganze kommen heraus wenn 2 Ganze und 1 Halbes 2 mal genommen werden?

Antw. 2 mal 2 Ganze und 1 Halbes geben 5 Ganze.

(Auflösung: 2 Ganze und 1 Halbes sind 5 Halbe, 2 mal 2 Ganze und 1 Halbes sind 2 mal 5 Halbe; 2 mal 5 Halbe sind 10 Halbe, und 10 Halbe sind 5 Ganze.)

Fr. Zu welcher Anzahl von Ganzen verhalten sich also 2 Ganze und 1 Halbes, wie sich 3 Ganze und 1 Halbes zu 7 Ganzen verhalten?

Antw. 2 Ganze und 1 Halbes verhalten sich zu 5 Ganzen, wie sich 3 Ganze und 1 Halbes zu 7 Ganzen verhalten.

(Auflösung: 2 Ganze und 1 Halbes verhalten sich zu 2 mal 2 Ganzen und 1 Halben, wie sich 3 Ganze und 1 Halbes zu 2 mal 3 Ganzen und 1 Halben verhalben; nun sind 2 mal 2 Ganze und 1 Halbes 5 Ganze und 2 mal 3 Ganze und 1 Halbes sind 7 Ganze; folglich verhalten sich 2 Ganze und 1 Halbes zu 5 Ganzen, wie sich 3 Ganze und 1 Halbes zu 7 Ganzen verhalten.)

Dritte Reihe.

1 Drittel zu 3 mal 1 Drittel
verhält sich:

wie	2 Drittel	zu 3 mal	2 Dritteln.	
— 1 Ganzes		— 3 —	1 Ganzen.	
— 1 —	u. 1 Drittel	— 3 —	1 —	und 1 Drittel.
— 1 —	u. 2 —	— 3 —	1 —	und 2 Dritteln.
— 2 —		— 3 —	2 —	
— 2 —	u. 1 Drittel	— 3 —	2 —	und 1 Drittel.
— 2 —	u. 2 —	— 3 —	2 —	und 2 Dritteln.
— 3 —		— 3 —	3 —	
— 3 —	u. 1 Drittel	— 3 —	3 —	und 1 Drittel.

3 m. 1/3 s. 3/3. 3/3 s. 1 Gzs.
3 — 2/3 — 6/3. 6/3 — 2 Gze.
1 Gzs. ist 3/3. 3 m. 1 Gzs. sind 3 — 3/3.
3 — 3/3 — 9/3. 9/3 — 3 —
1 — u. 1/3 — 4/3. 3 — 1 — u. 1/3 — 3 — 4/3.
3 — 4/3 — 12/3. 12/3 — 4 —
1 — u. 2/3 — 5/3. 3 — 1 — u. 2/3 — 3 — 5/3.
3 — 5/3 — 15/3. 15/3 — 5 —

2 Gze. fl. 6/3. 3 m. 2 Gze. fl. 3 m. 6/3.
3 — 6/3 fl. 18/3. 18/3 fl. 6 Gze.
2 — u. 1/3 — 7/3. 3 — 2 — u. 1/3 — 3 — 7/3.
3 — 7/3 — 21/3. 21/3 — 7 —
2 — u. 2/3 — 8/3. 3 — 2 — u. 2/3 — 3 — 8/3.
3 — 8/3 — 24/3. 24/3 — 8 —
3 — — 9/3. 3 — 3 — — 3 — 9/3.
3 — 9/3 — 27/3. 27/3 — 9 —
3 — u. 1/3 — 10/3. 3 — 3 — u. 1/3 — 3 — 10/3.
3 — 10/3 — 30/3. 30/3 — 10 —

Fragen:

Frage: Zu wie viel mal 4 Ganzen und 1 Drittel verhalten sich 4 Ganze und 1 Drittel; wie sich 3 Ganze zu 3 mal 3 Ganzen verhalten?

Antw. 4 Ganze und 1 Drittel verhalten sich zu 3 mal 4 Ganzen und 1 Drittel, wie sich 3 Ganze zu 3 mal 3 Ganzen verhalten.

Fr. Wie viel Ganze geben 3 Ganze 3 mal genommen?

Antw. 3 mal 3 Ganze geben 9 Ganze.

Fr. Welche Anzahl Ganze kommen heraus, wenn 4 Ganze und 1 Drittel 3 mal genommen werden?

Antw. 3 mal 4 Ganze und 1 Drittel sind 13 Ganze.

Fr. Zu welcher Anzahl von Ganzen verhalten sich also 4 Ganze und 1 Drittel, wie sich 3 Ganze zu 9 Ganzen verhalten?

Antw. 4 Ganze und 1 Drittel verhalten sich zu 13 Ganzen, wie sich 3 Ganze zu 9 Ganzen verhalten.

Auflösung: 4 Ganze und 1 Drittel verhalten sich zu 3 mal 4 Ganzen und 1 Drittel, wie sich 3 Ganze zu 3 mal 3 Ganzen verhalten; 3 mal 4 Ganze und 1 Drittel sind 13 Ganze, und 3 mal 3 Ganze sind 9 Ganze; folglich verhalten sich 4 Ganze und 1 Drittel zu 13 Ganzen, wie sich 3 Ganze zu 9 Ganzen verhalten.

Vierte Reihe.

1 Viertel zu 4 mal 1 Viertel
verhält sich:

wie 2 Viertel zu 4 mal 2 Vierteln.
— 3 —— — 4 — 3 ——
— 1 Ganzes — 4 — 1 Ganzen.
— 1 —— u. 1 —— — 4 — 1 —— und 1 Viertel.
— 1 —— u. 2 —— — 4 — 1 —— und 2 ——
— 1 —— u. 3 —— — 4 — 1 —— und 3 ——
— 2 Ganze — 4 — 2 ——
— 2 —— u. 1 —— — 4 — 2 —— und 1 ——
— 2 —— u. 2 —— — 4 — 2 —— und 2 ——

4 m. $\frac{1}{4}$ s. $\frac{4}{4}$. $\frac{4}{4}$ s. 1 Gzs.
4 — $\frac{2}{4}$ — $\frac{8}{4}$. $\frac{8}{4}$ — 2 —
4 — $\frac{3}{4}$ — $\frac{12}{4}$. $\frac{12}{4}$ — 3 —
1 Gzs. ist $\frac{4}{4}$. 4 m. 1 Gzs. s. 4 m. $\frac{4}{4}$.
4 — $\frac{4}{4}$ — $\frac{16}{4}$. $\frac{16}{4}$ — 4 —
1 — u. $\frac{1}{4}$ s. $\frac{5}{4}$. 4 — 1 — u. $\frac{1}{4}$ — 4 — $\frac{5}{4}$.
4 — $\frac{5}{4}$ — $\frac{20}{4}$. $\frac{20}{4}$ — 5 —
1 — u. $\frac{2}{4}$ — $\frac{6}{4}$. 4 — 1 — u. $\frac{2}{4}$ — 4 — $\frac{6}{4}$.
4 — $\frac{6}{4}$ — $\frac{24}{4}$. $\frac{24}{4}$ — 6 —
1 — u. $\frac{3}{4}$ — $\frac{7}{4}$. 4 — 1 — u. $\frac{3}{4}$ — 4 — $\frac{7}{4}$.
4 — $\frac{7}{4}$ — $\frac{28}{4}$. $\frac{28}{4}$ — 7 —
2 Gze. — $\frac{8}{4}$. 4 — 2 Gze — 4 — $\frac{8}{4}$.
4 — $\frac{8}{4}$ — $\frac{32}{4}$. $\frac{32}{4}$ — 8 —
2 — u. $\frac{1}{4}$ — $\frac{9}{4}$. 4 — 2 — u. $\frac{1}{4}$ — 4 — $\frac{9}{4}$.
4 — $\frac{9}{4}$ — $\frac{36}{4}$. $\frac{36}{4}$ — 9 —
2 — u. $\frac{2}{4}$ — $\frac{10}{4}$. 4 — 2 — u. $\frac{2}{4}$ — 4 — $\frac{10}{4}$.
4 — $\frac{10}{4}$ — $\frac{40}{4}$. $\frac{40}{4}$ — 10 —

Fragen:

Frage: Zu welcher Anzahl von Ganzen verhalten sich 6 Ganze und 3 Viertel, wie sich 2 Ganze und 1 Viertel zu 9 Ganzen verhalten?

Antw. 6 Ganze und 3 Viertel verhalten sich zu 27 Ganzen wie sich 2 Ganze und 1 Viertel zu 9 Ganzen verhalten.

Auflösung: 6 Ganze und 3 Viertel verhalten sich zu 4 mal 6 Ganzen und 3 Vierteln, wie sich 2 Ganze und 1 Viertel zu 4 mal 2 Ganzen und 1 Viertel verhalten; 4 mal 6 Ganze und 3 Viertel sind 27 Ganze, und 4 mal 2 Ganze und 1 Viertel sind 9 Ganze; folglich verhalten sich 6 Ganze und 3 Viertel zu 27 Ganzen, wie sich 2 Ganze und 1 Viertel zu 9 Ganzen verhalten.

Fünfte Reihe.

1 Fünftel zu 5 mal 1 Fünftel
verhält sich:

wie 2 Fünftel zu 5 mal 2 Fünfteln.
— 3 —— — 5 — 3 ——
— 4 —— — 5 — 4 ——
— 1 Ganzes — 5 — 1 Ganzen.
— 1 —— u. 1 Fünftel — 5 — 1 —— u. 1 Fünftel.
— 1 —— u. 2 —— — 5 — 1 —— u. 2 ——
— 1 —— u. 3 —— — 5 — 1 —— u. 3 ——
— 1 —— u. 4 —— — 5 — 1 —— u. 4 ——
— 2 —— — 5 — 2 ——

5 m. $\frac{1}{5}$ ſi. $\frac{5}{5}$. $\frac{5}{5}$ ſi. 1 Gzs.
5 — $\frac{2}{5}$ — $\frac{10}{5}$. $\frac{10}{5}$ — 2 Gze.
5 — $\frac{3}{5}$ — $\frac{15}{5}$. $\frac{15}{5}$ — 3 —
5 — $\frac{4}{5}$ — $\frac{20}{5}$. $\frac{20}{5}$ — 4 —
1 Gzs. iſt $\frac{5}{5}$. 5 m. 1 Gzs. ſi. 5 — $\frac{5}{5}$.
5 — $\frac{5}{5}$ — $\frac{25}{5}$. $\frac{25}{5}$ — 5 —
1 — u. $\frac{1}{5}$ — $\frac{6}{5}$. 5 — 1 — u. $\frac{1}{5}$ — 5 — $\frac{6}{5}$.
5 — $\frac{6}{5}$ — $\frac{30}{5}$. $\frac{30}{5}$ — 6 —
1 — u. $\frac{2}{5}$ — $\frac{7}{5}$. 5 — 1 — u. $\frac{2}{5}$ — 5 — $\frac{7}{5}$.
5 — $\frac{7}{5}$ — $\frac{35}{5}$. $\frac{35}{5}$ — 7 —
1 — u. $\frac{3}{5}$ — $\frac{8}{5}$. 5 — 1 — u. $\frac{3}{5}$ — 5 — $\frac{8}{5}$.
5 — $\frac{8}{5}$ — $\frac{40}{5}$. $\frac{40}{5}$ — 8 —

1 Gze. u. 4/5 si. 9/5. 5 m. 1 Gzs. u. 4/5 si. 5 m. 9/5.
5 — 9/5 si. 45/5. 45/5 si. 9 Gze.
2 — sind 10/5. 5 — 2 Gze. sind 5 — 10/5.
5 — 10/5 — 50/5. 50/5 — 10 —

Fragen:

Frage: Zu welcher Anzahl von Ganzen verhalten sich 7 Ganze und 2 Fünftel wie sich 2 Ganze und 3 Fünftel zu 13 Ganzen verhalten?

Antw. 7 Ganze und 2 Fünftel verhalten sich zu 37 Ganzen wie sich 2 Ganze und 3 Fünftel zu 13 Ganzen verhalten.

Auflösung: 7 Ganze und 2 Fünftel verhalten sich zu 5 mal 7 Ganzen und 2 Fünfteln, wie sich 2 Ganze und 3 Fünftel zu 5 mal 2 Ganzen und 3 Fünfteln verhalten; 5 mal 7 Ganze und 2 Fünftel sind nun 37 Ganze; und 5 mal 2 Ganze und 3 Fünftel sind 13 Ganze; folglich verhalten sich 7 Ganze und 2 Fünftel zu 37 Ganzen, wie sich 2 Ganze und 3 Fünftel zu 13 Ganzen verhalten.

Sechste Reihe:

1 Sechstel zu 6 mal 1 Sechstel

verhält sich:

wie		2 Sechstel	zu 6 mal	2 Sechsteln.	
—		3 ——	— 6 —	3 ——	
—		4 ——	— 6 —	4 ——	
—		5 ——	— 6 —	5 ——	
— 1 Ganzes			— 6 —	1 Ganzen.	
— 1 —	u. 1	——	— 6 —	1 ——	und 1 Sechstel.
— 1 —	u. 2	——	— 6 —	1 ——	und 2 Sechsteln.
— 1 —	u. 3	——	— 6 —	1 ——	und 3 ——
— 1 —	u. 4	——	— 6 —	1 ——	und 4 ——

6 m. 1/6 si. 6/6. 6/6 si. 1 Gzs.
6 — 2/6 — 12/6. 12/6 — 2 Gze.
6 — 3/6 — 18/6. 18/6 — 3 —
6 — 4/6 — 24/6. 24/6 — 4 —
6 — 5/6 — 30/6. 30/6 — 5 —
1 Gzs. ist 6/6. 6 m. 1 Gzs. si. 6 — 6/6.
6 — 6/6 — 36/6. 36/6 — 6 —
1 — u. 1/6 si. 7/6. 6 — 1 — u. 1/6 — 6 — 7/6.
6 — 7/6 — 42/6. 42/6 — 7 —
1 — u. 2/6 — 8/6. 6 — 1 — u. 2/6 — 6 — 8/6.
6 — 8/6 — 48/6. 48/6 — 8 —
1 — u. 3/6 — 9/6. 6 — 1 — u. 3/6 — 6 — 9/6.
6 — 9/6 — 54/6. 54/6 — 9 —
1 — u. 4/6 — 10/6. 6 — 1 — u. 4/6 — 6 — 10/6.
6 — 10/6 — 60/6. 60/6 — 10 —

Fragen:

Frage: Zu welcher Anzahl von Ganzen verhalten sich 5 Ganze und 5 Sechstel, wie sich 3 Ganze und 1 Sechstel zu 19 Ganzen verhalten.

Antw. 5 Ganze und 5 Sechstel verhalten sich zu 35 Ganzen wie sich 3 Ganze und 1 Sechstel zu 19 Ganzen verhalten.

Auflösung: 5 Ganze und 5 Sechstel verhalten sich zu 6 mal 5 Ganzen und 5 Sechsteln, wie sich 3 Ganze und 1 Sechstel zu 6 mal 3 Ganzen und 1 Sechstel verhalten; 6 mal 5 Ganze und 5 Sechstel sind 35 Ganze, und 6 mal 3 Ganze und 1 Sechstel sind 19 Ganze; folglich verhalten sich 5 Ganze und 5 Sechstel zu 35 Ganzen, wie sich 3 Ganze und 1 Sechstel zu 19 Ganzen verhalten.

Siebente Reihe:

1 Siebentel zu 7 mal 1 Siebentel
verhält sich:
wie 2 Siebentel zu 7 mal 2 Siebenteln.
— 3 —— — 7 — 3 ——
— 4 —— — 7 — 4 ——
— 5 —— — 7 — 5 ——
— 6 —— — 7 — 6 ——
— 1 Ganzes 7 — 1 Ganzen.
— 1 — u. 1 —— — 7 — 1 — u. 1 Siebentel.
— 1 — u. 2 —— — 7 — 1 — u. 2 ——
— 1 — u. 3 —— — 7 — 1 — u. 3 ——

7 m. 1/7 si. 7/7. 7/7 si. 1 Gzs.
7 — 2/7 — 14/7. 14/7 — 2 Gze.
7 — 3/7 — 21/7. 21/7 — 3 —
7 — 4/7 — 28/7. 28/7 — 4 —
7 — 5/7 — 35/7. 35/7 — 5 —
7 — 6/7 — 42/7. 42/7 — 6 —
1 Gzs. ist 7/7. 7 m. 1 Gzs. si. 7 m. 7/7.
7 — 7/7 — 49/7. 49/7 — 7 —
1 — u. 1/7 si. 8/7. 7 — 1 — u. 1/7 — 7 — 8/7.
7 — 8/7 — 56/7. 56/7 — 8 —
1 — u. 2/7 — 9/7. 7 — 1 — u. 2/7 — 7 — 9/7.
7 — 9/7 — 63/7. 63/7 — 9 —
1 — u. 3/7 — 10/7. 7 — 1 — u. 3/7 — 7 — 10/7.
7 — 10/7 — 70/7. 70/7 — 10 —

Fragen:

Frage: Zu welcher Anzahl von Ganzen verhalten sich 6 Ganze und 3 Siebentel, wie sich 4 Ganze und 5 Siebentel zu 33 Ganzen verhalten?

Antw. 6 Ganze und 3 Siebentel verhalten sich zu 45 Ganzen, wie sich 4 Ganze und 5 Siebentel zu 33 Ganzen verhalten.

Auflösung: 6 Ganze und 3 Siebentel verhalten sich zu 7 mal 6 Ganzen und 3 Siebenteln, wie sich 4 Ganze und 5 Siebentel zu 7 mal 4 Ganzen und 5 Siebenteln verhalten; nun sind 7 mal 6 Ganze und 3 Siebentel 45 Ganze und 7 mal 4 Ganze und 5 Siebentel sind 33 Ganze; folglich verhalten sich 6 Ganze und 3 Siebentel zu 45 Ganzen, wie sich 4 Ganze und 5 Siebentel zu 33 Ganzen verhalten.

Achte Reihe.

1 Achtel zu 8 mal 1 Achtel
verhält sich:

wie 2 Achtel zu 8 mal 2 Achtel.
— 3 — — 8 — 3 —
— 4 — — 8 — 4 —
— 5 — — 8 — 5 —
— 6 — — 8 — 6 —
— 7 — — 8 — 7 —
— 1 Ganzes — 8 — 1 Ganzen.
— 1 — u. 1 — — 8 — 1 — und 1 Achtel.
— 1 — u. 2 — — 8 — 1 — und 2 Achteln.

8 m. 1/8 ſt. 8/8. 8/8 ſt. 1 Gzs.
8 — 2/8 — 16/8. 16/8 — 2 Gze.
8 — 3/8 — 24/8. 24/8 — 3 —
8 — 4/8 — 32/8. 32/8 — 4 —
8 — 5/8 — 40/8. 40/8 — 5 —
8 — 6/8 — 48/8. 48/8 — 6 —
8 — 7/8 — 56/8. 56/8 — 7 —
1 Gzs. iſt 8/8. 8 m. 1 Gzs. ſt. 8 — 8/8.
8 — 8/8 — 64/8. 64/8 — 8 —
1 — u. 1/8 ſt. 9/8. 8 — 1 — u. 1/8 — 8 — 9/8.
8 — 9/8 — 72/8. 72/8 — 9 —
1 — u. 2/8 — 10/8 8 — 1 — u. 2/8 — 8 — 10/8.
8 — 10/8 — 80/8. 80/8 — 10 —

Fragen:

Frage: Zu welcher Anzahl von Ganzen verhalten sich 4 Ganze und 3 Achtel, wie sich 5 Ganze und 7 Achtel zu 47 Ganzen verhalten.

Antw. 4 Ganze und 3 Achtel verhalten sich zu 35 Ganzen, wie sich 5 Ganze und 7 Achtel zu 47 Ganzen verhalten.

Auflösung: 4 Ganze und 3 Achtel verhalten sich zu 8 mal 4 Ganzen und 3 Achteln, wie sich 5 Ganze nnd 7 Achtel zu 8 mal 5 Ganzen und 7 Achteln verhalten; nun sind 8 mal 4 Ganze und 3 Achtel 35 Ganze, und 8 mal 5 Ganze und 7 Achtel sind 47 Ganze; folglich verhalten sich 4 Ganze und 3 Achtel zu 35 Ganzen, wie sich 5 Ganze und 7 Achtel zu 47 Ganzen verhalten.

Neunte Reihe.

1 Neuntel zu 9 mal 1 Neuntel
verhält sich:

wie	2	Neuntel	zu 9	mal	2	Neunteln.
—	3	——	— 9	—	3	——
—	4	——	— 9	—	4	——
—	5	——	— 9	—	5	——
—	6	——	— 9	—	6	——
—	7	——	— 9	—	7	——
—	8	——	— 9	—	8	——
— 1 Gzs.			— 9	—	1	Ganzen.
— 1 — u. 1		——	— 9	—	1	—— und 1 Neuntel.

9 m. 1/9 si. 9/9. 9/9 si. 1 Gzs.
9 — 2/9 — 18/9. 18/9 — 2 Gze.
9 — 3/9 — 27/9. 27/9 — 3 —
9 — 4/9 — 36/9. 36/9 — 4 —
9 — 5/9 — 45/9. 45/9 — 5 —
9 — 6/9 — 54/9. 54/9 — 6 —
9 — 7/9 — 63/9. 63/9 — 7 —

9 m. 8/9 ſi. 72/9. 72/9 ſi. 8 Gz.
1 Gzs. iſt 9/9. 9 m. 1 Gzs. ſi. 9 — 9/9.
9 — 9/9 — 81/9. 81/9 — 9 —
1 — u. 1/9 — 10/9. 9 — 1 — u. 1/9 — 9 — 10/9.
9 — 10/9 — 90/9. 90/9 — 10 —

Fragen:

Frage: Zu welcher Anzahl von Ganzen verhalten ſich 7 Ganze und 2 Neuntel, wie ſich 3 Ganze und 5 Neuntel zu 32 Ganzen verhalten?

Antw. 7 Ganze und 2 Neuntel verhalten ſich zu 65 Ganzen wie ſich 3 Ganze und 5 Neuntel zu 32 Ganzen verhalten.

Auflöſung: 7 Ganze und 2 Neuntel verhalten ſich zu 9 mal 7 Ganzen und 2 Neunteln, wie ſich 3 Ganze und 5 Neuntel zu 9 mal 3 Ganzen und 5 Neunteln verhalten; nun ſind 9 mal 7 Ganze und 2 Neuntel 65 Ganze; und 9 mal 3 Ganze und 5 Neuntel ſind 32 Ganze; folglich verhalten ſich 7 Ganze und 2 Neuntel zu 65 Ganzen, wie ſich 3 Ganze und 5 Neuntel zu 32 Ganzen verhalten.

Zehnte Reihe.

1 Zehntel zu 10 mal 1 Zehntel
verhält ſich:
wie 2 Zehntel zu 10 mal 2 Zehnteln.
— 3 — — 10 — 3 —
— 4 — — 10 — 4 —
— 5 — — 10 — 5 —
— 6 — — 10 — 6 —
— 7 — — 10 — 7 —
— 8 — — 10 — 8 —
— 9 — — 10 — 9 —
— 10 — — 10 — 10 —

10 mal

10 m. 1/10 ſt. 10/10. 10/10 ſt. 1 Gzs.
10 — 2/10 — 20/10. 20/10 — 2 Gze.
10 — 3/10 — 30/10. 30/10 — 3 —
10 — 4/10 — 40/10. 40/10 — 4 —
10 — 5/10 — 50/10. 50/10 — 5 —
10 — 6/10 — 60/10. 60/10 — 6 —
10 — 7/10 — 70/10. 70/10 — 7 —
10 — 8/10 — 80/10. 80/10 — 8 —
10 — 9/10 — 90/10. 90/10 — 9 —
1 Gzs. iſt 10/10. 10 m. 1 Gzs. ſt. 10 m. 10/10.
10 — 10/10 — 100/10. 100/10 — 10 —

Fragen:

Frage: Zu welcher Anzahl von Ganzen verhalten ſich 9 Ganze und 9 Zehntel, wie ſich 1 Ganzes und 7 Zehntel zu 17 Ganzen verhalten?

Antw. 9 Ganze und 9 Zehntel verhalten ſich zu 99 Ganzen, wie ſich 1 Ganzes und 7 Zehntel zu 17 Ganzen verhalten.

Auflöſung: 9 Ganze und 9 Zehntel verhalten ſich zu 10 mal 9 Ganzen und 9 Zehnteln, wie ſich 1 Ganzes und 7 Zehntel zu 10 mal 1 Ganzen und 7 Zehnteln verhalten; nun ſind 10 mal 9 Ganze und 9 Zehntel 99 Ganze, und 10 mal 1 Ganze und 7 Zehntel ſind 17 Ganze; folglich verhalten ſich 9 Ganze und 9 Zehntel zu 99 Ganzen, wie ſich 1 Ganzes und 7 Zehntel zu 17 Ganzen verhalten.

Neunte Uebung.

In der vorigen Uebung hat das Kind die Summe, zu welcher eine gegebne Zahl in einem Verhältnisse steht, das demjenigen gleich ist, welches zwischen 2 andern gegebnen Zahlen statt hat, und als Maasstab angegeben ist, in solchen Fällen bestimmen gelernt, in denen die erste gegebene Zahl immer als ein einfacher Theil der zweyten ins Auge fiel, und wo folglich die dritte immer der nemliche Theil der vierten seyn mußte, den die erste von der zweyten war; in dieser Uebung aber lernt es jene Summe in solchen Fällen bestimmen, in denen umgekehrt die 2te gegebene Zahl immer als ein einfacher Theil der ersten ins Auge fällt, und wo folglich die vierte immer der nemliche Theil der dritten seyn muß, den die zweyte von der ersten ist.

Zweyte Reihe.

1 Ganzes zum halben Theil von 1 Ganzen
verhält sich:
wie 2 Ganze zum halben Theil von 2 Ganzen.
— 3 — — halben — — 3 —
— 4 — — halben — — 4 —
— 5 — — halben — — 5 —
— 6 — — halben — — 6 —
— 7 — — halben — — 7 —
— 8 — — halben — — 8 —
— 9 — — halben — — 9 —
— 10 — — halben — — 10 —

1 Gzs. ist $\frac{2}{2}$. d. halbe Theil v. 1 Ganzen. ist $\frac{1}{2}$.
2 Gze. si. $\frac{4}{2}$. — halbe — — 2 — — $\frac{2}{2}$. $\frac{2}{2}$ si. 1 Gzs.
3 — — $\frac{6}{2}$. — halbe — — 3 — — $\frac{3}{2}$. $\frac{3}{2}$ — 1 — u. $\frac{1}{2}$.

4 Gze. st. 8/2. d. halbe Theil v. 4 Ganzen ist 4/2. 4/2 st. 2 Gze.
5 — — 10/2. — halbe — — 5 — — 5/2. 5/2 — 2 — u. 1/2.
6 — — 12/2. — halbe — — 6 — — 6/2. 6/2 — 3 —
7 — — 14/2. — halbe — — 7 — — 7/2. 7/2 — 3 — u. 1/2.
8 — — 16/2. — halbe — — 8 — — 8/2. 8/2 — 4 —
9 — — 18/2. — halbe — — 9 — — 9/2. 9/2 — 4 — u. 1/2.
10 — — 20/2. — halbe — — 10 — — 10/2. 10/2 — 5 —

Fragen:

Frage: Zu welchem Theil von 5 Ganzen verhalten sich 2 Ganze und 1 Halbes, wie sich 7 Ganze zum halben Theil von 7 Ganzen verhalten?

Antw. 5 Ganze verhalten sich zum halben Theil von 5 Ganzen, wie sich 7 Ganze zum halben Theil von 7 Ganzen verhalten.

Fr. Was ist der halbe Theil von 7 Ganzen?

Antw. Der halbe Theil von 7 Ganzen ist 3 Ganze und 1 Halbes.

Fr. und was ist der halbe Theil von 5 Ganzen?

Antw. Der halbe Theil von 5 Ganzen ist 2 Ganze und 1 Halbes.

Fr. Zu welcher Anzahl von Ganzen verhalten sich also 5 Ganze, wie sich 7 Ganze zu 3 Ganzen und 1 Halben verhalten?

Antw. 5 Ganze verhalten sich zu 2 Ganzen und 1 Halben, wie sich 7 Ganze zu 3 Ganzen und 1 Halben verhalten.

Auflösung: 5 Ganze verhalten sich zum halben Theil von 5 Ganzen, wie sich 7 Ganze zum halben Theil von 7 Ganzen verhalten; der halbe Theil von 5 Ganzen ist 2 Ganze und 1 Halbes; und der halbe Theil von 7 Ganzen ist 3 Ganze und 1 Halbes; folglich verhalten sich 5 Ganze zu 2 Ganzen und 1 Halben, wie sich 7 Ganze zu 3 Ganzen und 1 Halben verhalten.

Dritte Reihe.

1 Ganzes zum 3ten Theil von 1 Ganzen
verhält sich:

wie 2 Ganze zum 3ten Theil von 2 Ganzen.
— 3 — — 3ten — — 3 —
— 4 — — 3ten — — 4 —
— 5 — — 3ten — — 5 —
— 6 — — 3ten — — 6 —
— 7 — — 3ten — — 7 —
— 8 — — 3ten — — 8 —
— 9 — — 3ten — — 9 —
— 10 — — 3ten — — 10 —

1 Gzs. ist 3/3. der 3te Theil v. 1 Ganzen ist 1/3.
2 Gze. st. 6/3. — 3te — — 2 — — 2/3.
3 — — 9/3. — 3te — — 3 — — 3/3. 3/3 st. 1 Gzs.
4 — — 12/3. — 3te — — 4 — — 4/3. 4/3 — 1 — u. 1/3.
5 — — 15/3. — 3te — — 5 — — 5/3. 5/3 — 1 — u. 2/3.
6 — — 18/3. — 3te — — 6 — — 6/3. 6/3 — 2 —
7 — — 21/3. — 3te — — 7 — — 7/3. 7/3 — 2 — u. 1/3.
8 — — 24/3. — 3te — — 8 — — 8/3. 8/3 — 2 — u. 2/3.
9 — — 27/3. — 3te — — 9 — — 9/3. 9/3 — 3 —
10 — — 30/3. — 3te — — 10 — — 10/3. 10/3 — 3 — u. 1/3.

Fragen:

Frage: Zu welchem Theil von 13 Ganzen verhalten sich 13 Ganze, wie sich 9 Ganze zum 3ten Theil von 9 Ganzen verhalten?

Antw. 13 Ganze verhalten sich zum 3ten Theile von 13 Ganzen, wie sich 9 Ganze zum 3ten Theile von 9 Ganzen verhalten.

Fr. Was ist der 3te Theil von 9 Ganzen?

Antw. Der 3te Theil von 9 Ganzen ist 3 Ganze.

Fr. Was ist der 3te Theil von 13 Ganzen?

Antw. Der 3te Theil von 13 Ganzen ist 4 Ganze und 1 Drittel

Fr. Zu welcher Anzahl von Ganzen verhalten sich also 13 Ganze, wie sich 9 Ganze zu 3 Ganzen verhalten?

Auflösung: 13 Ganze verhalten sich zum 3ten Theile von 13 Ganzen, wie sich 9 Ganze zum 3ten Theile von 9 Ganzen verhalten; der 3te Theil von 13 Ganzen ist nun 4 Ganze und 1 Drittel, und der 3te Theil von 9 Ganzen ist 3 Ganze; folglich verhalten sich 13 Ganze zu 4 Ganzen und 1 Drittel, wie sich 9 Ganze zu 3 Ganzen verhalten.

Vierte Reihe.

1 Ganzes zum 4ten Theil von 1 Ganzen.
verhält sich:

wie	2	Ganze	zum	4ten	Theil	von	2	Ganzen.
—	3	—	—	4ten	—	—	3	—
—	4	—	—	4ten	—	—	4	—
—	5	—	—	4ten	—	—	5	—
—	6	—	—	4ten	—	—	6	—
—	7	—	—	4ten	—	—	7	—
—	8	—	—	4ten	—	—	8	—
—	9	—	—	4ten	—	—	9	—
—	10	—	—	4ten	—	—	10	—

1 Gzs.	ist	$\frac{4}{4}$.	d. 4te	Theil v.	1	Ganzen	ist	$\frac{1}{4}$.				
2 Gze.	si.	$\frac{8}{4}$.	— 4te	—	— 2	—	—	$\frac{2}{4}$.				
3	—	— $\frac{12}{4}$.	— 4te	—	— 3	—	—	$\frac{3}{4}$.				
4	—	— $\frac{16}{4}$.	— 4te	—	— 4	—	—	$\frac{4}{4}$.	$\frac{4}{4}$	si.	1 Gzs.	
5	—	— $\frac{20}{4}$.	— 4te	—	— 5	—	—	$\frac{5}{4}$.	$\frac{5}{4}$	— 1	—	u. $\frac{1}{4}$.
6	—	— $\frac{24}{4}$.	— 4te	—	— 6	—	—	$\frac{6}{4}$.	$\frac{6}{4}$	— 1	—	u. $\frac{2}{4}$.
7	—	— $\frac{28}{4}$.	— 4te	—	— 7	—	—	$\frac{7}{4}$.	$\frac{7}{4}$	— 1	—	u. $\frac{3}{4}$.
8	—	— $\frac{32}{4}$.	— 4te	—	— 8	—	—	$\frac{8}{4}$.	$\frac{8}{4}$	— 2 Gze.		
9	—	— $\frac{36}{4}$.	— 4te	—	— 9	—	—	$\frac{9}{4}$.	$\frac{9}{4}$	— 2	—	u. $\frac{1}{4}$.
10	—	— $\frac{40}{4}$.	— 4te	—	— 10	—	—	$\frac{10}{4}$.	$\frac{10}{4}$	— 2	—	u. $\frac{2}{4}$.

Fragen:

Frage: Zu welcher Anzahl von Ganzen verhalten sich 27 Ganze wie sich 9 Ganze zu 2 Ganzen und 1 Viertel verhalten?

Antw. 27 Ganze verhalten sich zu 6 Ganzen und 3 Vierteln, wie sich 9 Ganze zu 2 Ganzen und 1 Viertel verhalten.

Auflösung: 27 Ganze verhalten sich zum 4ten Theil von 27 Ganzen, wie sich 9 Ganze zum 4ten Theil von 9 Ganzen verhalten; nun ist der 4te Theil von 27 Ganzen 6 Ganze und 3 Viertel, und der 4te Theil von 9 Ganzen ist 2 Ganze und 1 Viertel; folglich verhalten sich 27 Ganze zu 6 Ganzen und 3 Vierteln, wie sich 9 Ganze zu 2 Ganzen und 1 Viertel verhalten.

Fünfte Reihe.

1 Ganzes zum 5ten Theil von 1 Ganzen
verhält sich:

wie	2	Ganze	zum	5ten	Theil von	2 Ganzen.
—	3	—	—	5ten	—	— 3 —
—	4	—	—	5ten	—	— 4 —
—	5	—	—	5ten	—	— 5 —
—	6	—	—	5ten	—	— 6 —
—	7	—	—	5ten	—	— 7 —
—	8	—	—	5ten	—	— 8 —
—	9	—	—	5ten	—	— 9 —
—	10	—	—	5ten	—	— 10 —

1 Gzs.	ist 5/5.	d. 5te Th.	v. 1 Ganzen	ist 1/5.		
2 Gze.	— 10/5.	— 5te	— — 2	—— — 2/5.		
3 —	— 15/5.	— 5te	— — 3	—— — 3/5.		
4 —	— 20/5.	— 5te	— — 4	—— — 4/5.		
5 —	— 25/5.	— 5te	— — 5	—— — 5/5.	5/5	ſt. 1 Gzs.
6 —	— 30/5.	— 5te	— — 6	—— — 6/5.	6/5	— 1 — u. 1/5.
7 —	— 35/5.	— 5te	— — 7	—— — 7/5.	7/5	— 1 — u. 2/5.
8 —	— 40/5.	— 5te	— — 8	—— — 8/5.	8/5	— 1 — u. 3/5.
9 —	— 45/5.	— 5te	— — 9	—— — 9/5.	9/5	— 1 — u. 4/5.
10 —	— 50/5.	— 5te	— — 10	—— — 10/5.	10/5	— 2 Ganze.

Fragen:

Frage: Zu welcher Anzahl von Ganzen verhalten sich 37 Ganze, wie sich 13 Ganze zu 2 Ganzen und 3 Fünfteln verhalten?

Antw. 37 Ganze verhalten sich zu 7 Ganzen und 2 Fünfteln, wie sich 13 Ganze zu 2 Ganzen und 3 Fünfteln verhalten.

Auflösung: 37 Ganze verhalten sich zum 5ten Theil von 37 Ganzen, wie sich 13 Ganze zum 5ten Theil von 13 Ganzen verhalten; nun ist der 5te Theil von 37 Ganzen 7 Ganze und 2 Fünftel; und der 5te Theil von 13 Ganzen ist 2 Ganze und 3 Fünftel; folglich verhalten sich 37 Ganze zu 7 Ganzen und 2 Fünfteln, wie sich 13 Ganze zu 2 Ganzen und 3 Fünfteln verhalten.

Sechste Reihe:

1 Ganzes zum 6ten Theil von 1 Ganzen
verhält sich:

wie 2 Ganze	zum	6ten	Theil	von	2 Ganzen.
— 3 —	—	6ten	—	— 3	—
— 4 —	—	6ten	—	— 4	—
— 5 —	—	6ten	—	— 5	—
— 6 —	—	6ten	—	— 6	—
— 7 —	—	6ten	—	— 7	—
— 8 —	—	6ten	—	— 8	—
— 9 —	—	6ten	—	— 9	—
— 10 —	—	6ten	—	— 10	—

1 Gzs.	ist $\frac{6}{6}$.	d. 6te	Th. v.	1 Ganzen	ist $\frac{1}{6}$.				
2 Gze.	— $\frac{12}{6}$.	— 6te	—	— 2	— $\frac{2}{6}$.				
3 —	— $\frac{18}{6}$.	— 6te	—	— 3	— $\frac{3}{6}$.				
4 —	— $\frac{24}{6}$.	— 6te	—	— 4	— $\frac{4}{6}$.				
5 —	— $\frac{30}{6}$.	— 6te	—	— 5	— $\frac{5}{6}$.				
6 —	— $\frac{36}{6}$.	— 6te	—	— 6	— $\frac{6}{6}$.	$\frac{6}{6}$	si. 1 Gzs.		
7 —	— $\frac{42}{6}$.	— 6te	—	— 7	— $\frac{7}{6}$.	$\frac{7}{6}$	— 1 —	u. $\frac{1}{6}$.	
8 —	— $\frac{48}{6}$.	— 6te	—	— 8	— $\frac{8}{6}$.	$\frac{8}{6}$	— 1 —	u. $\frac{2}{6}$.	
9 —	— $\frac{54}{6}$.	— 6te	—	— 9	— $\frac{9}{6}$.	$\frac{9}{6}$	— 1 —	u. $\frac{3}{6}$.	
10 —	— $\frac{60}{6}$.	— 6te	—	— 10	— $\frac{10}{6}$.	$\frac{10}{6}$	— 1 —	u. $\frac{4}{6}$.	

Fragen:

Frage: Zu welcher Anzahl von Ganzen verhalten sich 35 Ganze, wie sich 19 Ganze zu 3 Ganzen und 1 Sechstel verhalten?

Antw. 35 Ganze verhalten sich zu 5 Ganzen und 5 Sechsteln, wie sich 19 Ganze zu 3 Ganzen und 1 Sechstel verhalten.

Auflösung: 35 Ganze verhalten sich zum 6ten Theil von 35 Ganzen, wie sich 19 Ganze zum 6ten Theil von 19 Ganzen verhalten; nun ist der 6te Theil von 35 Ganzen, 5 Ganze und 5 Sechstel — und der 6te Theil von 19 Ganzen ist 3 Ganze und 1 Sechstel; folglich verhalten sich 35 Ganze zu 5 Ganzen und 5 Sechsteln, wie sich 19 Ganze zu 3 Ganzen und 1 Sechstel verhalten.

Siebente Reihe.

1 Ganzes zum 7ten Theil von 1 Ganzen
verhält sich:

wie	2	Ganze	zum	7ten	Theil	von	2 Ganzen.
—	3	—	—	7ten	—	—	3 —
—	4	—	—	7ten	—	—	4 —
—	5	—	—	7ten	—	—	5 —
—	6	—	—	7ten	—	—	6 —
—	7	—	—	7ten	—	—	7 —
—	8	—	—	7ten	—	—	8 —
—	9	—	—	7ten	—	—	9 —
—	10	—	—	7ten	—	—	10 —

1 Gzs.	ist 7/7.	d. 7te	Th. v. 1	Ganzen	ist 1/7.		
2 Gze.	— 14/7.	— 7te	— — 2	—	— 2/7.		
3 —	— 21/7.	— 7te	— — 3	—	— 3/7.		
4 —	— 28/7.	— 7te	— — 4	—	— 4/7.		
5 —	— 35/7.	— 7te	— — 5	—	— 5/7.		
6 —	— 42/7.	— 7te	— — 6	—	— 6/7.		
7 —	— 49/7.	— 7te	— — 7	—	— 7/7.	7/7	st. 1 Gzs.
8 —	— 56/7.	— 7te	— — 8	—	— 8/7.	8/7 — 1 —	u. 1/7.
9 —	— 63/7.	— 7te	— — 9	—	— 9/7.	9/7 — 1 —	u. 2/7.
10 —	— 70/7.	— 7te	— — 10	—	— 10/7.	10/7 — 1 —	u. 3/7.

Fragen:

Fragen:

Frage: Zu welcher Anzahl von Ganzen verhalten sich 45 Ganze, wie sich 33 Ganze zu 4 Ganzen und 5 Siebenteln verhalten?

Antw. 45 Ganze verhalten sich zu 6 Ganzen und 3 Siebenteln, wie sich 33 Ganze zu 4 Ganzen und 5 Siebenteln verhalten.

Auflösung: 45 Ganze verhalten sich zum 7ten Theil von 45 Ganzen, wie sich 33 Ganze zum 7ten Theil von 33 Ganzen verhalten, der siebente Theil von 45 Ganzen ist 6 Ganze und 3 Siebentel, und der 7te Theil von 33 Ganzen ist 4 Ganze und 5 Siebentel; folglich verhalten sich 45 Ganze zu 6 Ganzen und 3 Siebenteln, wie sich 33 Ganze zu 4 Ganzen und 5 Siebenteln verhalten.

Achte Reihe.

1 Ganzes zum 8ten Theil von 1 Ganzen
verhält sich:

wie 2 Ganze zum 8ten Theil von 2 Ganzen.
— 3 — — 8ten — — 3 —
— 4 — — 8ten — — 4 —
— 5 — — 8ten — — 5 —
— 6 — — 8ten — — 6 —
— 7 — — 8ten — — 7 —
— 8 — — 8ten — — 8 —
— 9 — — 8ten — — 9 —
— 10 — — 8ten — — 10 —

1 Gzs. ist 8/8. der 8te Th. v. 1 Ganzen ist 1/8.
2 Gze. — 16/8. — 8te — — 2 —— — 2/8.
3 — — 24/8. — 8te — — 3 —— — 3/8.
4 — — 32/8. — 8te — — 4 —— — 4/8.
5 — — 40/8. — 8te — — 5 —— — 5/8.
6 — — 48/8. — 8te — — 6 —— — 6/8.
7 — — 56/8. — 8te — — 7 —— — 7/8.
8 — — 64/8. — 8te — — 8 —— — 8/8. 8/8 ist. 1 Gzs.

9 Gze. ist $^{72}/_8$.	d. 8te Th. v.	9 Ganzen ist	$^9/_8$.	$^9/_8$ ist 1 Gzs.	u.	$^1/_8$.
10 — — $^{80}/_8$.	— 8te — —	10 ——	— $^{10}/_8$.	$^{10}/_8$ — 1 —	u.	$^2/_8$.

Fragen:

Frage: Zu welcher Anzahl von Ganzen verhalten sich 35 Ganze, wie sich 47 Ganze zu 5 Ganzen und 7 Achteln verhalten?

Antw. 35 Ganze verhalten sich zu 4 Ganzen und 3 Achteln, wie sich 47 Ganze zu 5 Ganzen und 7 Achteln verhalten.

Auflösung: 35 Ganze verhalten sich zum 8ten Theil von 35 Ganzen, wie sich 47 Ganze zum 8ten Theile von 47 Ganzen verhalten; nun ist der 8te Theil von 35 Ganzen, 4 Ganze und 3 Achtel; und der 8te Theil von 47 Ganzen sind 5 Ganze und 7 Achtel; folglich verhalten sich 35 Ganze zu 4 Ganzen und 3 Achteln, wie sich 47 Ganze zu 5 Ganzen und 7 Achteln verhalten.

Neunte Reihe.

1 Ganzes zum 9ten Theil von 1 Ganzen verhält sich:

wie	2	Ganze	zum	9ten	Theil	von	2 Ganzen.
—	3	—	—	9ten	—	—	3 —
—	4	—	—	9ten	—	—	4 —
—	5	—	—	9ten	—	—	5 —
—	6	—	—	9ten	—	—	6 —
—	7	—	—	9ten	—	—	7 —
—	8	—	—	9ten	—	—	8 —
—	9	—	—	9ten	—	—	9 —
—	10	—	—	9ten	—	—	10 —

1 Gzs. ist $^9/_9$.	der 9te Theil v.	1	Ganzen ist	$^1/_9$.
2 Gze. — $^{18}/_9$.	— 9te —	— 2	——	— $^2/_9$.
3 — — $^{27}/_9$.	— 9te —	— 3	——	— $^3/_9$.
4 — — $^{36}/_9$.	— 9te —	— 4	——	— $^4/_9$.
5 — — $^{45}/_9$.	— 9te —	— 5	——	— $^5/_9$.
6 — — $^{54}/_9$.	— 9te —	— 6	——	— $^6/_9$.

7 Gze. ſt. $^{63}/_{9}$. d. 9te Theil v. 7 Ganzen iſt $^{7}/_{9}$.
8 — — $^{72}/_{9}$. — 9te — — 8 — — $^{8}/_{9}$.
9 — — $^{81}/_{9}$. — 9te — — 9 — — $^{9}/_{9}$. $^{9}/_{9}$ ſt. 1 Gzs.
10 — — $^{90}/_{9}$. — 9te — — 10 — — $^{10}/_{9}$. $^{10}/_{9}$ — 1 — u. $^{1}/_{9}$.

Fragen:

Frage: Zu welcher Anzahl von Ganzen verhalten ſich 65 Ganze, wie ſich 32 Ganze zu 3 Ganzen und 5 Neunteln verhalten?

Antw. 65 Ganze verhalten ſich zu 7 Ganzen und 2 Neunteln wie ſich 32 Ganze zu 3 Ganzen und 5 Neunteln verhalten.

Auflöſung: 65 Ganze verhalten ſich zum 9ten Theil von 65 Ganzen, wie ſich 32 Ganze zum 9ten Theil von 32 Ganzen verhalten; nun iſt der 9te Theil von 65 Ganzen 7 Ganze und 2 Neuntel, und der 9te Theil von 32 Ganzen iſt 3 Ganze und 5 Neuntel; folglich verhalten ſich 65 Ganze zu 7 Ganzen und 2 Neunteln, wie ſich 32 Ganze zu 3 Ganzen und 5 Neunteln verhalten.

Zehnte Reihe.

1 Ganzes zum 10ten Theil von 1 Ganzen
verhält ſich:

wie 2 Ganze zum 10ten Theil von 2 Ganzen.
— 3 — — 10ten — — 3 —
— 4 — — 10ten — — 4 —
— 5 — — 10ten — — 5 —
— 6 — — 10ten — — 6 —
— 7 — — 10ten — — 7 —
— 8 — — 10ten — — 8 —
— 9 — — 10ten — — 9 —
— 10 — — 10ten — — 10 —

1 Ganzes iſt $^{10}/_{10}$. der 10te Theil von 1 Ganzen iſt $^{1}/_{10}$.
2 Gze. ſind $^{20}/_{10}$. — 10te — — 2 — — $^{2}/_{10}$.
3 — — $^{30}/_{10}$. — 10te — — 3 — — $^{3}/_{10}$.
4 — — $^{40}/_{10}$. — 10te — — 4 — — $^{4}/_{10}$.

5 Gze.	st.	50/10.	der	10te Theil	v.	5 Ganzen	ist	5/10.	
6 —	—	60/10.	—	10te	—	— 6	—	— 6/10.	
7 —	—	70/10.	—	10te	—	— 7	—	— 7/10.	
8 —	—	80/10.	—	10te	—	— 8	—	— 8/10.	
9 —	—	90/10.	—	10te	—	— 9	—	— 9/10.	
10 —	—	100/10.	—	10te	—	— 10	—	— 10/10.	10/10 st. 1 Gzs.

Fragen:

Frage: Zu welcher Anzahl von Ganzen verhalten sich 99 Ganze, wie sich 17 Ganze zu 1 Ganzen und 7 Zehnteln verhalten?

Antw. 99 Ganze verhalten sich zu 9 Ganzen und 9 Zehnteln, wie sich 17 Ganze zu 1 Ganzen und 7 Zehnteln verhalten.

Auflösung: 99 Ganze verhalten sich zum 10ten Theil von 99 Ganzen, wie sich 17 Ganze zum 10ten Theil von 17 Ganzen verhalten; der 10te Theil von 99 Ganzen ist 9 Ganze und 9 Zehntel, und der 10te Theil von 17 Ganzen ist 1 Ganzes und 7 Zehntel; folglich verhalten sich 99 Ganze zu 9 Ganzen und 9 Zehnteln, wie sich 17 Ganze zu 1 Ganzem und 7 Zehnteln verhalten.

Zehnte Uebung.

Sie ist eine Erweiterung der vorhergehenden; das Kind lernt durch sie die Summe, zu welcher eine gegebene Zahl in einem Verhältniß steht, das demjenigen gleich ist, welches zwischen zwey andern Zahlen statt hat, und als Maaßstab angegeben ist, in solchen Fällen bestimmen, in denen die erste gegebene Zahl 2, 3, 4mal ꝛc den halben; 2, 3, 4mal ꝛc. den 3ten Theil der 2ten ausmacht, und wo folglich die 3te Zahl immer so viel mal der nämliche Theil der unbekannten 4ten seyn muß; als die erste ihn von der 2ten ist.

Zweyte Reihe.

1 Ganzes zu 3mal dem halben Theil von 1 Ganzen verhält sich:

wie	2 Ganze	zu	3 mal	dem	halben	Theil	von	2 Ganzen.
—	3	—	— 3	—	— halben	—	— 3	—
—	4	—	— 3	—	— halben	—	— 4	—
—	5	—	— 3	—	— halben	—	— 5	—
—	6	—	— 3	—	— halben	—	— 6	—
—	7	—	— 3	—	— halben	—	— 7	—
—	8	—	— 3	—	— halben	—	— 8	—
—	9	—	— 3	—	— halben	—	— 9	—
—	10	—	— 3	—	— halben	—	— 10	—

der halbe Th. v. 1 Ganzen ist $\frac{1}{2}$.
3 m. — halbe — — 1 — sind 3 m. $\frac{1}{2}$. 3 m. $\frac{1}{2}$ ſi. $\frac{3}{2}$. $\frac{3}{2}$ ſi. 1 $\frac{1}{2}$
— halbe — — 2 — ist $\frac{2}{2}$.
3 — — halbe — — 2 — sind 3 — $\frac{2}{2}$. 3 — $\frac{2}{2}$ — $\frac{6}{2}$. $\frac{6}{2}$ — 3.
— halbe — — 3 — ist $\frac{3}{2}$.
3 — — halbe — — 3 — sind 3 — $\frac{3}{2}$. 3 — $\frac{3}{2}$ — $\frac{9}{2}$. $\frac{9}{2}$ — 4 $\frac{1}{2}$
— halbe — — 4 — ist $\frac{4}{2}$.
3 — — halbe — — 4 — sind 3 — $\frac{4}{2}$. 3 — $\frac{4}{2}$ — $\frac{12}{2}$. $\frac{12}{2}$ — 6.

der halbe Th. v. 5 Ganzen ist. 5/2.
3 m. — halbe — — 5 — sind 3 m. 5/2. 3 m. 5/2 st. 15/2. 15/2 st. 7 1/2
— halbe — — 6 — ist 6/2.
3 — — halbe — — 6 — sind 3 — 6/2. 3 — 6/2 — 18/2. 18/2 — 9.
— halbe — — 7 — ist 7/2.
3 — — halbe — — 7 — sind 3 — 7/2. 3 — 7/2 — 21/2. 21/2 — 10 1/2
— halbe — — 8 — ist 8/2.
3 — — halbe — — 8 — sind 3 — 8/2. 3 — 8/2 — 24/2. 24/2 — 12.
— halbe — — 9 — ist 9/2.
3 — — halbe — — 9 — sind 3 — 9/2. 3 — 9/2 — 27/2. 27/2 — 13 1/2
— halbe — — 10 — ist 10/2.
3 — — halbe — — 10 — sind 3 — 10/2. 3 — 10/2 — 30/2. 30/2 — 15.

folglich verhält sich
1 Ganzes zu 1 Ganzen und 1 Halben
wie 2 Ganze zu 3 Ganzen
— 3 — — 4 — und 1 Halben.
— 4 — — 6 —
— 5 — — 7 — und 1 Halben.
— 6 — — 9 —
— 7 — — 10 — und 1 Halben.
— 8 — — 12 —
— 9 — — 13 — und 1 Halben.
— 10 — — 15 —

Fragen:

Frage: Zu wie vielmal dem halben Theil von 3 Ganzen verhalten sich 3 Ganze, wie sich 1 Ganzes zu 3 mal dem halben Theil von 1 Ganzen verhält?

Antw. 3 Ganze verhalten sich zu 3 mal dem halben Theil von 3 Ganzen, wie sich 1 Ganzes zu 3 mal dem halben Theil von 3 Ganzen verhalten.

Fr. Wie viel ist 3 mal der halbe Theil von 1 Ganzen?

Antw. 3 mal der halbe Theil von 1 Ganzen ist 1 Ganzes und 1 Halbes.

Auflösung: Der halbe Theil von 1 Ganzen ist ½; 3 mal der halbe Theil von 1 Ganzen ist 3 mal ½; 3 mal ½ sind 3/2; 3/2 sind 1 Ganzes und 1 Halbes.

Fr. Wie viel ist 3 mal der halbe Theil von 3 Ganzen?

Antw. 3 mal der halbe Theil von 3 Ganzen ist 4 Ganze und 1 Halbes.

Auflösung: Der halbe Theil von 1 Ganzen ist ½; der halbe Theil von 3 Ganzen ist 3/2; 3 mal der halbe Theil von 3 Ganzen ist 3 mal 3/2; 3 mal 3/2 sind 9/2; 9/2 sind 4 Ganze und 1 Halbes.

Fr. Zu welcher Anzahl von Ganzen verhalten sich also 3 Ganze, wie sich 1 Ganzes zu 1 Ganzen und 1 Halben verhält?

Antw. 3 Ganze verhalten sich zu 4 Ganzen und 1 Halben, wie sich 1 Ganzes zu 1 Ganzen und 1 Halben verhält?

Auflösung: 1 Ganzes verhält sich zu 3 mal dem halben Theil von 1 Ganzen, wie sich 3 Ganze zu 3 mal dem halben Theil von 3 Ganzen verhalten; 3 mal der halbe Theil von 1 Ganzen sind 1 Ganzes und 1 Halbes, und 3 mal der halbe Theil von 3 Ganzen sind 4 Ganze und 1 Halbes; folglich verhalten sich 3 Ganze zu 4 Ganzen und 1 Halben, wie sich 1 Ganzes zu 1 Ganzen und 1 Halben verhält.

1 Ganzes zu 4 mal dem halben Theil von 1 Ganzen verhält sich:

wie	2	Ganze	zu 4	mal	dem	halben	Theil	von 2 Ganzen
—	3	—	— 4	—	—	halben	—	— 3 —
—	4	—	— 4	—	—	halben	—	— 4 —
—	5	—	— 4	—	—	halben	—	— 5 —
—	6	—	— 4	—	—	halben	—	— 6 —
—	7	—	— 4	—	—	halben	—	— 7 —
—	8	—	— 4	—	—	halben	—	— 8 —
—	9	—	— 4	—	—	halben	—	— 9 —
—	10	—	— 4	—	—	halben	—	— 10 —

der halbe Th. v. 1 Ganzen ist 1/2.
4 m. — halbe — — 1 — sind 4 m, 1/2. 4 m. 1/2 si. 4/2. 4/2 si. 2.
— halbe — — 2 — ist 2/2.
4 — — halbe — — 2 — sind 4 — 2/2. 4 — 2/2 — 8/2. 8/2 — 4.
— halbe — — 3 — ist 3/2.
4 — — halbe — — 3 — sind 4 — 3/2. 4 — 3/2 — 12/2. 12/2 — 6.
— halbe — — 4 — ist 4/2.
4 — — halbe — — 4 — sind 4 — 4/2. 4 — 4/2 — 16/2. 16/2 — 8.
— halbe — — 5 — ist 5/2.
4 — — halbe — — 5 — sind 4 — 5/2. 4 — 5/2 — 20/2. 20/2 — 10.
— halbe — — 6 — ist 6/2.
4 — — halbe — — 6 — sind 4 — 6/2. 4 — 6/2 — 24/2. 24/2 — 12.
— halbe — — 7 — ist 7/2.
4 — — halbe — — 7 — sind 4 — 7/2. 4 — 7/2 — 28/2. 28/2 — 14.
— halbe — — 8 — ist 8/2.
4 — — halbe — — 8 — sind 4 — 8/2. 4 — 8/2 — 32/2. 32/2 — 16.
— halbe — — 9 — ist 9/2.
4 — — halbe — — 9 — sind 4 — 9/2. 4 — 9/2 — 36/2. 36/2 — 18.
— halbe — — 10 — ist 10/2.
4 — — halbe — — 10 — sind 4 — 10/2. 4 — 10/2 — 40/2. 40/2 — 20.

folglich verhält sich

1 Ganzes zu 2 Ganzen
wie 2 Ganze zu 4 Ganzen
— 3 — — 6 —
— 4 — — 8 —
— 5 — — 10 —
— 6 — — 12 —
— 7 — — 14 —
— 8 — — 16 —
— 9 — — 18 —
— 10 — — 20 —

Fragen:

Fragen:

Frage: Zu wie viel mal dem halben Theile von 7 Ganzen verhalten sich 5 Ganze, wie sich 6 Ganze zu 4 mal dem halben Theile von 6 Ganzen verhalten?

Antw. 7 Ganze verhalten sich zu 4 mal dem halben Theile von 7 Ganzen, wie sich 6 Ganze zu 4 mal dem halben Theile von 6 Ganzen verhalten.

Fr. Wie viel Ganze ist der halbe Theil von 6 Ganzen 4 mal genommen?

Antw. Der halbe Theil von 6 Ganzen 4 mal genommen, ist 12 Ganze.

Auflösung: Der halbe Theil von 1 Ganzen ist 1 Halbes; der halbe Theil von 6 Ganzen ist 6 Halbe; 4 mal der halbe Theil von 6 Ganzen sind 4 mal 6 Halbe; 4 mal $\frac{6}{2}$ sind $\frac{24}{2}$; $\frac{24}{2}$ sind 12 Ganze.

Fr. Wie viel Ganze ist der halbe Theil von 7 Ganzen 4 mal genommen?

Antw. Der halbe Theil von 7 Ganzen 4 mal genommen ist 14 Ganze.

Auflösung: Der halbe Theil von 1 Ganzen ist $\frac{1}{2}$; der halbe Theil von 7 Ganzen ist $\frac{7}{2}$; 4 mal der halbe Theil von 7 Ganzen sind 4 mal $\frac{7}{2}$; 4 mal $\frac{7}{2}$ sind $\frac{28}{2}$, und $\frac{28}{2}$ sind 14 Ganze.

Fr. Zu welcher Anzahl von Ganzen verhalten sich also 7 Ganze wie sich 6 Ganze zu 12 Ganzen verhalten?

Antw. 7 Ganze verhalten sich zu 14 Ganzen, wie sich 6 Ganze zu 12 Ganzen verhalten.

Auflösung: 6 Ganze verhalten sich zu 4 mal dem halben Theile von 6 Ganzen, wie sich 7 Ganze zu 4 mal dem halben Theile von 7 Ganzen verhalten; 4 mal der halbe Theil von 6 Ganzen sind 12 Ganze; 4 mal der halbe Theil von 7 Ganzen sind 14 Ganze; folglich verhalten sich 7 Ganze zu 14 Ganzen, wie sich 6 Ganze zu 12 Ganzen verhalten.

1 Ganzes zu 5 mal dem halben Theil von 1 Ganzen verhält sich:

wie 2 Ganze zu 5 mal dem halben Theil von 2 Ganzen

— 3 — — 5 — — halben — — 3 —

— 4 — — 5 — — halben — — 4 —

— 5 — — 5 — — halben — — 5 —

— 6 — — 5 — — halben — — 6 —

— 7 — — 5 — — halben — — 7 —

— 8 — — 5 — — halben — — 8 —

— 9 — — 5 — — halben — — 9 —

— 10 — — 5 — — halben — — 10 —

der halbe Th. v. 1 Ganzen ist 1/2.

5 m. — halbe — — 1 — sind 5 m. 1/2. 5 m. 1/2 si. 5/2. 5/2 si. 2 1/2

— halbe — — 2 — ist 2/2.

5 — — halbe — — 2 — sind 5 — 2/2. 5 — 2/2 — 10/2. 10/2 — 5.

— halbe — — 3 — ist 3/2.

5 — — halbe — — 3 — sind 5 — 3/2. 5 — 3/2 — 15/2. 15/2 — 7 1/2

— halbe — — 4 — ist 4/2.

5 — — halbe — — 4 — sind 5 — 4/2. 5 — 4/2 — 20/2. 20/2 — 10.

— halbe — — 5 — ist 5/2.

5 — — halbe — — 5 — sind 5 — 5/2. 5 — 5/2 — 25/2. 25/2 — 12 1/2

— halbe — — 6 — ist 6/2.

5 — — halbe — — 6 — sind 5 — 6/2. 5 — 6/2 — 30/2. 30/2 — 15.

— halbe — — 7 — ist 7/2.

5 — — halbe — — 7 — sind 5 — 7/2. 5 — 7/2 — 35/2. 35/2 — 17 1/2

— halbe — — 8 — ist 8/2.

5 — — halbe — — 8 — sind 5 — 8/2. 5 — 8/2 — 40/2. 40/2 — 20.

— halbe — — 9 — ist 9/2.

5 — — halbe — — 9 — sind 5 — 9/2. 5 — 9/2 — 45/2. 45/2 — 22 1/2

— halbe — — 10 — ist 10/2.

5 — — halbe — — 10 — sind 5 — 10/2. 5 — 10/2 — 50/2. 50/2 — 25.

folglich verhält sich:

1 Ganzes zu 2 Ganzen und 1 Halben

wie 2 Ganze zu 5 Ganzen.

wie 3 Ganze zu 7 Ganzen und 1 Halben.
— 4 — — 10 —
— 5 — — 12 — und 1 Halben.
— 6 — — 15 —
— 7 — — 17 — und 1 Halben.
— 8 — — 20 —
— 9 — — 22 — und 1 Halben.
— 10 — — 25 —

Fragen:

Frage: Zu welcher Anzahl von Ganzen verhalten sich 9 Ganze, wie sich 11 Ganze zu 27 Ganzen und 1 Halben verhalten?

Antw. 9 Ganze verhalten sich zu 22 Ganzen und 1 Halben, wie sich 11 Ganze zu 27 Ganzen verhalten.

Auflösung: 11 Ganze verhalten sich zu 5 mal dem halben Theile von 11 Ganzen, wie sich 9 Ganze zu 5 mal dem halben Theile von 9 Ganzen verhalten; 5 mal der halbe Theil von 11 Ganzen sind 27 Ganze und 1 Halbes, und 5 mal der halbe Theil von 9 Ganzen ist 22 Ganze und 1 Halbes; folglich verhalten sich 9 Ganze zu 22 Ganzen und 1 Halben, wie sich 11 Ganze zu 27 Ganzen und 1 Halben verhalten.

1 Ganzes zu 6 mal dem halben Theile von 1 Ganzen verhält sich:

wie 2 Ganze zu 6 mal dem halben Theile von 2 Ganzen.
— 3 — — 6 — u. s. w.

der halbe Th. v. 1 Ganzen ist $\frac{1}{2}$.
6 m. — halbe — — 1 — sind 6 m. $\frac{1}{2}$. 6 m. $\frac{1}{2}$ sind $\frac{6}{2}$. $\frac{6}{2}$ ist. 3.
— halbe — — 2 — ist $\frac{2}{2}$.
6 — — halbe — — 2 — sind 6 — $\frac{2}{2}$. 6 — $\frac{2}{2}$ — $\frac{12}{2}$. $\frac{12}{2}$ — 6.
— halbe — — 3 — u. s. w.

folglich verhält sich:
1 Ganzes zu 3 Ganzen
wie 2 Ganze zu 6 Ganzen.
— 3 — u. s. w.

Fragen:

Frage: Zu welcher Anzahl von Ganzen verhalten sich 11 Ganze, wie sich 4 Ganze zu 12 Ganzen verhalten?

Antw. 11 Ganze verhalten sich zu 33 Ganzen wie sich 4 Ganze zu 12 Ganzen verhalten.

Auflösung: 4 Ganze verhalten sich zu 6 mal dem halben Theile von 4 Ganzen, wie sich 11 Ganze zu 6 mal dem halben Theile von 11 Ganzen verhalten; 6 mal der halbe Theil von 4 Ganzen sind 12 Ganze, und 6 mal der halbe Theil von 11 Ganzen sind 33 Ganze; folglich verhalten sich 11 Ganze zu 33 Ganzen, wie sich 4 Ganze zu 12 Ganzen verhalten.

1 Ganzes zu 7 mal dem halben Theile von 1 Ganzen
verhält sich:
wie 2 Ganze zu 7 mal dem halben Theile von 2 Ganzen.
— 3 — — 7 — u. s. w.

der halbe Th. v. 1 Ganzen ist $\frac{1}{2}$.
7 m. — halbe — — 1 — sind 7 m. $\frac{1}{2}$. 7 m. $\frac{1}{2}$ si. $\frac{7}{2}$. $\frac{7}{2}$ st. $3\frac{1}{2}$
— halbe — — 2 — ist $\frac{2}{2}$.
7 — — halbe — — 2 — sind 7 — $\frac{2}{2}$. 7 — $\frac{2}{2}$ — $\frac{14}{2}$. $\frac{14}{2}$ — 7.
— halbe — — 3 — u. s. w.

folglich verhält sich:
1 Ganzes zu 3 Ganzen und 1 Halben
wie 2 Ganze zu 7 Ganzen.
— 3 — u. s. w.

Fragen:

Fr. Zu welcher Anzahl von Ganzen verhalten sich 13 Ganze, wie sich 5 Ganze zu 17 Ganzen und 1 Halben verhalten?

Antw. 13 Ganze verhalten sich zu 45 Ganzen und 1 Halben, wie sich 5 Ganze zu 17 Ganzen und 1 Halben verhalten.

Auflösung: 5 Ganze verhalten sich zu 7 mal dem halben Theile von 5 Ganzen, wie sich 13 Ganze zu 7 mal dem halben Theile von 13 Ganzen verhalten; 7 mal der halbe Theil von 5 Ganzen sind 17 Ganze und 1 Halbes, und 7 mal der halbe Theil von 73 Ganzen sind 45 Ganze und 1 Halbes; folglich verhalten sich 13 Ganze zu 45 Ganzen und 1 Halben, wie sich 5 Ganze zu 17 Ganzen und 1 Halben verhalten.

1 Ganzes zu 8 mal dem halben Theil von 1 Ganzen.
wie 2 Ganze zu 8 mal dem halben Theile von 2 Ganzen
— 3 — — 8 — u. s. w.

der halbe Th. v. 1 Ganzen ist ½.
8 m. — halbe — — 1 — sind 8 m. ½. 8 m. ½ st. 8/2. 8/2 st. 4.
— halbe — — 2 — ist 2/2.
8 — — halbe — — 2 — sind 8 — 2/2. 8 — 2/2 — 16/2. 16/2 — 8.
— halbe — — 3 — u. s. w.

folglich verhält sich:
1 Ganzes zu 4 Ganzen
wie 2 Ganze zu 8 Ganzen.
— 3 — u. s. w.

Fragen:

Frage: Zu wie viel Ganzen verhalten sich 13 Ganze wie sich 9 Ganze zu 36 Ganzen verhalten?

Antw. 13 Ganze verhalten sich zu 52 Ganzen, wie sich 9 Ganze zu 36 Ganzen verhalten.

Auflösung: 9 Ganze verhalten sich zu 8 mal dem halben Theile von 9 Ganzen, wie sich 13 Ganze zu 8 mal dem halben Theile von 13 Ganzen verhalten; 8 mal der halbe Theil von 9 Ganzen sind 36 Ganze, und 8 mal der halbe Theil von 13 Ganzen sind 52 Ganze; folglich verhalten sich

13 Ganze zu 52 Ganzen, wie sich 9 Ganze zu 36 Ganzen verhalten.

1 Ganzes zu 9 mal dem halben Theile von 1 Ganzen verhält sich:

wie 2 Ganze zu 9 mal dem halben Theile von 2 Ganzen.
— 3 — — 9 — u. s. w.

der halbe Th. v. 1 Ganzen ist ½.
9 m. — halbe — — 1 — sind 9 m. ½. 9 m. ½ si. ⁹⁄₂. ⁹⁄₂ si. 4½
— halbe — — 2 — ist ²⁄₂.
9 — — halbe — — 2 — sind 9 — ²⁄₂. 9 — ²⁄₂ — ¹⁸⁄₂. ¹⁸⁄₂ — 9.
— halbe — — 3 — u. s. w.

folglich verhält sich:
1 Ganzes zu 4 Ganzen und 1 Halben
wie 2 Ganze zu 9 Ganzen.
— 3 — — u. s. w.

Frage:

Zu welcher Anzahl von Ganzen verhalten sich 15 Ganze, wie sich 7 Ganze zu 31 Ganzen und 1 Halben verhalten?

Antw. 15 Ganze verhalten sich zu 67 Ganzen und 1 Halben, wie sich 7 Ganze zu 31 Ganzen und 1 Halben verhalten.

Auflösung: 7 Ganze verhalten sich zu 9 mal dem halben Theile von 7 Ganzen, wie sich 15 Ganze zu 9 mal dem halben Theile von 15 Ganzen verhalten; 9 mal der halbe Theil von 7 Ganzen sind 31 Ganze und 1 Halbes, und 9 mal der halbe Theil von 15 Ganzen sind 67 Ganze und 1 Halbes; folglich verhalten sich 15 Ganze zu 67 Ganzen und 1 Halben, wie sich 7 Ganze zu 31 Ganzen und 1 Halben verhalten.

1 Ganzes zu 10 mal dem halben Theile von 1 Ganzen verhält sich:

wie 2 Ganze zu 10 mal dem halben Theile von 2 Ganzen.
— 3 — — 10 — u. s. w.

der halbe Th. v. 1 Gzn. ist ½.
10 m. — halbe — — 1 — sind 10 m. ½. 10 m. ½ si. 10/2. 10/2 si. 5.
— halbe — — 2 — ist 2/2.
10 — — halbe — — 2 — sind 10 — 2/2. 10 — 2/2 — 20/2. 20/2 — 10.
— halbe — — 3 — u. s. w.

folglich verhält sich:
1 Ganzes zu 5 Ganzen
wie 2 Ganze zu 10 Ganzen.
— 3 — — u. s. w.

Frage:

Zu welcher Anzahl von Ganzen verhalten sich 19 Ganze wie sich 12 Ganze zu 60 Ganzen verhalten?

Antw. 19 Ganze verhalten sich zu 95 Ganzen, wie sich 12 Ganze zu 60 Ganzen verhalten.

Auflösung: 12 Ganze verhalten sich zu 10 mal dem halben Theile von 12 Ganzen, wie sich 19 Ganze zu 10 mal dem halben Theile von 19 Ganzen verhalten; 10 mal der halbe Theil von 12 Ganzen sind 60 Ganze, und 10 mal der halbe Theil von 19 Ganzen sind 95 Ganze; folglich verhalten sich 19 Ganze zu 95 Ganzen, wie sich 12 Ganze zu 60 Ganzen verhalten.

Dritte Reihe.

1 Ganzes zu 2 mal dem 3ten Theile von 1 Ganzen
verhält sich:
wie 2 Ganze zu 2 mal dem 3ten Theile von 2 Ganzen.
— 3 — — 2 — — u. s. w.

der 3te Th. v. 1 Ganzen ist ⅓.
2 m. — 3te — — 1 — sind 2 m. ⅓. 2 m. ⅓ si. ⅔.
— 3te — — 2 — ist ⅔.
2 — — 3te — — 2 — sind 2 — ⅔. 2 — ⅔ — 4/3. 4/3 sind 1 ⅓.
— 3te — — 3 — u. s. w.

folglich verhält sich:
1 Ganzes zu 2 Dritteln
wie 2 Ganze zu 1 Ganzen und 1 Drittel.
— 3 — — u. s. w.

1 Ganzes zu 4 mal dem 3ten Theile von 1 Ganzen
verhält sich:
wie 2 Ganze zu 4 mal dem 3ten Theile von 2 Ganzen.
— 3 — — 4 — — 3ten — u. s. w.

der 3te Th. v. 1 Ganzen ist 1/3.
4 m. — 3te — — 1 — sind 4 m. 1/3. 4 m. 1/3 sind 4/3. 4/3 si. 1 1/3.
— 3te — — 2 — ist 2/3.
4 — — 3te — — 2 — sind 4 — 2/3. 4 — 2/3 — 8/3. 8/3 — 2 2/3.
— 3te — — 3 — u. s. w.

folglich verhält sich:
1 Ganzes zu 1 Ganzen und 1 Drittel
wie 2 Ganze zu 2 Ganzen und 2 Dritteln.
— 3 — — 4 — u. s. w.

1 Ganzes zu 5 mal dem 3ten Theile von 1 Ganzen.
verhält sich:
wie 2 Ganze zu 5 mal dem 3ten Theile von 2 Ganzen.
— 3 — — 5 — — 3ten — u. w. s.

der 3te Th. v. 1 Ganzen ist 1/3.
5 m. — 3te — — 1 — sind 5 m. 1/3. 5 m. 1/3 si. 5/3. 5/3 si. 1 2/3.
— 3te — — 2 — ist 2/3.
5 — — 3te — — 2 — sind 5 — 2/3. 5 — 2/3 — 10/3. 10/3 — 3 1/3.
— 3te — — 3 — u. s. w.

folglich verhält sich:
1 Ganzes zu 1 Ganzen und 2 Dritteln
wie 2 Ganze zu 3 Ganzen und 1 Drittel.
— 3 — — u. s. w.

1 Ganzes

1 Ganzes zu 6 mal dem 3ten Theile von 1 Ganzen
verhält sich:
wie 2 Ganze zu 6 mal dem 3ten Theile von 2 Ganzen.
— 3 — — 6 — — 3ten — u. s. w.

der 3te Th. v. 1 Ganzen ist $\frac{1}{3}$.
6 m. — 3te — — 1 — sind 6 m. $\frac{1}{3}$. 6 m. $\frac{1}{3}$ sind $\frac{6}{3}$. $\frac{6}{3}$ si. 2.
— 3te — — 2 — ist $\frac{2}{3}$.
6 — — 3te — — 2 — sind 6 — $\frac{2}{3}$. 6 — $\frac{2}{3}$ — $\frac{12}{3}$. $\frac{12}{3}$ — 4.
— 3te — — 3 — u. s. w.

folglich verhält sich:
1 Ganzes zu 2 Ganzen
wie 2 Ganze zu 4 Ganzen.
— 3 — — 6 — u. s. w.

1 Ganzes zu 7 mal dem 3ten Theile von 1 Ganzen
verhält sich:
wie 2 Ganze zu 7 mal dem 3ten Theile von 2 Ganzen.
— 3 — — 7 — — 3ten — u. s. w.

der 3te Th. v. 1 Ganzen ist $\frac{1}{3}$.
7 m. — 3te — — 1 — sind 7 m. $\frac{1}{3}$. 7 m. $\frac{1}{3}$ sind $\frac{7}{3}$. $\frac{7}{3}$ si. 2 $\frac{1}{3}$
— 3te — — 2 — ist $\frac{2}{3}$.
7 — — 3te — — 2 — sind 7 — $\frac{2}{3}$. 7 — $\frac{2}{3}$ — $\frac{14}{3}$. $\frac{14}{3}$ — 4 $\frac{2}{3}$
— 3te — — 3 — u. s. w.

folglich verhält sich:
1 Ganzes zu 2 Ganzen und 1 Drittel
wie 2 Ganze zu 4 Ganzen und 2 Dritteln.
— 3 — — u. s. w.

1 Ganzes zu 8 mal dem 3ten Theile von 1 Ganzen
verhält sich:
wie 2 Ganze zu 8 mal dem 3ten Theile von 2 Ganzen.
— 3 — — 8 — — 3ten — u. s. w.

der 3te Th. v. 1 Ganzen ist $\frac{1}{3}$.
8 m. — 3te — — 1 — sind 8 m. $\frac{1}{3}$. 8 m. $\frac{1}{3}$ st. $\frac{8}{3}$. $\frac{8}{3}$ st. 2 $\frac{2}{3}$
— 3te — — 2 — ist $\frac{2}{3}$.
8 — — 3te — — 2 — sind 8 — $\frac{2}{3}$. 8 — $\frac{2}{3}$ — $\frac{16}{3}$. $\frac{16}{3}$ — 5 $\frac{1}{3}$
— 3te — — 3 — u. s. w.

folglich verhält sich:
1 Ganzes zu 2 Ganzen und 2 Dritteln
wie 2 Ganze zu 5 Ganzen und 1 Drittel.
— 3 — — u. s. w.

1 Ganzes zu 9 mal dem 3ten Theile von 1 Ganzen verhält sich:
wie 2 Ganze zu 9 mal dem 3ten Theile von 2 Ganzen.
— 3 — — 9 — — 3ten — u. s. w.

der 3te Th. v. 1 Ganzen ist $\frac{1}{3}$.
9 m. — 3te — — 1 — sind 9 m. $\frac{1}{3}$. 9 m. $\frac{1}{3}$ sind $\frac{9}{3}$. $\frac{9}{3}$ st. 3.
— 3te — — 2 — ist $\frac{2}{3}$.
9 — — 3te — — 2 — sind 9 — $\frac{2}{3}$. 9 — $\frac{2}{3}$ — $\frac{18}{3}$. $\frac{18}{3}$ — 6.
— 3te — — 3 — u. s. w.

folglich verhält sich:
1 Ganzes zu 3 Ganzen
wie 2 Ganze zu 6 Ganzen.
— 3 — — 9 — u. s. w.

1 Ganzes zu 10 mal dem 3ten Theile von 1 Ganzen verhält sich:
wie 2 Ganze zu 10 mal dem 3ten Theile von 2 Ganzen.
— 3 — — 10 — — 3ten — u. s. w.

der 3te Th. v. 1 Ganzen ist $\frac{1}{3}$.
10 m. — 3te — — 1 — sind 10 m. $\frac{1}{3}$. 10 m. $\frac{1}{3}$ st. $\frac{10}{3}$. $\frac{10}{3}$ st. 3 $\frac{1}{3}$
— 3te — — 2 — ist $\frac{2}{3}$.
10 — — 3te — — 2 — sind 10 — $\frac{2}{3}$. 10 — $\frac{2}{3}$ — $\frac{20}{3}$. $\frac{20}{3}$ — 6 $\frac{2}{3}$
— 3te — — 3 — u. s. w.

folglich verhält sich:
1 Ganzes zu 3 Ganzen und 1 Drittel
wie 2 Ganze zu 6 Ganzen und 2 Dritteln.
— 3 — — 10 — u. s. w.

Frage:

Zu welcher Anzahl von Ganzen verhalten sich 12 Ganze, wie sich 10 Ganze zu 33 Ganzen und 1 Drittel verhalten?

Antw. 12 Ganze verhalten sich zu 40 Ganzen, wie sich 10 Ganze zu 33 Ganzen und 1 Drittel verhalten.

Auflösung: 10 Ganze verhalten sich zu 10 mal dem 3ten Theile von 10 Ganzen, wie sich 12 Ganze zu 10 mal dem 3ten Theile von 12 Ganzen verhalten; 10 mal der 3te Theil von 10 Ganzen sind 33 Ganze und 1 Drittel; und 10 mal der 3te Theil von 12 Ganzen sind 40 Ganze; folglich verhalten sich 12 Ganze zu 40 Ganzen, wie sich 10 Ganze zu 33 Ganzen und 1 Drittel verhalten.

Vierte Reihe.

1 Ganzes zu 2 mal dem 4ten Theile von 1 Ganzen
verhält sich:
wie 2 Ganze zu 2 mal dem 4ten Theile von 2 Ganzen.
— 3 — — 2 — — 4ten — u. s. w.

der 4te Th. v. 1 Ganzen ist $\frac{1}{4}$.
2 m. — 4te — — 1 — sind 2 m. $\frac{1}{4}$. 2 m. $\frac{1}{4}$ si. $\frac{2}{4}$.
— 4te — — 2 — ist $\frac{2}{4}$.
2 — — 4te — — 2 — sind 2 — $\frac{2}{4}$. 2 — $\frac{2}{4}$ — $\frac{4}{4}$. $\frac{4}{4}$ sind 1.
— 4te — — 3 — u. s. w.

folglich verhält sich:
1 Ganzes zu 2 Vierteln
wie 2 Ganze zu 1 Ganzen,
— 3 — — u. s. w.

1 Ganzes zu 3 mal dem 4ten Theile von 1 Ganzen
verhält sich:
wie 2 Ganze zu 3 mal dem 4ten Theile von 2 Ganzen.
— 3 — — 3 — — 4ten u. s. w.

der 4te Th. v. 1 Ganzen ist $\frac{1}{4}$.
3 m. — 4te — — 1 — sind 3 m. $\frac{1}{4}$. 3 m. $\frac{1}{4}$ sind $\frac{3}{4}$.
— 4te — — 2 — ist $\frac{2}{4}$.
3 — — 4te — — 2 — sind 3 — $\frac{2}{4}$. 3 — $\frac{2}{4}$ — $\frac{6}{4}$. $\frac{6}{4}$ si. 1 $\frac{2}{4}$
— 4te — — 3 — u. s. w.

folglich verhält sich:
1 Ganzes zu 3 Vierteln
wie 2 Ganze zu 1 Ganzen und 2 Vierteln.
— 3 — — . u. s. w.

1 Ganzes zu 5 mal dem 4ten Theile von 1 Ganzen
verhält sich:
wie 2 Ganze zu 5 mal dem 4ten Theile von 2 Ganzen.
— 3 — — 5 — — 4ten — u. s. w.

der 4te Th. v. 1 Ganzen ist $\frac{1}{4}$.
5 m. — 4te — — 1 — sind 5 m. $\frac{1}{4}$. 5 m. $\frac{1}{4}$ si. $\frac{5}{4}$. $\frac{5}{4}$ si. 1 $\frac{1}{4}$
— 4te — — 2 — ist $\frac{2}{4}$.
5 — — 4te — — 2 — sind 5 m. $\frac{2}{4}$. 5 — $\frac{2}{4}$ — $\frac{10}{4}$. $\frac{10}{4}$ — 2 $\frac{2}{4}$
— 4te — — 3 — u. s. w.

folglich verhält sich:
1 Ganzes zu 1 Ganzen und 1 Viertel
wie 2 Ganze zu 2 Ganzen und 2 Vierteln.
— 3 — — 4 — u. s. w.

1 Ganzes zu 6 mal dem 4ten Theile von 1 Ganzen
verhält sich:
wie 2 Ganze zu 6 mal dem 4ten Theile von 2 Ganzen.
— 3 — — 6 — — 4ten — u. s. w.

der 4te Th. v. 1 Ganzen ist $\frac{1}{4}$.
6 m. — 4te — — 1 — sind 6 m. $\frac{1}{4}$. 6 m. $\frac{1}{4}$ si. $\frac{6}{4}$. $\frac{6}{4}$ si. 1 $\frac{2}{4}$
— 4te — — 2 — ist $\frac{2}{4}$.
6 — — 4te — — 2 — sind 6 — $\frac{2}{4}$. 6 — $\frac{2}{4}$ — $\frac{12}{4}$. $\frac{12}{4}$ — 3.
— 4te — — 3 — u. s. w.

folglich verhält sich:
1 Ganzes zu 1 Ganzen und 2 Vierteln,
wie 2 Ganze zu 3 Ganzen.
— 3 — — u. s. w.

1 Ganzes zu 7 mal dem 4ten Theile von 1 Ganzen
verhält sich:
wie 2 Ganze zu 7 mal dem 4ten Theile von 2 Ganzen.
— 3 — — 7 — — 4ten u. s. w.

der 4te Th. v. 1 Ganzen ist $\frac{1}{4}$.
7 m. — 4te — — 1 — sind 7 m. $\frac{1}{4}$. 7 m. $\frac{1}{4}$ sind $\frac{7}{4}$. $\frac{7}{4}$ si. 1 $\frac{3}{4}$
— 4te — — 2 — ist $\frac{2}{4}$.
7 — — 4te — — 2 — sind 7 — $\frac{2}{4}$. 7 — $\frac{2}{4}$ — $\frac{14}{4}$. $\frac{14}{4}$ — 3 $\frac{2}{4}$
— 4te — — 3 — u. s. w

folglich verhält sich:
1 Ganzes zu 1 Ganzen und 3 Vierteln
wie 2 Ganze zu 3 Ganzen und 2 Vierteln.
— 3 — — u. s. w.

1 Ganzes zu 8 mal dem 4ten Theile von 1 Ganzen
verhält sich:
wie 2 Ganze zu 8 mal dem 4ten Theile von 2 Ganzen.
— 3 — — 8 — — 4ten u. s. w.

der 4te Th. v. 1 Ganzen ist $\frac{1}{4}$.
8 m. — 4te — — 1 — sind 8 m. $\frac{1}{4}$. 8 m. $\frac{1}{4}$ sind $\frac{8}{4}$. $\frac{8}{4}$ si. 2.
— 4te — — 2 — ist $\frac{2}{4}$.
8 — — 4te — — 2 — sind 8 — $\frac{2}{4}$. 8 — $\frac{2}{4}$ — $\frac{16}{4}$. $\frac{16}{4}$ — 4.
— 4te — — 3 — u. s. w.

folglich verhält sich:
1 Ganzes zu 2 Ganzen
wie 2 Ganze zu 4 Ganzen.
— 3 — — 6 — u. s. w.

1 Ganzes zu 9 mal dem 4ten Theile von 1 Ganzen
verhält sich:
wie 2 Ganze zu 9 mal dem 4ten Theile von 2 Ganzen.
— 3 — — 9 — — 4ten — u. s. w.
der 4te Th. v. 1 Ganzen ist 1/4.
9 m. — 4te — — 1 — sind 9 m. 1/4. 9 m. 1/4 st. 9/4. 9/4 st. 2 1/4
— 4te — — 2 — ist 2/4.
9 — — 4te — — 2 — sind 9 — 2/4. 9 — 2/4 — 18/4. 18/4 — 4 2/4
— 4te — — 3 — u. s. w.
folglich verhält sich:
1 Ganzes zu 2 Ganzen und 1 Viertel
wie 2 Ganze zu 4 Ganzen und 2 Vierteln.
— 3 — — u. s. w.

1 Ganzes zu 10 mal dem 4ten Theile von 1 Ganzen
verhält sich:
wie 2 Ganze zu 10 mal dem 4ten Theile von 2 Ganzen.
— 3 — — 10 — — 4ten — u. s. w.
der 4te Th. v. 1 Ganzen ist 1/4.
10 m. — 4te — — 1 — sind 10 m. 1/4. 10 m. 1/4 st. 10/4. 10/4 st. 2 2/4
— 4te — — 2 — ist 2/4.
10 — — 4te — — 2 — sind 10 — 2/4. 10 — 2/4 — 20/4. 20/4 — 5.
— 4te — — 3 — u. s. w.
folglich verhält sich:
1 Ganzes zu 2 Ganzen und 2 Vierteln
wie 2 Ganze zu 5 Ganzen.
— 3 — — u. s. w.

Frage:

Zu welcher Anzahl von Ganzen verhalten sich 7 Ganze, wie sich 5 Ganze zu 8 Ganzen und 3 Vierteln verhalten?

Antw. 7 Ganze verhalten sich zu 12 Ganzen und 1 Viertel, wie sich 5 Ganze zu 8 Ganzen und 3 Vierteln verhalten.

Auflösung: 5 Ganze verhalten sich zu 7 mal dem 4ten Theile von 5 Ganzen, wie sich 7 Ganze zu 7 mal dem 4ten Theile von 7 Ganzen verhalten; 7 mal der 4te Theil von 5 Ganzen sind 8 Ganze und 3 Viertel, und 7 mal der 4te Theil von 7 Ganzen sind 12 Ganze und 1 Viertel; folglich verhalten sich 7 Ganze zu 12 Ganzen und 1 Viertel, wie sich 5 Ganze zu 8 Ganzen und 3 Vierteln verhalten.

Fünfte Reihe.

1 Ganzes zu 2 mal dem 5ten Theile von 1 Ganzen
verhält sich:
wie 2 Ganze zu 2 mal dem 5ten Theile von 2 Ganzen.
— 3 — — 2 — — 5ten — u. s. w.

der 5te Theil von 1 Ganzen ist 1/5.
2 mal — 5te — — 1 — sind 2 mal 1/5. 2 mal 1/5 sind 2/5.
— 5te — — 2 — ist 2/5.
2 — — 5te — — 2 — sind 2 — 2/5. 2 — 2/5 — 4/5.
— 5te — — 3 — u. s. w.

folglich verhält sich:
1 Ganzes zu 2 Fünfteln
wie 2 Ganze zu 4 Fünfteln.
— 3 — — u. s. w.

1 Ganzes zu 3 mal dem 5ten Theile von 1 Ganzen
verhält sich:
wie 2 Ganze zu 3 mal dem 5ten Theile von 2 Ganzen.
— 3 — — 3 — — 5ten — u. s. w.

der 5te Th. v. 1 Ganzen ist 1/5.
3 m. — 5te — — 1 — sind 3 m. 1/5. 3 m. 1/5 si. 3/5.
— 5te — — 2 — ist 2/5.
3 — — 5te — — 2 — sind 3 — 2/5. 3 — 2/5 — 6/5. 6/5 sind 1 1/5
— 5te — — 3 — u. s. w.

folglich verhält sich:

1 Ganzes zu 3 Fünfteln
wie 2 Ganze zu 1 Ganzen und 1 Fünftel.
— 3 — — u. s. w.

1 Ganzes zu 4 mal dem 5ten Theile von 1 Ganzen
verhält sich:
wie 2 Ganze zu 4 mal dem 5ten Theile von 2 Ganzen.
— 3 — — 4 — — 5ten — u. s. w.

der 5te Theil von 1 Ganzen ist $\frac{1}{5}$.
4 m. — 5te — — 1 — sind 4 m. $\frac{1}{5}$. 4 m. $\frac{1}{5}$ si. $\frac{4}{5}$.
— 5te — — 2 — ist $\frac{2}{5}$.
4 — — 5te — — 2 — sind 4 — $\frac{2}{5}$. 4 — $\frac{2}{5}$ — $\frac{8}{5}$. $\frac{8}{5}$ si. 1 $\frac{3}{5}$
— 5te — — 3 — u. s. w.

folglich verhält sich:

1 Ganzes zu 4 Fünfteln
wie 2 Ganze zu 1 Ganzen und 3 Fünfteln.
— 3 — — u. s. w.

1 Ganzes zu 6 mal dem 5ten Theile von 1 Ganzen
verhält sich:
wie 2 Ganze zu 6 mal dem 5ten Theile von 2 Ganzen.
— 3 — — 6 — — 5ten — u. s. w.

der 5te Th. v. 1 Ganzen ist $\frac{1}{5}$.
6 m. — 5te — — 1 — sind 6 m. $\frac{1}{5}$. 6 m. $\frac{1}{5}$ si. $\frac{6}{5}$. $\frac{6}{5}$ si. 1 $\frac{1}{5}$
— 5te — — 2 — ist $\frac{2}{5}$.
6 — — 5te — — 2 — sind 6 — $\frac{2}{5}$. 6 — $\frac{2}{5}$ — $\frac{12}{5}$. $\frac{12}{5}$ — 2 $\frac{2}{5}$
— 5te — — 3 — u. s. w.

folglich verhält sich:

1 Ganzes zu 1 Ganzen und 1 Fünftel
wie 2 Ganze zu 2 Ganzen und 2 Fünfteln.
— 3 — — u. s. w.

1 Ganzes

1 Ganzes zu 7 mal dem 5ten Theile von 1 Ganzen
verhalt sich:
wie 2 Ganze zu 7 mal dem 5ten Theile von 2 Ganzen
— 3 — — 7 — — 5ten — u. s. w.

der 5te Th. v. 1 Ganzen ist $\frac{1}{5}$.
7 m. — 5te — — 1 — sind 7 m. $\frac{1}{5}$. 7 m. $\frac{1}{5}$ si. $\frac{7}{5}$. $\frac{7}{5}$ si. 1 $\frac{2}{5}$
— 5te — — 2 — ist $\frac{2}{5}$.
7 — — 5te — — 2 — sind 7 — $\frac{2}{5}$. 7 — $\frac{2}{5}$ — $\frac{14}{5}$. $\frac{14}{5}$ — 2 $\frac{4}{5}$
— 5te — — 3 — u. s. w.
folglich verhält sich:
1 Ganzes zu 1 Ganzen und 2 Fünfteln
wie 2 Ganze zu 2 Ganzen und 4 Fünfteln.
— 3 — — u. s. w.

1 Ganzes zu 8 mal dem 5ten Theile von 1 Ganzen
verhält sich:
wie 2 Ganze zu 8 mal dem 5ten Theile von 2 Ganzen
— 3 — — 8 — — 5ten — u. s. w.

der 5te Th. v. 1 Ganzen ist $\frac{1}{5}$.
8 m. — 5te — — 1 — sind 8 m. $\frac{1}{5}$. 8 m. $\frac{1}{5}$ si. $\frac{8}{5}$. $\frac{8}{5}$ si. 1 $\frac{3}{5}$
— 5te — — 2 — ist $\frac{2}{5}$.
8 — — 5te — — 2 — sind 8 — $\frac{2}{5}$. 8 — $\frac{2}{5}$ — $\frac{16}{5}$. $\frac{16}{5}$ — 3 $\frac{1}{5}$
— 5te — — 3 — u. s. w.
folglich verhalt sich:
1 Ganzes zu 1 Ganzen und 3 Fünfteln
wie 2 Ganze zu 3 Ganzen und 1 Fünftel.
— 3 — — u. s. w.

1 Ganzes zu 9 mal dem 5ten Theile von 1 Ganzen
verhält sich:
wie 2 Ganze zu 9 mal dem 5ten Theile von 2 Ganzen.
— 3 — — 9 — — 5ten — u. s. w.

der 5te Th. v. 1 Ganzen ist $\frac{1}{5}$.

9 m. — 5te — — 1 — sind 9 m. $\frac{1}{5}$. 9 m. $\frac{1}{5}$ si. $\frac{9}{5}$. $\frac{9}{5}$ si. $1\frac{4}{5}$

— 5te — — 2 — ist $\frac{2}{5}$.

9 — — 5te — — 2 — sind 9 — $\frac{2}{5}$. 9 — $\frac{2}{5}$ — $\frac{18}{5}$. $\frac{18}{5}$ — $3\frac{3}{5}$

— 5te — — 3 — u. s. w.

folglich verhält sich:

1 Ganzes zu 1 Ganzen und 4 Fünfteln

wie 2 Ganze zu 3 Ganzen und 3 Fünfteln.

— 3 — — u. s. w.

1 Ganzes zu 10 mal dem 5ten Theile von 1 Ganzen verhält sich:

wie 2 Ganze zu 10 mal dem 5ten Theile von 2 Ganzen.

— 3 — — 10 — — 5ten — u. s. w.

der 5te Th. v. 1 Ganzen ist $\frac{1}{5}$.

10 m. — 5te — — 1 — sind 10 m. $\frac{1}{5}$. 10 m. $\frac{1}{5}$ si. $\frac{10}{5}$. $\frac{10}{5}$ si. 2.

— 5te — — 2 — ist $\frac{2}{5}$.

10 — — 5te — — 2 — sind 10 — $\frac{2}{5}$. 10 — $\frac{2}{5}$ — $\frac{20}{5}$. $\frac{20}{5}$ — 4.

— 5te — — 3 — u. s. w.

folglich verhält sich:

1 Ganzes zu 2 Ganzen

wie 2 Ganze zu 4 Ganzen.

— 3 — — 6 — u. s. w.

Frage:

Zu welcher Anzahl von Ganzen verhalten sich 9 Ganze, wie sich 8 Ganze zu 11 Ganzen und 1 Fünftel verhalten?

Antw. 9 Ganze verhalten sich zu 12 Ganzen und 3 Fünfteln, wie sich 8 Ganze zu 11 Ganzen und 1 Fünftel verhalten.

Auflösung: 8 Ganze verhalten sich zu 7 mal dem 5ten Theile von 8 Ganzen, wie sich 9 Ganze zu 7 mal dem 5ten Theile von 9 Ganzen verhalten; 7 mal der 5te Theil von 8 Ganzen sind 11 Ganze und 1 Fünftel, und 7 mal der 5te Theil von 9 Ganzen sind 12 Ganze und 3 Fünftel; folglich verhalten sich 9 Ganze zu 12 Ganzen und 3 Fünfteln, wie sich 8 Ganze zu 11 Ganzen und 1 Fünftel verhalten.

Sechste Reihe:

1 Ganzes zu 2 mal dem 6ten Theile von 1 Ganzen
verhält sich:
wie 2 Ganze zu 2 mal dem 6ten Theile von 1 Ganzen.
— 3 — — 2 — u. s. w.

der 6te Theil von 1 Ganzen ist $1/6$.
2m. — 6te — — 1 — sind 2 mal $1/6$. 2 mal $1/6$ sind $2/6$.
— 6te — — 2 — ist $2/6$.
2 — — 6te — — 2 — sind 2 — $2/6$. 2 — $2/6$ — $4/6$.
— 6te — — 3 — u. s. w.

folglich verhält sich:
1 Ganzes zu 2 Sechsteln
wie 2 Ganze zu 4 Sechsteln.
— 3 — — 1 Ganzen und 1 Sechstel u. s. w.

1 Ganzes zu 3 mal dem 6ten Theile von 1 Ganzen
verhält sich:
wie 2 Ganze zu 3 mal dem 6ten Theile von 2 Ganzen.
— 3 — — 3 — — 6ten — u. s. w.

der 6te Th. v. 1 Ganzen ist $1/6$.
3 m. — 6te — — 1 — sind 3 m. $1/6$. 3 m. $1/6$ sind $3/6$.
— 6te — — 2 — ist $2/6$.
3 — — 6te — — 2 — sind 3 — $2/6$. 3 — $2/6$ — $6/6$. $6/6$ sind 1.
— 6te — — 3 u. s. w.

folglich verhält sich:
1 Ganzes zu 3 Sechsteln
wie 2 Ganze zu 1 Ganzen.
— 3 — — u. s. w.

1 Ganzes zu 4 mal dem 6ten Theile von 1 Ganzen
verhält sich:
wie 2 Ganze zu 4 mal dem 6ten Theile von 2 Ganzen.
— 3 — — 4 — — 6ten — u. s. w.

der 6te Th. v. 1 Ganzen ist $\frac{1}{6}$.
4 m. — 6te — — 1 — sind 4 m. $\frac{1}{6}$. 4 m. $\frac{1}{6}$ sind $\frac{4}{6}$.
— 6te — — 2 — ist $\frac{2}{6}$.
4 — — 6te — — 2 — sind 4 — $\frac{2}{6}$. 4 — $\frac{2}{6}$ — $\frac{8}{6}$. $\frac{8}{6}$ si. 1 $\frac{2}{6}$
— 6te — — 3 — u. s. w.

folglich verhält sich:
1 Ganzes zu 4 Sechsteln
wie 2 Ganze zu 1 Ganzen und 2 Sechsteln.
— 3 — — u. s. w.

1 Ganzes zu 5 mal dem 6ten Theile von 1 Ganzen
verhält sich:
wie 2 Ganze zu 5 mal dem 6ten Theile von 2 Ganzen.
— 3 — — 5 — — 6ten — u. s. w.
der 6te Th. v. 1 Ganzen ist $\frac{1}{6}$.
5 m. — 6te — — 1 — sind 5 m. $\frac{1}{6}$. 5 m. $\frac{1}{6}$ si. $\frac{5}{6}$.
— 6te — — 2 — ist $\frac{2}{6}$.
5 — — 6te — — 2 — sind 5 — $\frac{2}{6}$. 5 — $\frac{2}{6}$ — $\frac{10}{6}$. $\frac{10}{6}$ si. 1 $\frac{4}{6}$.
— 6te — — 3 — u. s. w.
folglich verhält sich:
1 Ganzes zu 5 Sechsteln
wie 2 Ganze zu 1 Ganzen und 4 Sechsteln.
— 3 — — u. s. w.

1 Ganzes zu 7 mal dem 6ten Theile von 1 Ganzen
verhält sich:
wie 2 Ganze zu 7 mal dem 6ten Theile von 2 Ganzen.
— 3 — — 7 — — 6ten — u. s. w.
der 6te Th. v. 1 Ganzen ist $\frac{1}{6}$.
7 m. — 6te — — 1 — sind 7 m. $\frac{1}{6}$. 7 m. $\frac{1}{6}$ si. $\frac{7}{6}$. $\frac{7}{6}$ si. 1 $\frac{1}{6}$
— 6te — — 2 — ist $\frac{2}{6}$.
7 — — 6te — — 2 — sind 7 — $\frac{2}{6}$. 7 — $\frac{2}{6}$ — $\frac{14}{6}$. $\frac{14}{6}$ — 2 $\frac{2}{6}$
— 6te — — 3 — u. s. w.

folglich verhält sich:

1 Ganzes zu 1 Ganzen und 1 Sechstel
wie 2 Ganze zu 2 Ganzen und 2 Sechsteln.
— 3 — — u. s. w.

1 Ganzes zu 8 mal dem 6ten Theile von 1 Ganzen

verhält sich:

wie 2 Ganze zu 8 mal dem 6ten Theile von 2 Ganzen.
— 3 — — 8 — — 6ten — u. s. w.

der 6te Th. v. 1 Ganzen ist $\frac{1}{6}$.
8 m. — 6te — — 1 — sind 8 m. $\frac{1}{6}$. 8 m. $\frac{1}{6}$ st. $\frac{8}{6}$. $\frac{8}{6}$ st. 1 $\frac{2}{6}$
— 6te — — 2 — ist $\frac{2}{6}$.
8 — — 6te — — 2 — sind 8 — $\frac{2}{6}$. 8 — $\frac{2}{6}$ — $\frac{16}{6}$. $\frac{16}{6}$ — 2 $\frac{4}{6}$
— 6te — — 3 — u. s. w.

folglich verhält sich:

1 Ganzes zu 1 Ganzen und 2 Sechsteln
wie 2 Ganze zu 2 Ganzen und 4 Sechsteln.
— 3 — — u. s. w.

1 Ganzes zu 9 mal dem 6ten Theile von 1 Ganzen

verhält sich:

wie 2 Ganze zu 9 mal dem 6ten Theile von 2 Ganzen.
— 3 — — 9 — — 6ten — u. s. w.

der 6te Th. v. 1 Ganzen ist $\frac{1}{6}$.
9 m. — 6te — — 1 — sind 9 m. $\frac{1}{6}$. 9 m. $\frac{1}{6}$ st. $\frac{9}{6}$. $\frac{9}{6}$ st. 1 $\frac{3}{6}$
— 6te — — 2 — ist $\frac{2}{6}$.
9 — — 6te — — 2 — sind 9 — $\frac{2}{6}$. 9 — $\frac{2}{6}$ — $\frac{18}{6}$. $\frac{18}{6}$ — 3.
— 6te — — 3 — u. s. w.

folglich verhält sich:

1 Ganzes zu 1 Ganzen und 3 Sechsteln
wie 2 Ganze zu 3 Ganzen.
— 3 — — u. s. w.

1 Ganzes zu 10 mal dem 6ten Theile von 1 Ganzen
verhält sich:
wie 2 Ganze zu 10 mal dem 6ten Theile von 2 Ganzen.
— 3 — — 10 — — 6ten — u. s. w.

der 6te Th. v. 1 Ganzen ist $\frac{1}{6}$.
10 m. — 6te — — 1 — sind 10 m. $\frac{1}{6}$. 10 m. $\frac{1}{6}$ si. $\frac{10}{6}$. $\frac{10}{6}$ si. 1 $\frac{4}{6}$
— 6te — — 2 — ist $\frac{2}{6}$.
10 — — 6te — — 2 — sind 10 — $\frac{2}{6}$. 10 — $\frac{2}{6}$ — $\frac{20}{6}$. $\frac{20}{6}$ — 3 $\frac{2}{6}$
— 6te — — 3 — u. s. w.

folglich verhält sich:
1 Ganzes zu 1 Ganzen und 4 Sechsteln
wie 2 Ganze zu 3 Ganzen und 2 Sechsteln.
— 3 — — u. s. w.

Frage:

Zu welcher Anzahl von Ganzen verhalten sich 13 Ganze, wie sich 8 Ganze zu 9 Ganzen und 2 Sechsteln verhalten?

Antw. 13 Ganze verhalten sich zu 15 Ganzen und 1 Sechstel wie sich 8 Ganze zu 9 Ganzen und 2 Sechsteln verhalten.

Auflösung: 8 Ganze verhalten sich zu 7 mal dem 6ten Theile von 8 Ganzen, wie sich 13 Ganze zu 7 mal dem 6ten Theile von 13 Ganzen verhalten; 7 mal der 6te Theil von 8 Ganzen sind 9 Ganze und 2 Sechstel, und 7 mal der 6te Theil von 13 Ganzen sind 15 Ganze und 1 Sechstel; folglich verhalten sich 13 Ganze zu 15 Ganzen und 1 Sechstel, wie sich 8 Ganze zu 9 Ganzen und 2 Sechstel verhalten.

Siebente Reihe.

1 Ganzes zu 2 mal dem 7ten Theile von 1 Ganzen
verhält sich:
wie 2 Ganze zu 2 mal dem 7ten Theile von 2 Ganzen.
— 3 — — 2 — — 7ten — u. s. w.

der 7te Theil von 1 Ganzen ist 1/7.
2 mal — 7te — — 1 — sind 2 mal 1/7. 2 mal 1/7 sind 2/7.
— 7te — — 2 — ist 2/7.
2 — — 7te — — 2 — sind 2 — 2/7. 2 — 2/7 — 4/7.
— 7te — — 3 — u. s. w.

folglich verhält sich:
1 Ganzes zu 2 Siebenteln
wie 2 Ganze zu 4 Siebenteln.
— 3 — — 6 — u. s. w.

1 Ganzes zu 3 mal dem 7ten Theile von 1 Ganzen
verhält sich:
wie 2 Ganze zu 3 mal dem 7ten Theile von 2 Ganzen.
— 3 — — 3 — — 7ten — u. s. w.

der 7te Theil von 1 Ganzen ist 1/7.
3 mal — 7te — — 1 — sind 3 mal 1/7. 3 mal 1/7 sind 3/7.
— 7te — — 2 — ist 2/7.
3 — — 7te — — 2 — sind 3 — 2/7. 3 — 2/7 — 6/7.
— 7te — — 3 — u. s. w.

folglich verhält sich:
1 Ganzes zu 3 Siebenteln
wie 2 Ganze zu 6 Siebenteln.
— 3 — — 9 — u. s. w.

1 Ganzes zu 4 mal dem 7ten Theile von 1 Ganzen
verhält sich:
wie 2 Ganze zu 4 mal dem 7ten Theile von 1 Ganzen.
— 3 — — 4 — — 7ten — u. s. w.

der 7te Theil von 1 Ganzen ist 1/7.
4m. — 7te — — 1 — sind 4m. 1/7. 4m. 1/7 si. 4/7.
— 7te — — 2 — ist 2/7.
— — 7te — — 2 — sind 4 — 2/7. 4 — 2/7 — 8/7. 8/7 si. 1 1/7.
— 7te — — 3 — u. s. w.

folglich verhält sich:

1 Ganzes zu 4 Siebenteln
wie 2 Ganze zu 1 Ganzen und 1 Siebentel
— 3 — — u. s. w.

1 Ganzes zu 5 mal dem 7ten Theile von 1 Ganzen
verhält sich:
wie 2 Ganze zu 5 mal dem 7ten Theile von 2 Ganzen.
— 3 — — 5 — — 7ten — u. s. w.

der 7te Th. v. 1 Ganzen ist $1/7$.
5 m. — 7te — — 1 — sind 5 m. $1/7$. 5 m. $1/7$ st. $5/7$.
— 7te — — 2 — ist $2/7$.
5 — — 7te — — 2 — sind 5 — $2/7$. 5 — $2/7$ — $10/7$. $10/7$ st. 1 $3/7$
— 7te — — 3 — u. s. w.

folglich verhält sich:

1 Ganzes zu 5 Siebenteln
wie 2 Ganze zu 1 Ganzen und 3 Siebenteln.
— 3 — — u. s. w.

1 Ganzes zu 6 mal dem 7ten Theile von 1 Ganzen
verhalt sich:
wie 2 Ganze zu 6 mal dem 7ten Theile von 2 Ganzen.
— 3 — — 6 — — 7ten — u. s. w.

der 7te Th. v. 1 Ganzen ist $1/7$.
6 m. — 7te — — 1 — sind 6 m. $1/7$. 6 m. $1/7$ st. $6/7$.
— 7te — — 2 — ist $2/7$.
6 — — 7te — — 2 — sind 6 — $2/7$. 6 — $2/7$ — $12/7$. $12/7$ st. 1 $5/7$
— 7te — — 3 — u. s. w.

folglich verhält sich:

1 Ganzes zu 6 Siebenteln
wie 2 Ganze zu 1 Ganzen und 5 Siebenteln
— 3 — — u. s. w.

1 Ganzes

1 Ganzes zu 8 mal dem 7ten Theile von 1 Ganzen
verhält sich:
wie 2 Ganze zu 8 mal dem 7ten Theile von 2 Ganzen.
— 3 — — 8 — — 7ten — u. s. w.

der 7te Th. v. 1 Ganzen ist $\frac{1}{7}$.
8 m. — 7te — — 1 — sind 8 m. $\frac{1}{7}$. 8 m. $\frac{1}{7}$ si. $\frac{8}{7}$. $\frac{8}{7}$ si. 1 $\frac{1}{7}$
— 7te — — 2 — ist $\frac{2}{7}$.
8 — — 7te — — 2 — sind 8 — $\frac{2}{7}$. 8 — $\frac{2}{7}$ — $\frac{16}{7}$. $\frac{16}{7}$ — 2 $\frac{2}{7}$
— 7te — — 3 — u. s. w.

folglich verhält sich:
1 Ganzes zu 1 Ganzen und 1 Siebentel
wie 2 Ganze zu 2 Ganzen und 2 Siebenteln.
— 3 — — u. s. w.

1 Ganzes zu 9 mal dem 7ten Theile von 1 Ganzen
verhält sich:
wie 2 Ganze zu 9 mal dem 7ten Theile von 2 Ganzen.
— 3 — — 9 — — 7ten — u. s. w.

der 7te Th. v. 1 Ganzen ist $\frac{1}{7}$.
9 m. — 7te — — 1 — sind 9 m. $\frac{1}{7}$. 9 m. $\frac{1}{7}$ si. $\frac{9}{7}$. $\frac{9}{7}$ si. 1 $\frac{2}{7}$
— 7te — — 2 — ist $\frac{2}{7}$.
9 — — 7te — — 2 — sind 9 — $\frac{2}{7}$. 9 — $\frac{2}{7}$ — $\frac{18}{7}$. $\frac{18}{7}$ — 2 $\frac{4}{7}$
— 7te — — 3 — u. s. w.

folglich verhalt sich:
1 Ganzes zu 1 Ganzen und 2 Siebenteln
wie 2 Ganze zu 2 Ganzen und 4 Siebenteln.
— 3 — — u. s. w.

1 Ganzes zu 10 mal dem 7ten Theile von 1 Ganzen
verhält sich:
wie 2 Ganze zu 10 mal dem 7ten Theile von 2 Ganzen.
— 3 — — 10 — — 7ten — u. s. w.

der 7te Th. v. 1 Ganzen ist $1/7$.
10 m. — 7te — — 1 — sind 10 m. $1/7$. 10 m. $1/7$ st. $10/7$. $10/7$ st. $1\,3/7$
— 7te — — 2 — ist $2/7$.
10 — — 7te — — 2 — sind 10 — $2/7$. 10 — $2/7$ — $20/7$. $20/7$ — $2\,6/7$
— 7te — — 3 — u. s. w.

folglich verhält sich:

1 Ganzes zu 1 Ganzen und 3 Siebenteln
wie 2 Ganze zu 2 Ganzen und 6 Siebenteln.
— 3 — — u. s. w.

Frage:

Zu welcher Anzahl von Ganzen verhalten sich 11 Ganze, wie sich 6 Ganze zu 6 Ganzen und 6 Siebenteln verhalten?

Antw. 11 Ganze verhalten sich zu 12 Ganzen und 4 Siebenteln, wie sich 6 Ganze zu 6 Ganzen und 6 Siebenteln verhalten.

Auflösung: 6 Ganze verhalten sich zu 8 mal dem 7ten Theile von 6 Ganzen, wie sich 11 Ganze zu 8 mal dem 7ten Theile von 11 Ganzen verhalten; 8 mal der 7te Theil von 6 Ganzen sind 6 Ganze und 6 Siebentel und 8 mal der 7te Theil von 11 Ganzen sind 12 Ganze und 4 Siebentel; folglich verhalten sich 11 Ganze zu 12 Ganzen und 4 Siebenteln, wie sich 6 Ganze zu 6 Ganzen und 6 Siebenteln verhalten.

Achte Reihe.

1 Ganzes zu 2 mal dem 8ten Theile von 1 Ganzen
verhält sich:
wie 2 Ganze zu 2 mal dem 8ten Theile von 2 Ganzen.
— 3 — — 2 — — 8ten — u. s. w.

der 8te Theil von 1 Ganzen ist $1/8$.
2 m. — 8te — — 1 — sind 2 mal $1/8$. 2 mal $1/8$ sind $2/8$.
— 8te — — 2 — ist $2/8$.
2 — — 8te — — 2 — sind 2 — $2/8$. 2 — $2/8$ — $4/8$.
— 8te — — 3 — u. s. w.

folglich verhält sich:

1 Ganzes zu 2 Achteln
wie 2 Ganze zu 4 Achteln.
— 3 — — 6 u. s. w.

1 Ganzes zu 3 mal dem 8ten Theile von 1 Ganzen verhält sich:

wie 2 Ganze zu 3 mal dem 8ten Theile von 2 Ganzen.
— 3 — — 3 — — 8ten u. s. w.

der 8te Theil von 1 Ganzen ist $^1/_8$.
3 mal — 8te — — 1 — sind 3 mal $^1/_8$. 3 mal $^1/_8$ sind $^3/_8$.
— 8te — — 2 — ist $^2/_8$.
3 — — 8te — — 2 — sind 3 — $^2/_8$. 3 — $^2/_8$ — $^6/_8$.
— 8te — — 3 — u. s. w.

folglich verhält sich:

1 Ganzes zu 3 Achteln
wie 2 Ganze zu 6 Achteln.
— 3 — — u. s. w.

1 Ganzes zu 4 mal dem 8ten Theile von 1 Ganzen verhalt sich:

wie 2 Ganze zu 4 mal dem 8ten Theile von 2 Ganzen.
— 3 — — 4 — — 8ten — u. s. w.

der 8te Theil von 1 Ganzen ist $^1/_8$.
4 mal — 8te — — 1 — sind 4 m. $^1/_8$. 4 m. $^1/_8$ si. $^4/_8$.
— 8te — — 2 — ist $^2/_8$.
4 — — 8te — — 2 — sind 4 — $^2/_8$. 4 — $^2/_8$ — $^8/_8$. $^8/_8$ si. 1.
— 8te — — 3 — u. s. w.

folglich verhält sich:

1 Ganzes zu 4 Achteln
wie 2 Ganze zu 1 Ganzen.
— 3 — — u. s. w.

1 Ganzes zu 5 mal dem 8ten Theile von 1 Ganzen verhält sich:

wie 2 Ganze zu 5 mal dem 8ten Theile von 2 Ganzen.
— 3 — — 5 — — 8ten — u. s. w.

der 8te Th. v. 1 Ganzen ist $\frac{1}{8}$.
5 m. — 8te — — 1 — sind 5 m. $\frac{1}{8}$. 5 m. $\frac{1}{8}$ sind $\frac{5}{8}$.
— 8te — — 2 — ist $\frac{2}{8}$.
5 — — 8te — — 2 — sind 5 — $\frac{2}{8}$. 5 — $\frac{2}{8}$ — $\frac{10}{8}$. $\frac{10}{8}$ — 1 $\frac{2}{8}$
— 8te — — 3 — u. s. w.

folglich verhält sich:

1 Ganzes zu 5 Achteln
wie 2 Ganze zu 1 Ganzen und 2 Achteln.
— 3 — — u. s. w.

1 Ganzes zu 6 mal dem 8ten Theile von 1 Ganzen verhält sich:

wie 2 Ganze zu 6 mal dem 8ten Theile von 2 Ganzen.
— 3 — — 6 — — 8ten — u. s. w.

der 8te Th. v. 1 Ganzen ist $\frac{1}{8}$.
6 m. — 8te — — 1 — sind 6 m. $\frac{1}{8}$. 6 m. $\frac{1}{8}$ si. $\frac{6}{8}$.
— 8te — — 2 — ist $\frac{2}{8}$.
6 — — 8te — — 2 — sind 6 — $\frac{2}{8}$. 6 — $\frac{2}{8}$ — $\frac{12}{8}$. $\frac{12}{8}$ — 1 $\frac{4}{8}$
— 8te — — 3 — u. s. w.

folglich verhält sich:

1 Ganzes zu 6 Achteln
wie 2 Ganze zu 1 Ganzen und 4 Achteln.
— 3 — — u. s. w.

1 Ganzes zu 7 mal dem 8ten Theile von 1 Ganzen verhält sich:

wie 2 Ganze zu 7 mal dem 8ten Theile von 2 Ganzen.
— 3 — — 7 — — 8ten — u. s. w.

der 8te Th. v. 1 Ganzen ist $\frac{1}{8}$.

7 m. — 8te — — 1 — sind 7 m. $\frac{1}{8}$. 7 m. $\frac{1}{8}$ si. $\frac{7}{8}$.

— 8te — — 2 — ist $\frac{2}{8}$.

7 — — 8te — — 2 — sind 7 — $\frac{2}{8}$. 7 — $\frac{2}{8}$ — $\frac{14}{8}$. $\frac{14}{8}$ — 1 $\frac{6}{8}$

— 8te — — 3 — u. s. w.

folglich verhält sich:

1 Ganzes zu 7 Achteln

wie 2 Ganze zu 1 Ganzen und 6 Achteln.

— 3 — — u. s. w.

1 Ganzes zu 9 mal dem 8ten Theile von 1 Ganzen verhält sich:

wie 2 Ganze zu 9 mal dem 8ten Theile von 2 Ganzen.

— 3 — — 9 — — 8ten u. s. w.

der 8te Th. v. 1 Ganzen ist $\frac{1}{8}$.

9 m. — 8te — — 1 — sind 9 m. $\frac{1}{8}$. 9 m. $\frac{1}{8}$ sind $\frac{9}{8}$. $\frac{9}{8}$ si. 1 $\frac{1}{8}$

— 8te — — 2 — ist $\frac{2}{8}$.

9 — — 8te — — 2 — sind 9 — $\frac{2}{8}$. 9 — $\frac{2}{8}$ — $\frac{18}{8}$. $\frac{18}{8}$ — 2 $\frac{2}{8}$

— 8te — — 3 — u. s. w

folglich verhält sich:

1 Ganzes zu 1 Ganzen und 1 Achtel

wie 2 Ganze zu 2 Ganzen und 2 Achteln.

— 3 — — u. s. w.

1 Ganzes zu 10 mal dem 8ten Theile von 1 Ganzen verhält sich:

wie 2 Ganze zu 10 mal dem 8ten Theile von 2 Ganzen.

— 3 — — 10 — — 8ten u. s. w.

der 8te Th. v. 1 Ganzen ist $\frac{1}{8}$.

10 m. — 8te — — 1 — sind 10 m. $\frac{1}{8}$. 10 m. $\frac{1}{8}$ si. $\frac{10}{8}$. $\frac{10}{8}$ si. 1 $\frac{2}{8}$

— 8te — — 2 — ist $\frac{2}{8}$.

10 — — 8te — — 2 — sind 10 — $\frac{2}{8}$. 10 — $\frac{2}{8}$ — $\frac{20}{8}$. $\frac{20}{8}$ — 2 $\frac{4}{8}$

— 8te — — 3 — u. s. w.

folglich verhält sich:
1 Ganzes zu 1 Ganzen und 2 Achteln
wie 2 Ganze zu 2 Ganzen und 4 Achteln.
— 3 — — u. s. w.

Frage:

Zu welcher Anzahl von Ganzen verhalten sich 15 Ganze, wie sich 5 Ganze zu 4 Ganzen und 3 Achteln verhalten?

Antw. 15 Ganze verhalten sich zu 13 Ganzen und 1 Achtel, wie sich 5 Ganze zu 4 Ganzen und 3 Achteln verhalten.

Auflösung: 5 Ganze verhalten sich zu 7 mal dem 8ten Theile von 5 Ganzen, wie sich 15 Ganze zu 7 mal dem 8ten Theile von 15 Ganzen verhalten; 7 mal der 8te Theil von 5 Ganzen sind 4 Ganze und 3 Achtel, und 7 mal der 8te Theil von 15 Ganzen sind 13 Ganze und 1 Achtel; folglich verhalten sich 15 Ganze zu 13 Ganzen und 1 Achtel, wie sich 5 Ganze zu 4 Ganzen und 3 Achteln verhalten.

Neunte Reihe.

1 Ganzes zu 2 mal dem 9ten Theile von 1 Ganzen verhält sich:
wie 2 Ganze zu 2 mal dem 9ten Theile von 2 Ganzen.
— 3 — — 2 — — 9ten — u. s. w.

der 9te Theil von 1 Ganzen ist 1/9.
2 mal — 9te — — 1 — sind 2 mal 1/9. 2 mal 1/9 sind 2/9.
— 9te — — 2 — ist 2/9.
2 — — 9te — — 2 — sind 2 mal 2/9. 2 — 2/9 — 4/9.
— 9te — — 3 — u. s. w.

folglich verhält sich:
1 Ganzes zu 2 Neunteln
wie 2 Ganze zu 4 Neunteln.
— 3 — — 6 — u. s. w.

1 Ganzes zu 3 mal dem 9ten Theile von 1 Ganzen
verhält sich:
wie 2 Ganze zu 3 mal dem 9ten Theile von 2 Ganzen.
— 3 — — 3 — — 9ten — u. s. w.

der 9te Theil von 1 Ganzen ist ⅑.
3 mal — 9te — — 1 — sind 3 mal ⅑. 3 mal ⅑ sind 3/9.
— 9te — — 2 — ist 2/9.
3 — — 9te — — 2 — sind 3 — 2/9. 3 — 2/9 — 6/9.
— 9te — — 3 — u. s. w.

folglich verhält sich:

1 Ganzes zu 3 Neunteln
wie 2 Ganze zu 6 Neunteln.
— 3 — u. s. w.

1 Ganzes zu 4 mal dem 9ten Theile von 1 Ganzen
verhält sich:
wie 2 Ganze zu 4 mal dem 9ten Theile von 2 Ganzen.
— 3 — — 4 — — 9ten — u. s. w.

der 9te Theil von 1 Ganzen ist ⅑.
4 mal — 9te — — 1 — sind 4 mal ⅑. 4 mal ⅑ sind 4/9.
— 9te — — 2 — ist 2/9.
4 — — 9te — — 2 — sind 4 — 2/9. 4 — 2/9 — 8/9.
— 9te — — 3 — u. s. w.

folglich verhält sich:

1 Ganzes zu 4 Neuntel
wie 2 Ganze zu 8 Neunteln.
— 3 — u. s. w.

1 Ganzes zu 5 mal dem 9ten Theile von 1 Ganzen
verhält sich:
wie 2 Ganze zu 4 mal dem 9ten Theile von 2 Ganzen
— 3 — — 4 — — 9ten — u. s. w.

der 9te Th. v. 1 Ganzen ist ⅑.
5 m. — 9te — — 1 — sind 5 m. ⅑. 5 m. ⅑ si. 5/9.
— 9te — — 2 — ist 2/9.
5 — — 9te — — 2 — sind 5 — 2/9. 5 — 2/9 — 10/9. 10/9 si. 1 ⅑
— 9te — — 3 — u. s. w.

folglich verhält sich:

1 Ganzes zu 5 Neunteln
wie 2 Ganze zu 1 Ganzen und 1 Neuntel
— 3 — u. s. w.

1 Ganzes zu 6 mal dem 9ten Theile von 1 Ganzen verhält sich:

wie 2 Ganze zu 6 mal dem 9ten Theile von 2 Ganzen.
— 3 — — 6 — — 9ten — u. s. w.

der 9te Th. v. 1 Ganzen ist ⅑.
6 m. — 9te — — 1 — sind 6 m. ⅑. 6 m. ⅑ si. 6/9.
— 9te — — 2 — ist 2/9.
6 — — 9te — — 2 — sind 6 — 2/9. 6 — 2/9 — 12/9. 12/9 si. 1 3/9
— 9te — — 3 — u. s. w.

folglich verhält sich:

1 Ganzes zu 6 Neunteln
wie 2 Ganze zu 1 Ganzen und 3 Neunteln.
— 3 — — u. s. w.

1 Ganzes zu 7 mal dem 9ten Theile von 1 Ganzen verhält sich:

wie 2 Ganze zu 7 mal dem 9ten Theile von 2 Ganzen.
— 3 — — 7 — — 9ten — u. s. w.

der 9te Th. v. 1 Ganzen ist ⅑.
7 m. — 9te — — 1 — sind 7 m. ⅑. 7 m. ⅑ sind 7/9.
— 9te — — 2 — ist 2/9.
7 — — 9te — — 2 — sind 7 — 2/9. 7 — 2/9 — 14/9. 14/9 — 1 5/9
— 9te — — 3 — u. s. w.

folglich verhält sich:

1 Ganzes zu 7 Neunteln
wie 2 Ganze zu 1 Ganzen und 5 Neunteln.
— 3 — — u. s. w.

1 Ganzes zu 8 mal dem 9ten Theile von 1 Ganzen

verhält sich:

wie 2 Ganze zu 8 mal dem 9ten Theile von 2 Ganzen.
— 3 — — 8 — — 9ten — u. w. s.

der 9te Th. v. 1 Ganzen ist $\frac{1}{9}$.
8 m. — 9te — — 1 — sind 8 m. $\frac{1}{9}$. 8 m. $\frac{1}{9}$ si. $\frac{8}{9}$.
— 9te — — 2 — ist $\frac{2}{9}$.
8 — — 9te — — 2 — sind 8 — $\frac{2}{9}$. 8 — $\frac{2}{9}$ — $\frac{16}{9}$. $\frac{16}{9}$ si. 1 $\frac{7}{9}$.
— 9te — — 3 — u. s. w.

folglich verhält sich:

1 Ganzes zu 8 Neunteln
wie 2 Ganze zu 1 Ganzen und 7 Neunteln.
— 3 — — u. s. w.

1 Ganzes zu 10 mal dem 9ten Theile von 1 Ganzen

verhält sich:

wie 2 Ganze zu 10 mal dem 9ten Theile von 2 Ganzen.
— 3 — — 10 — — 9ten — u. s. w.

der 9te Th. v. 1 Gzn. ist $\frac{1}{9}$.
10 m. — 9te — — 1 — sind 10 m. $\frac{1}{9}$. 10 m. $\frac{1}{9}$ si. $\frac{10}{9}$ $\frac{10}{9}$ si. 1 $\frac{1}{9}$
— 9te — — 2 — ist $\frac{2}{9}$.
10 — — 9te — — 2 — sind 10 — $\frac{2}{9}$. 10 — $\frac{2}{9}$ — $\frac{20}{9}$. $\frac{20}{9}$ — 2 $\frac{2}{9}$
— 9te — — 3 — u. s. w.

folglich verhält sich:

1 Ganzes zu 1 Ganzen und 1 Neuntel
wie 2 Ganze zu 2 Ganzen und 2 Neunteln.
— 3 — — u. s. w.

Frage:

Zu wie viel Ganzen verhalten sich 19 Ganze, wie sich 14 Ganze zu 12 Ganzen und 4 Neunteln verhalten?

Antw. 19 Ganze verhalten sich zu 16 Ganzen und 8 Neunteln, wie sich 14 Ganze zu 12 Ganzen und 4 Neunteln verhalten.

Auflösung: 14 Ganze verhalten sich zu 8 mal dem 9ten Theile von 14 Ganzen, wie sich 19 Ganze zu 8 mal dem 9ten Theile von 19 Ganzen verhalten; 8 mal der 9te Theil von 14 Ganzen sind 12 Ganze und 4 Neuntel, und 8 mal der 9te Theil von 19 Ganzen sind 16 Ganze und 8 Neuntel; folglich verhalten sich 19 Ganze zu 16 Ganzen und 8 Neunteln, wie sich 14 Ganze zu 12 Ganzen und 4 Neunteln verhalten.

Zehnte Reihe.

1 Ganzes zu 2 mal dem 10ten Theile von 1 Ganzen verhält sich:

wie 2 Ganze zu 2 mal dem 10ten Theile von 2 Ganzen.
— 3 — — 2 — — 10ten — u. s. w.

der 10te Theil von 1 Ganzen ist $1/10$.
2 mal — 10te — — 1 — sind 2 mal $1/10$. 2 mal $1/10$ sind $2/10$.
— 10te — — 2 — ist $2/10$.
2 — — 10te — — 2 — sind 2 — $2/10$. 2 — $2/10$ — $4/10$.
— 10te — — 3 — u. s. w.

folglich verhält sich:
1 Ganzes zu 2 Zehnteln
wie 2 Ganze zu 4 Zehnteln.
— 3 — — u. s. w.

1 Ganzes zu 3 mal dem 10ten Theile von 1 Ganzen verhält sich:

wie 2 Ganze zu 3 mal dem 10ten Theile von 2 Ganzen.
— 3 — — 3 — — 10ten — u. s. w.

der 10te Theil von 1 Ganzen ist $\frac{1}{10}$.
3 mal — 10te — — 1 — sind 3 mal $\frac{1}{10}$. 3 m. $\frac{1}{10}$ sind $\frac{3}{10}$.
— 10te — — 2 — ist $\frac{2}{10}$.
3 — — 10te — — 2 — sind 3 — $\frac{2}{10}$. 3 — $\frac{2}{10}$ — $\frac{6}{10}$.
— 10te — — 3 u. s. w.

folglich verhält sich:
1 Ganzes zu 3 Zehnteln
wie 2 Ganze zu 6 Zehnteln
— 3 — — 9 — u. s. w.

1 Ganzes zu 4 mal dem 10ten Theile von 1 Ganzen
verhält sich:
wie 2 Ganze zu 4 mal dem 10ten Theile von 2 Ganzen.
— 3 — — 4 — — 10ten — u. s. w.

der 10te Th. von 1 Ganzen ist $\frac{1}{10}$.
4 mal — 10te — — 1 — sind 4 mal $\frac{1}{10}$. 4 mal $\frac{1}{10}$ sind $\frac{4}{10}$.
— 10te — — 2 — ist $\frac{2}{10}$.
4 — — 10te — — 2 — sind 4 — $\frac{2}{10}$. 4 — $\frac{2}{10}$ — $\frac{8}{10}$.
— 10te — — 3 — u. s. w.

folglich verhält sich:
1 Ganzes zu 4 Zehnteln
wie 2 Ganze zu 8 Zehnteln.
— 3 — — u. s. w.

1 Ganzes zu 5 mal dem 10ten Theile von 1 Ganzen
verhält sich:
wie 2 Ganze zu 5 mal dem 10ten Theile von 2 Ganzen.
— 3 — — 5 — — 10ten — u. s. w.

der 10te Th. v. 1 Ganzen ist $\frac{1}{10}$.
5 m. — 10te — — 1 — sind 5 m. $\frac{1}{10}$. 5 m. $\frac{1}{10}$ si. $\frac{5}{10}$.
— 10te — — 2 — ist $\frac{2}{10}$.
5 — — 10te — — 2 — sind 5 — $\frac{2}{10}$. 5 — $\frac{2}{10}$ — $\frac{10}{10}$. $\frac{10}{10}$ si. 1
— 10te — — 3 — u. s. w.

folglich verhält sich:
1 Ganzes zu 5 Zehnteln
wie 2 Ganze zu 1 Ganzen.
— 3 — — u. s. w.

1 Ganzes zu 6 mal dem 10ten Theile von 1 Ganzen verhält sich:

wie 2 Ganze zu 6 mal dem 10ten Theile von 2 Ganzen.
— 3 — — 6 — — 10ten — u. s. w.

der 10te Th. v. 1 Gzn. ist $\frac{1}{10}$.
6 m. — 10te — — 1 — sind 6 m. $\frac{1}{10}$. 6 m. $\frac{1}{10}$ st. $\frac{6}{10}$.
— 10te — — 2 — ist $\frac{2}{10}$.
6 — — 10te — — 2 — sind 6 — $\frac{2}{10}$. 6 — $\frac{2}{10}$ — $\frac{12}{10}$. $\frac{12}{10}$ st. 1 $\frac{2}{10}$
— 10te — — 3 — u. s. w.

folglich verhält sich:

1 Ganzes zu 6 Zehnteln
wie 2 Ganze zu 1 Ganzen und 2 Zehnteln
— 3 — — u. s. w.

1 Ganzes zu 7 mal dem 10ten Theile von 1 Ganzen verhält sich:

wie 2 Ganze zu 7 mal dem 10ten Theile von 2 Ganzen.
— 3 — — 7 — — 10ten — u. s. w.
der 10te Th. v. 1 Gzn. ist $\frac{1}{10}$.
7 m. — 10te — — 1 — sind 7 m. $\frac{1}{10}$. 7 m. $\frac{1}{10}$ st. $\frac{7}{10}$.
— 10te — — 2 — ist $\frac{2}{10}$.
7 — — 10te — — 2 — sind 7 — $\frac{2}{10}$. 7 — $\frac{2}{10}$ — $\frac{14}{10}$. $\frac{14}{10}$ st. 1 $\frac{4}{10}$
— 10te — — 3 — u. s. w.

folglich verhält sich:

1 Ganzes zu 7 Zehnteln
wie 2 Ganze zu 1 Ganzen und 4 Zehnteln.
— 3 — — u. s. w.

1 Ganzes zu 8 mal dem 10ten Theile von 1 Ganzen verhält sich:

wie 2 Ganze zu 8 mal dem 10ten Theile von 2 Ganzen.
— 3 — — 8 — — 10ten — u. s. w.

der 10te Th. v. 1 Gzn. ist 1/10.
8 m. — 10te — — 1 — sind 8 m. 1/10. 8 m. 1/10 si. 8/10.
— 10te — — 2 — ist 2/10.
8 — — 10te — — 2 — sind 8 — 2/10. 8 — 2/10 — 16/10. 16/10 si. 1 6/10
— 10te — — 3 — u. s. w.

folglich verhält sich:

1 Ganzes zu 8 Zehnteln
wie 2 Ganze zu 1 Ganzen und 6 Zehnteln.
— 3 — — u. s. w.

1 Ganzes zu 9 mal dem 10ten Theile von 1 Ganzen
verhält sich:
wie 2 Ganze zu 9 mal dem 10ten Theile von 2 Ganzen.
— 3 — — 9 — — 10ten — u. s. w.

der 10te Th. v. 1 Gzn. ist 1/10.
9 m. — 10te — — 1 — sind 9 m. 1/10. 9 m. 1/10 si. 9/10.
— 10te — — 2 — ist 2/10.
9 — — 10te — — 2 — sind 9 — 2/10. 9 — 2/10 — 18/10. 18/10 si. 1 8/10
— 10te — — 3 — u. s. w.

folglich verhält sich:

1 Ganzes zu 9 Zehnteln
wie 2 Ganze zu 1 Ganzen und 8 Zehnteln.
— 3 — — u. s. w.

Frage:

Zu welcher Anzahl von Ganzen verhalten sich 14 Ganze, wie sich 11 Ganze zu 7 Ganzen und 7 Zehnteln verhalten?

Antw. 14 Ganze verhalten sich zu 9 Ganzen und 8 Zehnteln, wie sich 11 Ganze zu 7 Ganzen und 7 Zehnteln verhalten.

Auflösung: 11 Ganze verhalten sich zu 7 mal dem 10ten Theile von 11 Ganzen, wie sich 14 Ganze zu 7 mal dem 10ten Theile von 14 Ganzen verhalten; 7 mal der 10te Theil von 11 Ganzen sind 7 Ganze und 7 Zehntel, und 7 mal der 10te Theil von 14 Ganzen sind 9 Ganze und 8 Zehntel; folglich verhalten sich 14 Ganze zu 9 Ganzen und 8 Zehnteln wie sich 11 Ganze zu 7 Ganzen und 7 Zehnteln verhalten.

Eilfte Uebung.

Zweyte und dritte Reihe.

Das Verhältniß von ½ zu 2 mal ½
ist gleich dem — — ⅓ — 2 — ⅓
2 mal ½ ist $\frac{2}{2}$. $\frac{2}{2}$ sind 1 Ganzes
2 — ⅓ — ⅔.
folglich ist das Verhältniß von ½ zu 1 Ganzen
gleich dem — — ⅓ — ⅔.

Das Verhältniß von 1 Ganzen zu 2 mal 1 Ganzen
ist gleich dem — — ⅔ — 2 — ⅔
2 mal 1 Ganzes ist 2 Ganze
2 — ⅔ sind $\frac{4}{3}$. $\frac{4}{3}$ sind 1 Ganzes und ⅓.
folglich ist das Verhältniß von 1 Ganzen zu 2 Ganzen
gleich dem — — ⅔ — 1 — und ⅓.

Das Verhältniß von 1 Ganzen u. ½ zu 2 m. 1 Gzn. u. ½.
ist gleich dem — — 1 — — — 2 — 1 —
2 m. 1 G. sd. 2 G. 2 m. ½ sd. $\frac{2}{2}$. $\frac{2}{2}$ sd. 1 G. 2 G. u. 1 G. sd. 3 G.
2 — 1 — — 2 —
folglich ist das Verhältniß von 1 Gzn. u. ½ zu 3 Ganzen
gleich dem — — 1 — — 2 —

---

das Verhältniß von 2 Ganzen zu 2 mal 2 Ganzen
ist gleich dem — — 1 — u. ⅓ — 2 — 1 — u. ⅓.
2 m. 2 Gze. sd. 4 Gze.
2 — 1 — ist 2 — 2 mal ⅓ ist ⅔. 2 Gze. u. ⅔ sd. 2 Gze. u. ⅔.
folglich ist das Verhältniß von 2 Ganzen zu 4 Ganzen
gleich dem — — 1 — u. ⅓ — 2 — u. ⅔.

Eilfte Uebung.

Zweyte und dritte Reihe.

Das Verhältniß von 1 Ganzen zum halben Theile v. 1 Gzn.
ist gleich dem — — ⅔ — halben — — ⅔.
der halbe Theil von 1 Ganzen ist ½.
— halbe — — ⅔ — ⅓.
folglich ist das Verhältniß von 1 Ganzen zu ½.
gleich dem — — ⅔ — ⅓.

Das Verhältniß von 2 Gzn. zum halben Th. von 2 Gzn.
ist gleich dem — — 1 — u. ⅓ — halben — — 1 — u. ⅓
der halbe Th. v. 1 Gzn. ist ½. d. halbe Th. v. 2 Gzn. sd. 2/2. 2/2 sd. 1.
1 Ganzes und ⅓ sind 4/3. — halbe — — 4/3 — ⅔.
folglich ist das Verhältniß von 2 Ganzen zu 1 Ganzen
gleich dem — — 1 — u. ⅓ — ⅔.

Das Verhältniß v. 3 Ganzen zum halben Theile v. 3 Ganzen
ist gleich dem — — 2 — — halben — — 2 —
d. halbe Th. v. 1 G. ist ½. d. halbe Th. v. 3 G. ist 3/2. 3/2 si. 1 G. u. ½
— halbe — — 1 — — ½. — halbe — — 2 — — 2/2. 2/2 — 1 —
folglich ist das Verhältniß von 3 Ganzen zu 1 Ganzen u. ½
gleich dem — — 2 — — 1 —

---

das Verhältniß von 4 Gzn. zum halben Th. von 4 Gzn.
ist gleich dem — — 2 — u. ⅔ — halben — — 2 — u. ⅔
d. halbe Th. v. 1 G. ist ½. d. halbe Th. v. 4 G. ist 4/2. 4/2 si. 2 G.
2 Gze. u. ⅔ sind 8/3. — halbe — — 8/3 — 4/3. 4/3 — 1 G. u. ⅓
folglich ist das Verhältniß von 4 Ganzen zu 2 Ganzen
gleich dem — — 2 — u. ⅔ — 1 — u. ⅓.

Das Verhältniß von 2 Ganzen u. ½ zu 2 mal 2 Ganzen u. ½
ist gleich dem — — 1 — u. ⅔ — 2 — 1 — u. ⅔.

2m. 2G. sd. 4G. 2m. ½ sd. 2/2. 2/2 sd. 1 G. 4G. u. 1G. sd. 5G.
2 — 1G. ist 2 — 2 — ⅔ — 4/3. 4/3 — 1 — u. ⅓ 2 — u. 1 — u. ⅓ — 3 — u ⅓

folglich ist das Verhältniß von 2 Ganzen u. ½ zu 5 Ganzen.
gleich dem — — 1 — u. ⅔ — 3 — u. ⅓

Das Verhältniß von 3 Ganzen zu 2 mal 3 Ganzen
ist gleich dem — — 2 — — 2 — 2 —

2 mal 3 Ganze sind 6 Ganze
2 — 2 — — 4 —

folglich ist das Verhältniß von 3 Ganzen zu 6 Ganzen.
gleich dem — — 2 — — 4 —

Das Verhältniß von 3 Gzn und ½ zu 2 mal 3 Gzn. und ½
ist gleich dem — — 2 — — ⅓ — 2 — 2 — und ⅓.

2 m. 3G. sd. 6G. 2 m. ½ sd. 2/2. 2/2 sd. 1G. 6G. u. 1G. sd. 7 Gze.
2 — 2 — — 4 — 2 — ⅓ — ⅔. 4 — — ⅔ — 4 — u. ⅔

folglich ist das Verhältniß v. 3 Ganzen u. ½ zu 7 Ganzen
gleich dem — — 2 — — ⅓ — 4 — u. ⅔

Das Verhältniß von 4 Ganzen zu 2 mal 4 Ganzen
ist gleich dem — — 2 — u. ⅔ — 2 — 2 — u. ⅔.

2 m. 4 G. sd. 8 Gze.
2 — 2 — — 4 — 2m. ⅔ si. 4/3. 4/3 si. 1G. u. ⅓. 4G. u. 1G. u. ⅓ si. 5G. ⅓

folglich ist das Verhältniß v. 4 Ganzen zu 8 Ganzen
gleich dem — — 2 — u. ⅔ — 5 — u. ⅓

Das

Das Verhältniß v. 5 Gzn. zum halben Theile v. 5 Gzn.
ist gleich dem — — 3 — u. $\frac{1}{3}$ — halben — — 3 — u. $\frac{1}{3}$

d. halbe Th. v. 1 G. ist $\frac{1}{2}$. d. halbe Th. v. 5 G. ist $\frac{5}{2}$. $\frac{5}{2}$ sd. 2 G. u. $\frac{1}{2}$
3 Gze. u. $\frac{1}{3}$ sind $\frac{10}{3}$. — halbe — — $\frac{10}{3}$ — $\frac{5}{3}$. $\frac{5}{3}$ — 1 G. u. $\frac{2}{3}$

folglich ist das Verhältniß von 5 Ganzen zu 2 Ganzen und $\frac{1}{2}$
gleich dem — — 3 — u. $\frac{1}{3}$ — 1 — — $\frac{2}{3}$.

Das Verhältniß von 6 Ganzen zum halben Theile v. 6 Ganzen.
ist gleich dem — — — 4 — — halben — — 4 —

d. halbe Th. v. 1 G. ist $\frac{1}{2}$. d. halbe Th. v. 6 G. ist $\frac{6}{2}$. $\frac{6}{2}$ sd. 3 G.
4 Ganze haben $\frac{12}{3}$. — halbe — — $\frac{12}{3}$ — $\frac{6}{3}$. $\frac{6}{3}$ — 2 —

folglich ist das Verhältniß von 6 Ganzen zu 3 Ganzen
gleich dem — — 4 — — 2 —

Das Verhältniß von 7 Gzn. zum halben Theil v. 7 Gzn.
ist gleich dem — — 4 — u. $\frac{2}{3}$ — halben — — 4 — u. $\frac{2}{3}$

d. halbe Th. v. 1 G. ist $\frac{1}{2}$. d. halbe Th. v. 7 G. ist $\frac{7}{2}$. $\frac{7}{2}$ sd. 3 G. u. $\frac{1}{2}$
4 Ganze und $\frac{2}{3}$ sind $\frac{14}{3}$. — halbe — — $\frac{14}{3}$ — $\frac{7}{3}$. $\frac{7}{3}$ — 2 — u. $\frac{1}{3}$

folglich ist das Verhältniß von 7 Ganzen zu 3 Ganzen u. $\frac{1}{2}$
gleich dem — — 4 — u. $\frac{2}{3}$ 2 — u. $\frac{1}{3}$

Das Verhältniß von 8 Gzn. zum halben Th. v. 8 Gzn.
ist gleich dem — — 5 — u. $\frac{1}{3}$ — halben — — 5 — u. $\frac{1}{3}$

d. halbe Th. v. 1 G. ist $\frac{1}{2}$. d. halbe Th. v. 8 G. sd. $\frac{8}{2}$. $\frac{8}{2}$ sd. 4 G.
5 Ganze und $\frac{1}{3}$ sind $\frac{16}{3}$. — halbe — — $\frac{16}{3}$ — $\frac{8}{3}$. $\frac{8}{3}$ — 2 — u. $\frac{2}{3}$

folglich ist das Verhältniß von 8 Ganzen zu 4 Ganzen
gleich dem — — 5 — u. $\frac{1}{3}$ — 2 — u. $\frac{2}{3}$.

Das Verhältniß von 4 Ganzen und ½ zu 2 m. 4 Gzn. u. ½
ist gleich dem — — 3 — — 2 — 3 —

2 m. 4 G. sd. 8 G. 2 m. ½ sd. 2/2. 2/2 sd. 1 G. 8 G. u. 1 G. sd. 9 Gze.
2 — 3 — — 6 —

folglich ist das Verhältniß von 4 Ganzen u. ½ zu 9 Ganzen
gleich dem — — 3 — — 6 —

Das Verhältniß von 5 Ganzen zu 2 mal 5 Ganzen
ist gleich dem — — 3 — u. ⅓ — 2 — 3 — u. ⅓.

2 m. 5 Gze. sd. 10 Gze.
2 — 3 — — 6 — 2 m. ⅓ sind ⅔. 6 Gze. u. ⅔ sind 6 Gze. u. ⅔.

folglich ist das Verhältniß von 5 Ganzen zu 10 Ganzen
gleich dem — — 3 — u. ⅓ — 6 — u. ⅔

Dritte und vierte Reihe.

Das Verhältniß von ⅓ zu 3 mal ⅓
ist gleich dem — — ¼ — 3 — ¼.

3 mal ⅓ sind 3/3. 3/3 sind 1 Ganzes.
3 — ¼ — ¾.

folglich ist das Verhältniß von ⅓ zu 1 Ganzen
gleich dem — — ¼ — ¾.

Das Verhältniß von ⅔ zu 3 mal ⅔
ist gleich dem — — 2/4 — 3 — 2/4.

3 mal ⅔ sind 6/3. 6/3 sind 2 Ganze.
3 — 2/4 — 6/4. 6/4 — 1 Ganzes und 2/4.

folglich ist das Verhältniß von ⅔ zu 2 Ganzen
gleich dem — — 2/4 — 1 — u. 2/4.

Das Verhältniß von 9 Ganzen zum halben Theile v. 9 Ganzen
ist gleich dem — — 6 — — halben — — 6 —

d. halbe Th. v 1 G. ist ½. d. halbe Th. v. 9 G ist 9/2. 9/2 sd. 4 G. u. ½
6 Ganze haben 18/3. — halbe — — 18/3 — 9/3. 9/3 — 3 —

folglich ist das Verhältniß von 9 Gzn. zu 4 Gzn. und ½
gleich dem — — 6 — — 3 —

Das Verhältniß v. 10 Gzn. zum halben Theile v. 10 Gzn.
ist gleich dem — — 6 — u. 2/3 — halben — — 6 — u. 2/3

d. halbe Th. v. 1 G. ist ½. d. halbe Th. v. 10 G. sd. 10/2. 10/2 sd. 5 G.
6 Ganze u. 2/3 sind 20/3. — halbe — — 20/3 — 10/3. 10/3 — 3 — u. ⅓

folglich ist das Verhältniß von 10 Ganzen zu 5 Ganzen
gleich dem — — 6 — u. 2/3 — 3 — u. ⅓.

Dritte und vierte Reihe.

Das Verhältniß von 1 Gzn. zum 3ten Theile von 1 Gzn.
ist gleich dem — — 3/4 — 3ten — — 3/4.

der 3te Theil von 1 Ganzen ist ⅓.
— 3te — — 3/4 — ¼.

folglich ist das Verhältniß von 1 Ganzen zu ⅓
gleich dem — — 3/4 — ¼.

Das Verhältniß v. 2 Gzn. zum 3ten Theile v. 2 Gzn.
ist gleich dem — — 1 — u. 2/4 — 3ten — — 1 — u. 2/4.

der 3te Theil von 1 Gzn. ist ⅓. der 3te Theil von 2 Gzn. ist 2/3.
1 Ganzes und 2/4 sind 6/4. — 3te — — 6/4 — 2/4.

folglich ist das Verhältniß von 2 Ganzen zu 2/3
gleich dem — — 1 — u. 2/4 — 2/4.

Das Verhältniß von 1 Ganzen zu 3 mal 1 Ganzen
ist gleich dem —— — $\frac{3}{4}$ — 3 — $\frac{3}{4}$.

3 mal 1 Ganzes sind 3 Ganze.
3 — $\frac{3}{4}$ — $\frac{9}{4}$. $\frac{9}{4}$ sind 2 Ganze und $\frac{1}{4}$.

folglich ist das Verhältniß von 1 Gzn. zu 3 Gzn.
gleich dem —— — $\frac{3}{4}$ — 2 — u. $\frac{1}{4}$.

Das Verhältniß von 1 Gzn. und $\frac{1}{3}$ zu 3 mal 1 Gzn. u. $\frac{1}{3}$.
ist gleich dem —— — 1 — — 3 — 1 —

3 m. 1 G. ist 3 G. 3 m. $\frac{1}{3}$ sd. $\frac{3}{3}$. $\frac{3}{3}$ sd. 1 G. 3 G. u. 1 G. sd. 4 G.
3 — 1 — — 3 —

folglich ist das Verhältniß von 1 Gzn. u. $\frac{1}{3}$ zu 4 Gzn.
gleich dem —— — 1 — — 3 —

Das Verhältniß von 1 Ganzen u. $\frac{2}{3}$ zu 3 mal 1 Ganzen u. $\frac{2}{3}$
ist gleich dem —— — 1 — — $\frac{1}{4}$ — 3 — 1 — u. $\frac{1}{4}$

3 m. 1 G. ist 3 G. 3 m. $\frac{2}{3}$ sd. $\frac{6}{3}$. $\frac{6}{3}$ sd. 2 G. 3 G. u. 2 G. sd. 5 G.
3 — 1 — — 3 — 3 — $\frac{1}{4}$ — $\frac{3}{4}$. 3 — u. $\frac{3}{4}$ — 3 — u. $\frac{3}{4}$

folglich ist das Verhältniß von 1 Gzn. u. $\frac{2}{3}$ zu 5 Gzn.
gleich dem —— — 1 — u. $\frac{1}{4}$ — 3 — u. $\frac{3}{4}$.

Das Verhältniß von 2 Ganzen zu 3 mal 2 Ganzen
ist gleich dem —— — 1 — u. $\frac{2}{4}$ — 3 — 1 — u. $\frac{2}{4}$.

3m. 2G. sd. 6G.
3 — 1 — ist 3 —. 3m. $\frac{2}{4}$ si. $\frac{6}{4}$. $\frac{6}{4}$ si. 1 G. u. $\frac{2}{4}$. 3 G. u. 1 G. u. $\frac{2}{4}$ si. 4 G. $\frac{2}{4}$

folglich ist das Verhältniß von 2 Ganzen zu 6 Ganzen
gleich dem —— — 1 — u. $\frac{2}{4}$ — 4 — u. $\frac{2}{4}$.

Das Verhältniß von 3 Gzn. zum 3ten Theile v. 3 Gzn.
ist gleich dem — — 2 — u. 1/4 — 3ten — — 2 — u. 1/4.

d. 3te Th. v. 1 Gzn. ist 1/3. d. 3te Th. v. 3 Gzn. ist 3/3. 3/3 sd. 1 Gzs.
2 Ganze und 1/4 sind 9/4. — 3te — — 9/4 — 3/4.

folglich ist das Verhältniß von 3 Ganzen zu 1 Ganzen
gleich dem — — 2 — u. 1/4 — 3/4.

Das Verhältniß von 4 Gzn. zum 3ten Theile von 4 Gzn.
ist gleich dem — — 3 — — 3ten — — 3 —

d. 3te Th. v. 1 G. ist 1/3. d. 3te Th. v. 4 G. ist 4/3. 4/3 ist 1 G. u. 1/3.
3 Ganze sind 12/4. — 3te — — 12/4 — 4/4. 4/4 — 1 —

folglich ist das Verhältniß v. 4 Ganzen zu 1 Ganzen u. 1/3
gleich dem — — 3 — — 1 —

Das Verhältniß v. 5 Ganzen zum 3ten Th. v. 5 Ganzen
ist gleich dem — — 3 — u. 3/4 — 3ten — — 3 — u. 3/4.

d. 3te Th. v. 1 G. ist 1/3. d. 3te Th. v. 5 G. ist 5/3. 5/3 sd. 1 G. u. 2/3.
3 Ganze u. 3/4 sind 15/4. — 3te — — 15/4 — 5/4. 5/4 — 1 — u. 1/4.

folglich ist das Verhältniß von 5 Gzn. zu 1 Gzn. u. 2/3.
gleich dem — — 3 — u. 3/4 — 1 — — 1/4.

Das Verhältniß v. 6 Gzn. zum 3ten Theile v. 6 Gzn.
ist gleich dem — — 4 — u. 2/4 — 3ten — — 4 — u. 2/4.

d. 3te Th. v. 1 G. ist 1/3. d. 3te Th. v. 6 G. sd. 6/3. 6/3 sd. 2 Gze.
4 Ganze u. 2/4 sind 18/4. — 3te — — 18/4 — 6/4. 6/4 — 1 G. u. 2/4.

folglich ist das Verhältniß von 6 Ganzen zu 2 Ganzen
gleich dem — — 4 — u. 2/4 — 1 — u. 2/4.

Das Verhältniß von 2 Ganzen u. $\frac{1}{3}$ zu 3 mal 2 Ganzen u. $\frac{1}{3}$.
ist gleich dem — — 1 — u. $\frac{3}{4}$ — 3 — 1 — u. $\frac{3}{4}$.

3m. 2G. ſd. 6G. 3m. $\frac{1}{3}$ ſd. $\frac{3}{3}$. $\frac{3}{3}$ ſd. 1G. 6G. u. 1G. ſd. 7G.
3 — 1 — — 3 —. 3 — $\frac{3}{4}$ — $\frac{9}{4}$. $\frac{9}{4}$ — 2 — u. $\frac{1}{4}$. 3 — u. 2 — u. $\frac{1}{4}$ — 5 — u. $\frac{1}{4}$

folglich ist das Verhältniß von 2 Gzn. und $\frac{1}{3}$ zu 7 Gzn.
gleich dem — — 1 — — $\frac{3}{4}$ — 5 — u. $\frac{1}{4}$.

Das Verhältniß von 2 Gzn. u. $\frac{2}{3}$ zu 3 m. 2 Gzn. u. $\frac{2}{3}$
ist gleich dem — — 2 — — 3 — 2 —

3 m. 2 G. ſd. 6 G. 3 m. $\frac{2}{3}$ ſd. $\frac{6}{3}$. $\frac{6}{3}$ ſd. 2 G. 6 G. u. 2 G. ſd. 8 G.
3 — 2 — — 6 —

folglich ist das Verhältniß von 2 Ganzen u. $\frac{2}{3}$ zu 8 Ganzen
gleich dem — — 2 — — 6 —

Das Verhältniß von 3 Ganzen zu 3 mal 3 Ganzen
ist gleich dem — — 2 — u. $\frac{1}{4}$ — 3 — 2 — u. $\frac{1}{4}$.

3 m. 3 Gze. ſd. 9 Gze.
3 — 2 — — 6 — 3 m. $\frac{1}{4}$ ſd. $\frac{3}{4}$. 6 Gze. u. $\frac{3}{4}$ ſd. 6 Gze. u. $\frac{3}{4}$.

folglich ist das Verhältniß von 3 Ganzen zu 9 Ganzen
gleich dem — — 2 — u. $\frac{1}{4}$ — 6 — u. $\frac{3}{4}$.

Das Verhältniß von 3 Gzn. u. $\frac{1}{3}$ zu 3 mal 3 Gzn u. $\frac{1}{3}$.
ist gleich dem — — 2 — u. $\frac{2}{4}$ — 3 — 2 — u. $\frac{2}{4}$.

3m. 3G. ſd. 9G. 3m. $\frac{1}{3}$ ſd. $\frac{3}{3}$. $\frac{3}{3}$ ſd. 1G. 9G. u. 1G. ſd. 10G.
3 — 2 — — 6 —. 3 — $\frac{2}{4}$ — $\frac{6}{4}$. $\frac{6}{4}$ — 1 — u. $\frac{2}{4}$. 6 — u. 1 — u. $\frac{2}{4}$ — 7 — u. $\frac{2}{4}$

folglich ist das Verhältniß von 3 Gzn. u. $\frac{1}{3}$ zu 10 Gzn.
gleich dem — — 2 — u. $\frac{2}{4}$ — 7 — u. $\frac{2}{4}$.

Das Verhältniß von 7 Gzn. zum 3ten Th. v. 7 Gzn.
ist gleich dem — — 5 — u. $\frac{1}{4}$ — 3ten — — 5 — u. $\frac{1}{4}$.

d. 3te Th. v. 1 G. ist $\frac{1}{3}$. d. 3te Th. v. 7 G. ist $\frac{7}{3}$. $\frac{7}{3}$ sd. 2 G. u. $\frac{1}{3}$.
5 Ganze u. $\frac{1}{4}$ sind $\frac{21}{4}$. — 3te — — $\frac{21}{4}$ — $\frac{7}{4}$. $\frac{7}{4}$ — 1 — u. $\frac{3}{4}$.

folglich ist das Verhältniß von 7 Gzn. zu 2 Gzn. und $\frac{1}{3}$.
gleich dem — — 5 — u. $\frac{1}{4}$ — 1 — — $\frac{3}{4}$.

Das Verhältniß von 8 Ganzen zum 3ten Th. von 8 Ganzen
ist gleich dem — — 6 — — 3ten — — 6 —

d. 3te Th. v. 1 G. ist $\frac{1}{3}$. d. 3te Th. v. 8 G. ist $\frac{8}{3}$. $\frac{8}{3}$ sd. 2 G. u. $\frac{2}{3}$.
6 Ganze sind $\frac{24}{4}$. — 3te — — $\frac{24}{4}$ — $\frac{8}{4}$. $\frac{8}{4}$ — 2 —

folglich ist das Verhältniß von 8 Ganzen zu 2 Ganzen und $\frac{2}{3}$
gleich dem — — 6 — — 2 —

Das Verhältniß von 9 Gzn. zum 3ten Theile von 9 Gzn.
ist gleich dem — — 6 — u. $\frac{3}{4}$ — 3ten — — 6 — u. $\frac{3}{4}$.

d. 3te Th. v. 1 G. ist $\frac{1}{3}$. d. 3te Th. v. 9 G. ist $\frac{9}{3}$. $\frac{9}{3}$ sd. 3 G.
6 Ganze u. $\frac{3}{4}$ sind $\frac{27}{4}$. — 3te — — $\frac{27}{4}$ — $\frac{9}{4}$. $\frac{9}{4}$ — 2 — u. $\frac{1}{4}$

folglich ist das Verhältniß von 9 Ganzen. zu 3 Ganzen.
gleich dem — — 6 — u. $\frac{3}{4}$ — 2 — u. $\frac{2}{4}$.

Das Verhältniß von 10 Gzn. zum 3ten Th. v. 10 Gzn.
ist gleich dem — — 7 — u. $\frac{2}{4}$ — 3ten — — 7 — u. $\frac{2}{4}$.

d. 3te Th. v. 1 G. ist $\frac{1}{3}$. d. 3te Th. v. 10 G. sd. $\frac{10}{3}$. $\frac{10}{3}$ sd. 3 G. u. $\frac{1}{3}$.
7 Ganze u. $\frac{2}{4}$ sd. $\frac{30}{4}$. — 3te — — $\frac{30}{4}$ — $\frac{10}{4}$. $\frac{10}{4}$ — 2 — u. $\frac{2}{4}$.

folglich ist das Verhältniß von 10 Gzn. zu 3 Gzn. u. $\frac{1}{3}$
gleich dem — — 7 — u. $\frac{2}{4}$ — 2 — u. $\frac{2}{4}$.

Vierte und fünfte Reihe.

Das Verhältniß von $\frac{1}{4}$ zu 4 mal $\frac{1}{4}$
ist gleich dem —— — $\frac{1}{5}$ — 4 — $\frac{1}{5}$.

4 mal $\frac{1}{4}$ ist $\frac{4}{4}$. $\frac{4}{4}$ sind 1 Ganzes.
4 — $\frac{1}{5}$ — $\frac{4}{5}$.

folglich ist das Verhältniß von $\frac{1}{4}$ zu 1 Ganzen
gleich dem —— — $\frac{1}{5}$ — $\frac{4}{5}$.

Das Verhältniß von $\frac{2}{4}$ zu 4 mal $\frac{2}{4}$
ist gleich dem —— — $\frac{2}{5}$ — 4 — $\frac{2}{5}$.

4 mal $\frac{2}{4}$ sind $\frac{8}{4}$. $\frac{8}{4}$ sind 2 Ganze.
4 — $\frac{2}{5}$ — $\frac{8}{5}$. $\frac{8}{5}$ — 1 Ganzes und $\frac{3}{5}$.

folglich ist das Verhältniß von $\frac{2}{4}$ zu 2 Ganzen
gleich dem —— — $\frac{2}{5}$ — 1 — und $\frac{3}{5}$.

Das Verhältniß von $\frac{3}{4}$ zu 4 mal $\frac{3}{4}$
ist gleich dem —— — $\frac{3}{5}$ — 4 — $\frac{3}{5}$.

4 mal $\frac{3}{4}$ sind $\frac{12}{4}$. $\frac{12}{4}$ sind 3 Ganze
4 — $\frac{3}{5}$ — $\frac{12}{5}$. $\frac{12}{5}$ — 2 — und $\frac{2}{5}$.

folglich ist das Verhältniß von $\frac{3}{4}$ zu 3 Ganzen.
gleich dem —— — $\frac{3}{5}$ — 2 — und $\frac{2}{5}$.

Das Verhältniß von 1 Ganzen zu 4 mal 1 Ganzen
ist gleich dem —— — $\frac{4}{5}$ — 4 — $\frac{4}{5}$.

4 mal 1 Ganzes ist 4 Ganze
4 — $\frac{4}{5}$ sind $\frac{16}{5}$. $\frac{16}{5}$ sind 3 Ganze und $\frac{1}{5}$.

folglich ist das Verhältniß von 1 Ganzen zu 4 Ganzen
gleich dem —— — $\frac{4}{5}$ — 3 — u. $\frac{1}{5}$.

Vierte und fünfte Reihe.

Das Verhältniß von 1 Gzn. zum 4ten Theile v. 1 Gzn.
ist gleich dem — — 4/5 — 4ten — — 4/5.

der 4te Theil von 1 Ganzen ist 1/4.
— 4te — — 4/5 — 1/5.

folglich ist das Verhältniß von 1 Ganzen zu 1/4.
gleich dem — — 4/5 — 1/5.

Das Verhältniß von 2 Gzn. zum 4ten Theile von 2 Gzn.
ist gleich dem — — 1 — u. 3/5 — 4ten — — 1 — u. 3/5

der 4te Theil v. 1 Ganzen ist 1/4. d. 4te Theil v. 2 Ganzen ist 2/4
1 Ganzes und 3/5 ist 8/5. — 4te — — 8/5 — 2/5.

folglich ist das Verhältniß von 2 Ganzen zu 2/4
gleich dem — — 1 — u. 3/5 — 2/5.

Das Verhältniß v. 3 Gzn. zum 4ten Theile v. 3 Gzn.
ist gleich dem — — 2 — u. 2/5 — 4ten — — 2 — u. 2/5.

der 4te Theil v. 1 Ganzen ist 1/4. d. 4te Theil v. 3 Ganzen ist 3/4.
2 Ganze und 2/5 sind 12/5. d. 4te — — 12/5 — 3/5.

folglich ist das Verhältniß von 3 Ganzen zu 3/4
gleich dem — — 2 — u. 2/5 — 3/5.

---

das Verhältniß von 4 Gzn. zum 4ten Theile von 4 Gzn.
ist gleich dem — — 3 — u. 1/5 — 4ten — — 3 — u. 1/5

d. 4te Th. v. 1 Gzn ist 1/4. d. 4te Th. v. 4 Gzn. ist 4/4. 4/4 sd. 1 Gzs.
3 Ganze u. 1/5 sind 16/5. — 4te — — 16/5 — 4/5.

folglich ist das Verhältniß von 4 Ganzen zu 1 Ganzen
gleich dem — — 3 — u. 1/5 — 4/5.

Das Verhältniß von 1 Gzn. u. $\frac{1}{4}$ zu 4 mal 1 Gzn. u. $\frac{1}{4}$
ist gleich dem —— — 1 — — 4 — 1 —

4m. 1 G. ist 4 G. 4m. $\frac{1}{4}$ ist $\frac{4}{4}$. $\frac{4}{4}$ sd. 1 G. 4 G. u. 1 G. sd. 5 G.
4 — 1 — — 4 —

folglich ist das Verhältniß von 1 Ganzen u. $\frac{1}{4}$ zu 5 Ganzen
gleich dem —— — 1 — — 4 —

Das Verhältniß von 1 Ganzen u. $\frac{2}{4}$ zu 4 mal 1 Ganzen u. $\frac{2}{4}$
ist gleich dem —— — 1 — u. $\frac{1}{5}$ — 4 — 1 — u. $\frac{1}{5}$.

4m. 1 G. ist 4 G. 4m. $\frac{2}{4}$ sd. $\frac{8}{4}$. $\frac{8}{4}$ sd. 2 G. 4 G. u. 2 G. sd. 6 G.
4 — 1 — — 4 — 4 — $\frac{1}{5}$ — $\frac{4}{5}$. 4 — — $\frac{4}{5}$ — 4 — u. $\frac{4}{5}$

folglich ist das Verhältniß von 1 Gzn. u. $\frac{2}{4}$ zu 6 Gzn.
gleich dem —— — 1 — u. $\frac{1}{5}$ — 4 — $\frac{4}{5}$.

Das Verhältniß von 1 Ganzen u. $\frac{3}{4}$ zu 4 m. 1 Gzn. u. $\frac{3}{4}$
ist gleich dem —— — 1 — — $\frac{2}{5}$ — 4 — 1 — — $\frac{2}{5}$.

4m. 1 G. ist 4 G. 4m. $\frac{3}{4}$ sd. $\frac{12}{4}$. $\frac{12}{4}$ sd. 3 G. 4 G. u. 3 G. sd. 7 G.
4 — 1 — — 4 — 4 — $\frac{2}{5}$ — $\frac{8}{5}$. $\frac{8}{5}$ — 1 — u. $\frac{3}{5}$ 4 — u. 1 — $\frac{3}{5}$ — 5 — $\frac{3}{5}$.

folglich ist das Verhältniß von 1 Gzn. u. $\frac{3}{4}$ zu 7 Ganzen
gleich dem —— — 1 — u. $\frac{2}{5}$ — 5 — u. $\frac{3}{5}$.

---

das Verhältniß von 2 Ganzen zu 4 mal 2 Ganzen
ist gleich dem —— — 1 — u. $\frac{3}{5}$ — 4 — 1 — u. $\frac{3}{5}$.

4m. 2 G. sd. 8 G.
4 — 1 G. — 4 —. 4m. $\frac{3}{5}$ st. $\frac{12}{5}$. $\frac{12}{5}$ st. 2 G. u. $\frac{2}{5}$. 4 G. u. 2 G. u. $\frac{2}{5}$ st. 6 G. $\frac{2}{5}$

folglich ist das Verhältniß von 2 Ganzen zu 8 Ganzen
gleich dem —— — 1 — u. $\frac{3}{5}$ — 6 — u. $\frac{2}{5}$.

Das Verhältniß von 5 Ganzen zum 4ten Theile v. 5 Gzn.
ist gleich dem — — 4 — — 4ten — — 4 —

der 4te Th. v. 1 G. ist 1/4. d. 4te Th. v. 5 G. ist 5/4. 5/4 sd. 1 G. 1/4
4 Ganze sind 20/5. — 4te — — 20/5 — 5/5. 5/5 — 1 —

folglich ist das Verhältniß von 5 Ganzen zu 1 Ganzen u. 1/4
gleich dem — — 4 — — 1 —

Das Verhältniß von 6 Gzn. zum 4ten Theile v. 6 Gzn.
ist gleich dem — — 4 — u. 4/5 — 4ten — — 4 — u. 4/5.

d. 4te Th. v. 1 Gzn. ist 1/4. d. 4te Th. v. 6 Gzn. ist 6/4. 6/4 sd. 1 G. 2/4
4 Ganze und 4/5 sind 24/5. — 4te — — 24/5 — 6/5. 6/5 — 1 — 1/5.

folglich ist das Verhältniß von 6 Gzn. zu 1 Gzn. u. 2/4
gleich dem — — 4 — u. 4/5 — 1 — u. 1/5.

Das Verhältniß von 7 Gzn. zum 4ten Theile v. 7 Gzn.
ist gleich dem — — 5 — u. 3/5 — 4ten — — 5 — u. 3/5

d. 4te Th. v. 1 G. ist 1/4. d. 4te Th. v. 7 G. sd. 7/4. 7/4 sd. 1 G. u. 3/4
5 Ganze u. 3/5 sind 28/5. d. 4te — — 28/5 — 7/5. 7/5 — 1 — u. 2/5.

folglich ist das Verhältniß von 7 Gzn. zu 1 Gzn. u. 3/4
gleich dem — — 5 — u. 3/5 — 1 — u. 2/5.

Das Verhältniß von 8 Gzn. zum 4ten Theile von 8 Gzn.
ist gleich dem — — 6 — u. 2/5 — 4ten — — 6 — u. 2/5

der 4te Th. v. 1 G. ist 1/4. d. 4te Th. v. 8 G. ist 8/4. 8/4 sd. 2 G.
6 Ganze und 2/5 sind 32/5. — 4te — — 32/5 — 8/5. 8/5 — 1 G. 3/5.

folglich ist das Verhältniß von 8 Ganzen zu 2 Ganzen
gleich dem — — 6 — u. 2/5 — 1 — u. 3/5.

Das Verhältniß von 2 Gzn. und $\frac{1}{4}$ zu 4 mal 2 Gzn. und $\frac{1}{4}$
ist gleich dem — — — 1 — — $\frac{4}{5}$ — 4 — 1 — — $\frac{4}{5}$.

4 m. 2 G. sd. 8 G. 4 m. $\frac{1}{4}$ ist $\frac{4}{4}$. $\frac{4}{4}$ sd. 1 G. 8 G. u. 1 G. sd. 9 G.
4 — 1 G. — 4 — 4 — $\frac{4}{5}$ sd. $\frac{16}{5}$. $\frac{16}{5}$ — 3 — $\frac{1}{5}$. 4 — — 3 — $\frac{1}{5}$ — 7 — u $\frac{1}{5}$

folglich ist das Verhältniß von 2 Ganzen u. $\frac{1}{4}$ zu 9 Gzn.
gleich dem — — — 1 — — $\frac{4}{5}$ — 7 — u. $\frac{1}{5}$.

Das Verhältniß von 2 Gzn und $\frac{2}{4}$ zu 4 mal 2 Gzn. u. $\frac{2}{4}$.
ist gleich dem — — — 2 4 — 2 —

4 m. 2 G. sd. 8 G. 4 m. $\frac{2}{4}$ sd. $\frac{8}{4}$. $\frac{8}{4}$ sd. 2 G. 8 G. u. 2 G. sd. 10 G.
4 — 2 — — 8 —

folglich ist das Verhältniß von 2 Gzn. u. $\frac{2}{4}$ zu 10 Ganzen
gleich dem — — — 2 — — 8 —

Fünfte und sechste Reihe.

1 Ganzes ist 5 mal $\frac{1}{5}$.

Das Verhältniß von $\frac{1}{5}$ zu 5 mal $\frac{1}{5}$
ist gleich dem — — — $\frac{1}{6}$ — 5 — $\frac{1}{6}$.

5 mal $\frac{1}{6}$ sind $\frac{5}{6}$.

folglich ist das Verhältniß von $\frac{1}{5}$ zu 1 Ganzen
gleich dem — — — $\frac{1}{6}$ — $\frac{5}{6}$.

---

2 Ganze sind 5 mal $\frac{2}{5}$.

Das Verhältniß von $\frac{2}{5}$ zu 5 mal $\frac{2}{5}$
ist gleich dem — — — $\frac{2}{6}$ — 5 — $\frac{2}{6}$.

5 mal $\frac{2}{6}$ sind $\frac{10}{6}$. $\frac{10}{6}$ sind 1 Ganzes und $\frac{4}{6}$.

folglich ist das Verhältniß von $\frac{2}{5}$ zu 2 Ganzen
gleich dem — — — $\frac{2}{6}$ — 1 — u. $\frac{4}{6}$.

Das Verhältniß von 9 Gzn. zum 4ten Theile v. 9 Gzn.
ist gleich dem — — 7 — u. 1/5 — 4ten — — 7 — u. 1/5.

d. 4te Th. v. 1 G. ist 1/4. d. 4te Th. v. 9 G. ist 9/4. 9/4 sd. 2 G u. 1/4.
7 Ganze u. 1/5 sind 36/5. — 4te — — 36/5 — 9/5. 9/5 — 1 — u. 4/5.

folglich ist das Verhältniß von 9 Gzn. zu 2 Gzn. u. 1/4
gleich dem — — 7 — u. 1/5 — 1 — u. 4/5.

Das Verhältniß von 10 Gzn. zum 4ten Theile von 10 Gzn.
ist gleich dem — — 8 — — 4ten — — 8 —

d. 4te Th. v. 1 G. ist 1/4. d. 4te Th. v. 10 G. sd. 10/4. 10/4 sd. 2 G. u. 2/4
8 Ganze sind 40/5. d. 4te — — 40/5 — 10/5. 10/5 — 2 —

folglich ist das Verhältniß von 10 Gzn. zu 2 Gzn. u. 2/4
gleich dem — — 8 — — 2 —

Fünfte und sechste Reihe.

1/5 ist der 5te Theil von 1 Ganzen.

Das Verhältniß von 1 Gzn. zum 5ten Theile v. 1 Gzn.
ist gleich dem — — 5/6 — 5ten — — 5/6.
der 5te Theil von 5/6 ist 1/6.
folglich ist das Verhältniß von 1 Ganzen zu 1/5
gleich dem — — 5/6 — 1/6.

2/5 sind der 5te Theil von 2 Ganzen.

das Verhältniß von 2 Ganzen zum 5ten Th. v. 2 Ganzen
ist gleich dem — — 1 — u. 4/6 — 5ten — — 1 — u. 4/6
1 Ganzes und 4/6 sind 10/6. der 5te Theil von 10/6 ist 2/6
folglich ist das Verhältniß von 2 Ganzen zu 2/5
gleich dem — — 1 — u. 4/6 — 2/6.

3 Ganze sind 5 mal $^3/_5$.

das Verhältniß von $^3/_5$ zu 5 mal $^3/_5$

ist gleich dem — — $^3/_6$ — 5 — $^3/_6$.

5 mal $^3/_6$ sind $^{15}/_6$. $^{15}/_6$ sind 2 Ganze und $^3/_6$.

folglich ist das Verhältniß von $^3/_5$ zu 3 Ganzen

gleich dem — — $^3/_6$ — 2 — u. $^3/_6$.

---

4 Ganze sind 5 mal $^4/_5$.

Das Verhältniß von $^4/_5$ zu 5 mal $^4/_5$

ist gleich dem — — $^4/_6$ — 5 — $^4/_6$.

5 mal $^4/_6$ sind $^{20}/_6$. $^{20}/_6$ sind 3 Ganze und $^2/_6$.

folglich ist das Verhältniß von $^4/_5$ zu 4 Ganzen

gleich dem — — $^4/_6$ — 3 — u. $^2/_6$.

---

5 Ganze sind 5 mal 1 Ganzes.

Das Verhältniß von 1 Ganzen zu 5 mal 1 Ganzen

ist gleich dem — — $^5/_6$ — 5 — $^5/_6$.

5 mal $^5/_6$ sind $^{25}/_6$. $^{25}/_6$ sind 4 Ganze und $^1/_6$.

folglich ist das Verhältniß von 1 Ganzen zu 5 Ganzen

gleich dem — — $^5/_6$ — 4 — u. $^1/_6$.

---

6 Ganze sd. $^{30}/_5$. $^{30}/_5$ sd. 5 mal $^6/_5$. oder 5 mal 1 Ganzes u. $^1/_5$.

das Verhältniß von 1 Gzn. u. $^1/_5$ zu 5 mal 1 Gzn. u. $^1/_5$

ist gleich dem — — 1 — — 5 — 1 —

5 mal 1 Ganzes ist 5 Ganze.

folglich ist das Verhältniß von 1 Ganzen u. $^1/_5$ zu 6 Gzn.

gleich dem — — 1 — — 5 —

---

7 Ganze sd. $^{35}/_5$. $^{35}/_5$ sind 5 mal $^7/_5$. oder 5 mal 1 Ganzes und $^2/_5$.

das Verhältniß von 1 Gzn. u. $^2/_5$ zu 5 mal 1 Gzn. u. $^2/_5$

ist gleich dem — — 1 — u. $^1/_6$ — 5 — 1 — u. $^1/_6$.

1 Gzs. u. $^1/_6$ ist $^7/_6$. 5 mal $^7/_6$ sd. $^{35}/_6$. $^{35}/_6$ sd. 5 Gze. u. $^5/_6$.

folglich ist das Verhältniß von 1 Gzn. u. $^2/_5$ zu 7 Gzn.

gleich dem — — 1 — u. $^1/_6$ — 5 — u. $^5/_6$.

3/5 sind der 5te Theil von 3 Ganzen
das Verhältniß v. 3 Gzn. zum 5ten Theile v. 3 Gzn.
ist gleich dem — — — 2 — u. 3/6 — 5ten — — 2 — u. 3/6.
2 Ganze und 3/6 sind 15/6. der 5te Theil von 15/6 ist 3/6.
folglich ist das Verhältniß von 3 Ganzen zu 3/5
gleich dem — — — 2 — u. 3/6 — 3/6.

4/5 sind der 5te Theil von 4 Ganzen.
das Verhältniß v. 4 Gzn. zum 5ten Theile v. 4 Gzn.
ist gleich dem — — — 3 — u. 2/6 — 5ten — — 3 — u. 2/6.
3 Ganze und 2/6 sind 20/6. der 5te Theile von 20/6 sind 4/6.
folglich ist das Verhältniß von 4 Ganzen zu 4/5
gleich dem — — — 3 — u. 2/6 — 4/6.

---

1 Ganzes ist der 5te Theil von 5 Ganzen.
das Verhältniß v. 5 Gzn. zum 5ten Theile v. 5 Gzn.
ist gleich dem — — — 4 — u. 1/6 — 5ten — — 4 — u. 1/6.
4 Ganze u. 1/6 sind 25/6. der 5te Theil von 25/6 sind 5/6.
folglich ist das Verhältniß von 5 Ganzen zu 1 Ganzen
gleich dem — — — 4 — u. 1/6 — 5/6.

---

1 Gzs. u. 1/5 ist 6/5. 6/5 sind der 5te Theil von 30/5 oder von 6 Gzn.
das Verhältniß von 6 Gzn. zum 5ten Theile von 6 Ganzen
ist gleich dem — — — 5 — — 5ten — — 5 —
der 5te Theil von 5 Ganzen ist 1 Ganzes.
folglich ist das Verhältniß von 6 Gzn. zu 1 Gzn. u. 1/5
gleich dem — — — 5 — — 1 —

---

1 Gzs. u. 2/5 sd. 7/5. 7/5 sd. der 5te Theil von 35/5 oder von 7 Gzn.
das Verhältniß von 7 Gzn. zum 5ten Theil von 7 Gzn.
ist gleich dem — — — 5 — u. 1/6 — 5ten — — 5 — u. 5/6.
5 Gze. u. 5/6 sind 35/6. der 5te Th. v. 35/6 sd. 7/6 od. 1 Gzs. u. 1/6.
folglich ist das Verhältniß von 7 Ganzen zu 1 Ganzen u. 2/5
gleich dem — — — 5 — u. 5/6 — 1 — u. 1/6.

8 Ganze sind 40/5. 40/5 sind 5 mal 8/5 oder 5 mal 1 Ganzes u. 3/5.
das Verhältniß von 1 Gzn. u. 3/5 zu 5 mal 1 Gzn. u. 3/5
ist gleich dem — — — 1 — u. 2/6 — 5 — 1 — u. 2/6.
1 Ganzes u. 2/6 ist 8/6. 5 m. 8/6 sind 40/6. 40/6 sind 6 Ganze u. 4/6.
folglich ist das Verhältniß von 1 Ganzen u. 3/5 zu 8 Gzn.
gleich dem — — — 1 — u. 2/6 — 6 — u. 4/6.

---

9 Ganze sind 45/5. 45/5 sind 5 mal 9/5 oder 5 mal 1 Ganzes und 4/5.
das Verhältniß von 1 Gzn. u. 4/5 zu 5 mal 1 Gzn. u. 4/5
ist gleich dem — — — 1 — u. 3/6 — 5 — 1 — u. 3/6.
1 Ganzes u. 3/6 ist 9/6. 5 m. 9/6 sind 45/6. 45/6 sind 7 Ganze u. 3/6.
folglich ist das Verhältniß von 1 Ganzen u. 4/5 zu 9 Gzn.
gleich dem — — — 1 — — 3/6 — 7 — u. 3/6.

---

10 Ganze sind 50/5. 50/5 sind 5 mal 10/5 oder 5 mal 2 Ganze.
Das Verhältniß von 2 Ganzen zu 5 mal 2 Ganzen
ist gleich dem — — — 1 — u. 4/6 — 5 — 1 — u. 4/6.
1 Ganzes u. 4/6 ist 10/6. 5 mal 10/6 sind 50/6. 50/6 sind 8 Gze. u. 2/6.
folglich ist das Verhältniß von 2 Ganzen. zu 10 Ganzen
gleich dem — — — 1 — u. 4/6 — 8 — u. 2/6.

Sechste und siebente Reihe.

1 Ganzes ist 6 mal 1/6.
Das Verhältniß von 1/6 zu 6 mal 1/6
ist gleich dem — — — 1/7 — 6 — 1/7.
6 mal 1/7 ist 7/7. 7/7 sind 1 Ganzes.
folglich ist das Verhältniß von 1/6 zu 1 Ganzen
gleich dem — — — 1/7 — 6/7.

---

2 Ganze sind 12/6. 12/6 sind 6 mal 2/6.
Das Verhältniß von 2/6 zu 6 mal 2/6
ist gleich dem — — — 2/7 — 6 — 2/7.
6 mal 2/7 sind 12/7. 12/7 sind 1 Ganzes und 5/7.
folglich ist das Verhältniß von 2/6 zu 2 Ganzen
gleich dem — — — 2/7 — 1 — u. 5/7.

1 Ganzes

1 Gzs. u. 3/5 sd. 8/5. 8/5 sd. der 5te Theil von 40/5 oder von 8 Gzn.
das Verhältniß von 8 Ganzen zum 5ten Th. v. 8 Gzn.
ist gleich dem — — 6 — u. 4/6 — 5ten — — 6 — u. 4/6
6 Gze. u. 4/6 sd. 40/6. der 5te Theil v. 40/6 ist 8/6 oder 1 Gzs. u. 2/6.
folglich ist das Verhältniß von 8 Ganzen zu 1 Ganzen u. 3/5
gleich dem — — 6 — u. 4/6 — 1 — — 2/6.

---

1 Ganzes u. 4/5 sind 9/5. 9/5 sind der 5te Theil von 45/5 od. v. 9 Gzn.
das Verhältniß v. 9 Gzn. zum 5ten Theile v. 9 Gzn.
ist gleich dem — — 7 — u. 3/6 — 5ten — — 7 — u. 3/6
7 Gze. u. 3/6 sd. 45/6. der 5te Theil v. 45/6 ist 9/6 oder 1 Gzs. u. 3/6.
folglich ist das Verhältniß v. 9 Ganzen zu 1 Ganzen u. 4/5
gleich dem — — 7 — u. 3/6 — 1 — u. 3/6.

---

2 Ganze sind der 5te Theil von 10 Ganzen.
das Verhältniß von 10 Gzn. zum 5ten Th. v. 10 Ganzen
ist gleich dem — — 8 — u. 2/6 — 5ten — — 8 — u. 2/6.
8 Gze. u. 2/6 sind 50/6. der 5te Theil von 50/6 sind 10/6 od. 1 Gzs. u. 4/6.
folglich ist das Verhältniß von 10 Ganzen zu 2 Ganzen
gleich dem — — 8 — u. 2/6 — 1 — u. 4/6.

Sechste und siebente Reihe.

1/6 ist der 6te Theil von 1 Ganzen.
das Verhältniß von 1 Gzn. zum 6ten Theile von 1 Gzn.
ist gleich dem — — 6/7 — 6ten — — 6/7.
der 6te Theil von 6/7 ist 1/7.
folglich ist das Verhältniß von 1 Ganzen zu 1/6
gleich dem — — 6/7 — 1/7.

2/6 sind der 6te Theil von 2 Ganzen.
das Verhältniß von 2 Gzn. zum 6ten Theile v. 2 Gzn.
ist gleich dem — — 1 — u. 5/7 — 6ten — — 1 — u. 5/7
1 Ganzes u. 5/7 sind 12/7. der 6te Theil von 12/7 ist 2/7.
folglich ist das Verhältniß von 2 Ganzen zu 2/6
gleich dem — — 1 — u. 5/7 — 2/7.

3 Ganze sind $\frac{18}{6}$. $\frac{18}{6}$ sind 6 mal $\frac{3}{6}$.
Das Verhältniß von $\frac{3}{6}$ zu 6 mal $\frac{3}{6}$
ist gleich dem — — — $\frac{3}{7}$ — 6 — $\frac{3}{7}$.
6 mal $\frac{3}{7}$ sind $\frac{18}{7}$. $\frac{18}{7}$ sind 2 Ganze und $\frac{4}{7}$.
folglich ist das Verhältniß von $\frac{3}{6}$ zu 3 Ganzen
gleich dem — — — $\frac{3}{7}$ — 2 — u. $\frac{4}{7}$.

---

4 Ganze sind $\frac{24}{6}$. $\frac{24}{6}$ sind 6 mal $\frac{4}{6}$.
das Verhältniß von $\frac{4}{6}$ zu 6 mal $\frac{4}{6}$
ist gleich dem — — — $\frac{4}{7}$ — 6 — $\frac{4}{7}$.
6 mal $\frac{4}{7}$ sind $\frac{24}{7}$. $\frac{24}{7}$ sind 3 Ganze und $\frac{3}{7}$.
folglich ist das Verhältniß von $\frac{4}{6}$ zu 4 Ganzen
gleich dem — — — $\frac{4}{7}$ — 3 — u. $\frac{3}{7}$.

---

5 Ganze sind $\frac{30}{6}$. $\frac{30}{6}$ sind 6 mal $\frac{5}{6}$.
das Verhältniß von $\frac{5}{6}$ zu 6 mal $\frac{5}{6}$
ist gleich dem — — — $\frac{5}{7}$ — 6 — $\frac{5}{7}$.
6 mal $\frac{5}{7}$ sind $\frac{30}{7}$. $\frac{30}{7}$ sind 4 Ganze und $\frac{2}{7}$.
folglich ist das Verhältniß von $\frac{5}{6}$ zu 5 Ganzen
gleich dem — — — $\frac{5}{7}$ — 4 — u. $\frac{2}{7}$.

---

6 Ganze sind $\frac{36}{6}$. $\frac{36}{6}$ sind 6 mal $\frac{6}{6}$ oder 6 mal 1 Ganzes.
Das Verhältniß von 1 Ganzen zu 6 mal 1 Ganzen
ist gleich dem — — — $\frac{6}{7}$ — 6 — $\frac{6}{7}$.
6 mal $\frac{6}{7}$ sind $\frac{36}{7}$. $\frac{36}{7}$ sind 5 Ganze und $\frac{1}{7}$.
folglich ist das Verhältniß von 1 Ganzen zu 6 Ganzen
gleich dem — — — $\frac{6}{7}$ — 5 — u. $\frac{1}{7}$.

---

7 Ganze sind $\frac{42}{6}$. $\frac{42}{6}$ sind 6 mal $\frac{7}{6}$ oder 6 mal 1 Ganzes u. $\frac{1}{6}$.
das Verhältniß von 1 Gzn. u. $\frac{1}{6}$ zu 6 mal 1 Gzn. u. $\frac{1}{6}$
ist gleich dem — — — 1 — — — 6 — 1 —
6 mal 1 Ganzes ist 6 Ganze.
folglich ist das Verhältniß von 1 Ganzen u. $\frac{1}{6}$ zu 7 Ganzen
gleich dem — — — 1 — — 6 —

3/6 sind der 6te Theil von 3 Ganzen.

das Verhältniß v. 3 Ganzen zum 6ten Th. v. 3 Gzn.
ist gleich dem — — 2 — u. 4/7 — 6ten — — 2 — u. 4/7.
2 Ganze und 4/7 sind 18/7. der 6te Theil von 18/7 ist 3/7.
folglich ist das Verhältniß von 3 Ganzen zu 3/6
gleich dem — — 2 — u. 4/7 — 3/7.

4/6 sind der 6te Theil von 4 Ganzen.

das Verhältniß v. 4 Gzn. zum 6ten Theile v. 4 Gzn.
ist gleich dem — — 3 — u. 3/7 — 6ten — — 3 — u. 3/7.
3 Ganze und 3/7 sind 24/7. der 6te Theil von 24/7 ist 4/7.
folglich ist das Verhältniß von 4 Ganzen zu 4/6
gleich dem — — 3 — u. 3/7 — 4/7.

5/6 sind der 6te Theil von 5 Ganzen.

das Verhältniß v. 5 Ganzen zum 6ten Theile v. 5 Gzn.
ist gleich dem — — 4 — u. 2/7 — 6ten — — 4 — u. 2/7
4 Ganze und 2/7 sind 30/7. der 6te Theil von 30/7 ist 5/7.
folglich ist das Verhältniß von 5 Ganzen zu 5/6
gleich dem — — 4 — u. 2/7 — 5/7.

---

1 Ganzes ist der 6te Theil von 6 Ganzen

Das Verhältniß v. 6 Gzn. zum 6ten Theile v. 6 Gzn.
ist gleich dem — — 5 — u. 1/7 — 6ten — — 5 — u. 1/7
5 Ganze und 1/7 sind 36/7. der 6te Theil von 36/7 ist 6/7.
folglich ist das Verhältniß von 6 Gzn. zu 1 Gzn.
gleich dem — — 5 — u. 1/7 — 6/7.

---

1 Gzs. u. 1/6 ist 7/6. 7/6 sind der 6te Theil von 42/6 oder v. 7 Ganzen.

Das Verhältniß von 7 Ganzen zum 6ten Theile v. 7 Gzn.
ist gleich dem — — 6 — — 6ten — — 6 —
der 6te Theil von 6 Ganzen ist 1 Ganzes.
folglich ist das Verhältniß von 7 Ganzen zu 1 Ganzen u. 1/6
gleich dem — — 6 — — 1 —

8 Ganze sind 48/6. 48/6 sind 6 mal 8/6 oder 6 mal 1 Ganzes u. 2/6.
Das Verhältniß von 1 Gzn. u. 2/6 zu 6 mal 1 Gzn. u. 2/6
ist gleich dem — — 1 — u. 1/7 — 6 — 1 — u. 1/7.
1 Gzs. u. 1/7 sind 8/7. 6 mal 8/7 sind 48/7. 48/7 sind 6 Gze. u. 6/7.
folglich ist das Verhältniß v. 1 Ganzen u. 2/6 zu 8 Ganzen.
gleich dem — — 1 — u. 1/7 — 6 — u. 6/7.

---

9 Ganze sind 54/6. 54/6 sind 6 mal 9/6 oder 6 mal 1 Ganzes u. 3/6.
Das Verhältniß von 1 Gzn. u. 3/6 zu 6 mal 1 Gzn. u. 3/6
ist gleich dem — — 1 — u. 2/7 — 6 — 1 — u. 2/7.
1 Ganzes u. 2/7 sd. 9/7. 6 m. 9/7 sd. 54/7. 54/7 sd. 7 Ganze u. 5/7.
folglich ist das Verhaltniß von 1 Ganzen u. 3/6 zu 9 Gzn.
gleich dem — — 1 — u. 2/7 — 7 — u. 5/7.

---

10 Ganze sind 60/6. 60/6 sind 6 mal 10/6 oder 6 mal 1 Ganzes u. 4/6.
Das Verhältniß von 1 Gzn. u. 4/6 zu 6 mal 1 Gzn. u. 4/6
ist gleich dem — — 1 — u. 3/7 — 6 — 1 — u. 3/7.
1 Ganzes u. 3/7 sind 10/7. 6 mal 10/7 sind 60/7. 60/7 sd. 8 Ganze u. 4/7
folglich ist das Verhältniß von 1 Gzn. u. 4/6 zu 10 Gzn.
gleich dem — — 1 — u. 3/7 — 8 — u. 4/7.

Siebente und achte Reihe.

1 Ganzes ist 7 mal 1/7.
das Verhältniß von 1/7 zu 7 mal 1/7
ist gleich dem — — 1/8 — 7 — 1/8.
7 mal 1/8 ist 7/8.
folglich ist das Verhältniß von 1/7 zu 1 Ganzen
gleich dem — — 1/8 — 7/8.

---

2 Ganze sind 7 mal 2/7.
das Verhältniß von 2/7 zu 7 mal 2/7
ist gleich dem — — 2/8 — 7 — 2/8.
7 mal 2/8 sind 14/8. 14/8 sind 1 Ganzes und 6/8.
folglich ist das Verhältniß von 2/7 zu 2 Ganzen
gleich dem — — 2/8 — 1 — und 6/8.

1 Gzs. u. $\frac{2}{6}$ ist $\frac{8}{6}$. $\frac{8}{6}$ sind d. 6te Theil v. $\frac{48}{6}$ oder v. 8 Ganzen.

das Verhältniß von 8 Gnz. zum 6ten Th. v. 8 Ganzen

ist gleich dem — — 6 — u. $\frac{6}{7}$ — 6ten — — 6 — u. $\frac{6}{7}$.

6 Gze. u. $\frac{6}{7}$ sd. $\frac{48}{7}$. d. 6te Th. v. $\frac{48}{7}$ ist $\frac{8}{7}$ od. 1 Gzs. u. $\frac{1}{7}$

folglich ist das Verhältniß von 8 Gzn. zu 1 Gzn. u. $\frac{2}{6}$

gleich dem — — 6 — u. $\frac{6}{7}$ — 1 — u. $\frac{1}{7}$.

---

1 Gzs. u. $\frac{3}{6}$ ist $\frac{9}{6}$. $\frac{9}{6}$ sind der 6te Theil von $\frac{54}{6}$ od. v. 9 Gzn.

das Verhältniß von 9 Gzn. zum 6ten Theile v. 9 Gzn.

ist gleich dem — — 7 — u. $\frac{5}{7}$ — 6ten — — 7 — u. $\frac{5}{7}$

7 Gze. u. $\frac{5}{7}$ sd. $\frac{54}{7}$. der 6te Theil v. $\frac{54}{7}$ ist $\frac{9}{7}$ oder 1 Gzs. u. $\frac{2}{7}$.

folglich ist das Verhältniß v. 9 Ganzen zu 1 Ganzen u. $\frac{3}{6}$

gleich dem — — 7 — u. $\frac{5}{7}$ — 1 — u. $\frac{2}{7}$.

---

1 Gzs. u. $\frac{4}{6}$ ist $\frac{10}{6}$. $\frac{10}{6}$ sind der 6te Theil von $\frac{60}{6}$ oder v. 10 Gzn.

das Verhältniß von 10 Gzn. zum 6ten Th. v. 10 Gzn.

ist gleich dem — — 8 — u. $\frac{4}{7}$ — 6ten — — 8 — u. $\frac{4}{7}$

8 Gze. u. $\frac{4}{7}$ sind $\frac{60}{7}$. der 6te Th. v. $\frac{60}{7}$ ist $\frac{10}{7}$. od. 1 Gzs. u. $\frac{3}{7}$.

folglich ist das Verhältniß v. 10 Ganzen zu 1 Ganzen u. $\frac{4}{6}$

gleich dem — — 8 — u. $\frac{4}{7}$ — 1 — u. $\frac{3}{7}$

Siebente und achte Reihe.

$\frac{1}{7}$ ist der 7te Theil von 1 Ganzen

das Verhältniß von 1 Gzn. zum 7ten Th. v. 1 Gzn.

ist gleich dem — — $\frac{7}{8}$ — 7ten — — $\frac{7}{8}$.

der 7te Theil von $\frac{7}{8}$ ist $\frac{1}{8}$.

folglich ist das Verhältniß von 1 Ganzen zu $\frac{1}{7}$

gleich dem — — $\frac{7}{8}$ — $\frac{1}{8}$.

$\frac{2}{7}$ sind der 7te Theil von 2 Ganzen.

das Verhältniß v. 2 Gzn. zum 7ten Theile v. 2 Gzn.

ist gleich dem — — 1 — u. $\frac{6}{8}$ — 7ten — — 1 — u. $\frac{6}{8}$

1 Ganzes und $\frac{6}{8}$ ist $\frac{14}{8}$. der 7te Theil von $\frac{14}{8}$ ist $\frac{2}{8}$.

folglich ist das Verhaltniß von 2 Ganzen zu $\frac{2}{7}$

gleich dem — — 1 — u. $\frac{6}{8}$ — $\frac{2}{8}$.

3 Ganze sind 7 mal $3/7$.

das Verhältniß von $3/7$ zu 7 mal $3/7$

ist gleich dem — — $3/8$ — 7 — $3/8$.

7 mal $3/8$ sind $21/8$. $21/8$ sind 2 Ganze und $5/8$.

folglich ist das Verhältniß von $3/7$ zu 3 Ganzen

gleich dem — — $3/8$ — 2 — u. $5/8$.

und so weiter.

Achte und neunte Reihe.

1 Ganzes ist 8 mal $1/8$.

das Verhältniß von $1/8$ zu 8 mal $1/8$

ist gleich dem — — $1/9$ — 8 — $1/9$.

8 mal $1/9$ ist $8/9$.

folglich ist das Verhältniß von $1/8$ zu 1 Ganzen

gleich dem — — $1/9$ — $8/9$.

---

2 Ganze sind 8 mal $2/8$.

das Verhältniß von $2/8$ zu 8 mal $2/8$

ist gleich dem — — $2/9$ — 8 — $2/9$.

8 mal $2/9$ sind $16/9$. $16/9$ sind 1 Ganzes und $7/9$.

folglich ist das Verhältniß von $2/8$ zu 2 Ganzen

gleich dem — — $2/9$ — 1 — u. $7/9$.

---

3 Ganze sind 8 mal $3/8$.

das Verhältniß von $3/8$ zu 8 mal $3/8$

ist gleich dem — — $3/9$ — 8 — $3/9$.

8 mal $3/9$ sind $24/9$. $24/9$ sind 2 Ganze und $6/9$.

folglich ist das Verhältniß von $3/8$ zu 3 Ganzen

gleich dem — — $3/9$ — 2 — u. $6/9$.

und so weiter.

$\frac{3}{7}$ sind der 7te Theil von 3 Ganzen.
das Verhältniß v. 3 Gzn. zum 7ten Theil v. 3 Gzn.
ist gleich dem — — 2 — u. $\frac{5}{8}$ — 7ten — — 2 — u. $\frac{5}{8}$.
2 Ganze u. $\frac{5}{8}$ sind $\frac{21}{8}$. der 7te Theil von $\frac{21}{8}$ ist $\frac{3}{8}$.
folglich ist das Verhältniß von 3 Ganzen zu $\frac{3}{7}$
gleich dem — — 2 — u. $\frac{5}{8}$ — $\frac{3}{8}$
und so weiter.

Achte und neunte Reihe.

$\frac{1}{8}$ ist der 8te Theil von 1 Ganzen.
Das Verhältniß von 1 Ganzen zum 8ten Theile v. 1 Ganzen
ist gleich dem — — $\frac{8}{9}$ — 8ten — — $\frac{8}{9}$.
der 8te Theil von $\frac{8}{9}$ ist $\frac{1}{9}$.
folglich ist das Verhältniß von 1 Ganzen zu $\frac{1}{8}$
gleich dem — — $\frac{8}{9}$ — $\frac{1}{9}$.

$\frac{2}{8}$ sind der 8te Theil von 2 Ganzen.
Das Verhältniß von 2 Gzn. zum 8ten Theile v. 2 Gzn.
ist gleich dem — — 1 — u. $\frac{7}{9}$ — 8ten — — 1 — u. $\frac{7}{9}$
1 Ganzes und $\frac{7}{9}$ ist $\frac{16}{9}$. der 8te Theil von $\frac{16}{9}$ ist $\frac{2}{9}$.
folglich ist das Verhältniß von 2 Ganzen zu $\frac{2}{8}$
gleich dem — — 1 — u. $\frac{7}{9}$ — $\frac{2}{9}$.

$\frac{3}{8}$ sind der 8te Theil von 3 Ganzen.
das Verhältniß von 3 Gzn. zum 8ten Theile v. 3 Gzn.
ist gleich dem — — 2 — u. $\frac{6}{9}$ — 8ten — — 2 — u. $\frac{6}{9}$
2 Ganze und $\frac{6}{9}$ sind $\frac{24}{9}$. der 8te Theil von $\frac{24}{9}$ ist $\frac{3}{9}$.
folglich ist das Verhältniß von 3 Ganzen zu $\frac{3}{8}$
gleich dem — — 2 — u. $\frac{6}{9}$ — $\frac{3}{9}$.
und so weiter.

Neunte und zehnte Reihe.

1 Ganzes ist 9 mal $\frac{1}{9}$.
das Verhältniß von $\frac{1}{9}$ zu 9 mal $\frac{1}{9}$
ist gleich dem — — $\frac{1}{10}$ — 9 — $\frac{1}{10}$.
9 mal $\frac{1}{10}$ ist $\frac{9}{10}$.
folglich ist das Verhältniß von $\frac{1}{9}$ zu 1 Ganzen
gleich dem — — $\frac{1}{10}$ — $\frac{9}{10}$.

---

2 Ganze sind 9 mal $\frac{2}{9}$.
das Verhältniß von $\frac{2}{9}$ zu 9 mal $\frac{2}{9}$
ist gleich dem — — $\frac{2}{10}$ — 9 — $\frac{2}{10}$.
9 mal $\frac{2}{10}$ sind $\frac{18}{10}$. $\frac{18}{10}$ sind 1 Ganzes und $\frac{8}{10}$.
folglich ist das Verhältniß von $\frac{2}{9}$ zu 2 Ganzen
gleich dem — — $\frac{2}{10}$ — 1 — u. $\frac{8}{10}$.

---

3 Ganze sind 9 mal $\frac{3}{9}$.
das Verhältniß von $\frac{3}{9}$ zu 9 mal $\frac{3}{9}$
ist gleich dem — — $\frac{3}{10}$ — 9 — $\frac{3}{10}$.
9 mal $\frac{3}{10}$ sind $\frac{27}{10}$. $\frac{27}{10}$ sind 2 Ganze und $\frac{7}{10}$.
folglich ist das Verhältniß von $\frac{3}{9}$ zu 3 Ganzen.
gleich dem — — $\frac{3}{10}$ — 2 u. $\frac{7}{10}$.
und so weiter.

Fragen:

Fr. Zu wie viel mal 2 Ganzen und $\frac{3}{4}$ verhalten sich 2 Ganze und $\frac{3}{4}$, wie sich 7 Ganze und $\frac{3}{5}$ zu 6 mal 7 Ganzen und $\frac{3}{5}$ verhalten?

Antw. 2 Ganze und $\frac{3}{4}$ verhalten sich zu 6 mal 2 Ganzen und $\frac{3}{4}$; wie sich 7 Ganze und $\frac{3}{5}$ zu 6 mal 7 Ganzen und $\frac{3}{5}$ verhalten.

Fr. Wie viel Ganze geben 2 Ganze und $\frac{3}{4}$ 6 mal genommen?

Antw. 2 Ganze und $\frac{3}{4}$ 6 mal genommen, geben 16 Ganze und $\frac{2}{4}$.

Auflösung

Neunte und zehnte Reihe.

$\frac{1}{9}$ ist der 9te Theil von 1 Ganzen.
das Verhältniß von 1 Gzn. zum 9ten Theile v. 1 Gzn.
ist gleich dem — — $\frac{9}{10}$ — 9ten — — $\frac{9}{10}$.
der 9te Theil von $\frac{9}{10}$ ist $\frac{1}{10}$.
folglich ist das Verhältniß von 1 Ganzen zu $\frac{1}{9}$
gleich dem — — $\frac{9}{10}$ — $\frac{1}{10}$.

$\frac{2}{9}$ sind der 9te Theil von 2 Ganzen.
Das Verhältniß v. 2 Gzn. zum 9ten Theile v. 2 Gzn.
ist gleich dem — — 1 — u. $\frac{8}{10}$ — 9ten — — 1 — u. $\frac{8}{10}$
1 Ganzes und $\frac{8}{10}$ ist $\frac{18}{10}$. der 9te Theil von $\frac{18}{10}$ ist $\frac{2}{10}$.
folglich ist das Verhaltniß von 2 Ganzen zu $\frac{2}{9}$
gleich dem — — 1 — u. $\frac{8}{10}$ — $\frac{2}{10}$.

$\frac{3}{9}$ sind der 9te Theil von 3 Ganzen.
das Verhältniß von 3 Gzn. zum 9ten Theile v. 3 Gzn.
ist gleich dem — — 2 — u. $\frac{7}{10}$ — 9ten — — 2 — u. $\frac{7}{10}$
2 Ganze und $\frac{7}{10}$ sind $\frac{27}{10}$. der 9te Theil von $\frac{27}{10}$ sind $\frac{3}{10}$.
folglich ist das Verhaltniß von 3 Ganzen zu $\frac{3}{9}$
gleich dem — — 2 — u. $\frac{7}{10}$ — $\frac{3}{10}$.
und so weiter.

Fragen:

Fr. Zu welchem Theile von 16 Ganzen und $\frac{2}{4}$ verhalten sich 16 Ganze und $\frac{2}{4}$, wie sich 45 Ganze und $\frac{3}{5}$ zum 6ten Theile von 45 Ganzen und $\frac{3}{5}$ verhalten?

Antw. 16 Ganze und $\frac{2}{4}$ verhalten sich zum 6ten Theile von 16 Ganze und $\frac{2}{4}$, wie sich 45 Ganze und $\frac{3}{5}$ zum 6ten Theile von 45 Ganzen und $\frac{3}{5}$ verhalten.

Fr. Wie viel Ganze ist der 6te Theil von 16 Ganzen und $\frac{2}{4}$?

Antwort: Der 6te Theil von 16 Ganzen und $\frac{2}{4}$ ist 2 Ganze und $\frac{3}{4}$.

Auflösung: 6 mal 2 Ganze sind 12 Ganze, 6 mal 3/4 sind 18/4; 18/4 sind 4 Ganze und 2/4. 12 Ganze und 4 Ganze und 2/4 sind zusammengenommen 16 Ganze und 2/4.

Fr. Und welche Summe von Ganzen geben 7 Ganze und 3/5 6 mal genommen?

Antw. 7 Ganze und 3/5 6 mal genommen, geben 45 Ganze und 3/5.

Auflösung: 6 mal 7 Ganze sind 42 Ganze, 6 mal 3/5 sind 18/5. 18/5 sind 3 Ganze und 3/5. und 42 Ganze und 3 Ganze und 3/5 zusammengenommen, geben 45 Ganze und 3/5.

Fr. Zu welcher Summe von Ganzen verhalten sich also 2 Ganze und 3/4 wie sich 7 Ganze und 3/5 zu 45 Ganzen und 3/5 verhalten?

Antw. 2 Ganze und 3/4 verhalten sich zu 16 Ganzen und 2/4; wie sich 7 Ganze und 3/5 zu 45 Ganzen und 3/5 verhalten.

Auflösung: 16 Ganze und 2/4 sind 6 mal 2 Ganze und 3/4; und 45 Ganze und 3/5 sind 6 mal 7 Ganze und 3/5; folglich ist das Verhältniß von 2 Ganzen und 3/4 zu 16 Ganzen und 2/4 gleich demjenigen von 7 Ganzen und 3/5 zu 45 Ganzen und 3/5.

Fr. Zu welcher Anzahl von Ganzen verhalten sich 4 Ganze und 3/7. wie sich 1 Ganzes und 2/5 zu 4 Ganzen und 1/5 verhalten?

Antw. 4 Ganze und 3/7 verhalten sich zu 13 Ganzen und 2/7. wie sich 1 Ganzes und 2/5 zu 4 Ganzen und 1/5 verhalten.

Auflösung: 1 Ganzes und 2/5 sind 7/5. 4 Ganze und 1/5 sind 21/5. 21/5 sind 3 mal 7/5 oder 3 mal 1 Ganzes und 2/5. Das Verhältniß von 1 Ganzen und 2/5 zu 3 mal 1 Ganzen und 2/5 ist gleich dem Verhältniß von 4 Ganzen und 3/7 zu 3 mal 4 Ganzen und 3/7. 3 mal 4 Ganze sind 12 Ganze, 3 mal 3/7 sind 9/7. 9/7 sind 1 Ganzes und 2/7. 12 Ganze und 1 Ganzes und 2/7 sind zusammengenommen 13 Ganze und 2/7; folglich ist das Verhältniß von 4 Ganzen und 3/7 zu 13 Ganzen und 2/7 gleich dem Verhältniß von 1 Ganzen und 2/5 zu 4 Ganzen und 1/5.

Auflösung: 16 Ganze und $^2/_4$ sind $^{66}/_4$; der 6te Theil von $^{66}/_4$ ist $^{11}/_4$; und $^{11}/_4$ sind 2 Ganze und $^3/_4$.

Fr. Und wie viel Ganze ist der 6te Theil von 45 Ganzen und $^3/_5$?

Antw. Der 6te Theil von 45 Ganzen und $^3/_5$ ist 7 Ganze und $^3/_5$.

Auflösung: 45 Ganze und $^3/_5$ sind $^{228}/_5$; der 6te Theil von $^{228}/_5$ sind $^{38}/_5$; und $^{38}/_5$ sind 7 Ganze und $^3/_5$.

Fr. Zu welcher Summe von Ganzen verhalten sich also 16 Ganze und $^2/_4$, wie sich 45 Ganze und $^3/_5$ zu 7 Ganzen und $^3/_5$ verhalten?

Antw. 16 Ganze und $^2/_4$ verhalten sich zu 2 Ganzen und $^3/_4$. wie sich 45 Ganze und $^3/_5$ zu 7 Ganzen und $^3/_5$ verhalten.

Auflösung: 2 Ganze und $^3/_4$ sind der 6te Theil von 16 Ganzen und $^2/_4$; und 7 Ganze und $^3/_5$ sind der 6te Theil von 45 Ganzen und $^3/_5$; folglich ist das Verhältniß von 16 Ganzen und $^2/_4$ zu 2 Ganzen und $^3/_4$ gleich demjenigen von 45 Ganzen und $^3/_5$ zu 7 Ganzen und $^3/_5$.

Fr. Zu welcher Anzahl von Ganzen verhalten sich 13 Ganze und $^2/_7$. wie sich 4 Ganze und $^1/_5$ zu 1 Ganzen und $^2/_5$ verhalten?

Antw. 13 Ganze und $^2/_7$ verhalten sich zu 4 Ganzen und $^3/_7$. wie sich 4 Ganze und $^1/_5$ zu 1 Ganzen und $^2/_5$ verhalten?

Auflösung: 4 Ganze und $^1/_5$ sind $^{21}/_5$. 1 Ganzes und $^2/_5$ sind $^7/_5$. $^7/_5$ sind der 3te Theil von $^{21}/_5$ oder von 4 Ganzen und $^1/_5$. Das Verhältniß von 4 Ganzen und $^1/_5$ zum 3ten Theile von 4 Ganzen und $^1/_5$ ist gleich dem Verhältniß von 13 Ganzen und $^2/_7$ zum 3ten Theile von 13 Ganzen und $^2/_7$. 13 Ganze und $^2/_7$ sind $^{93}/_7$; der 3te Theil von $^{93}/_7$ ist $^{31}/_7$. und $^{31}/_7$ sind 4 Ganze und $^3/_7$; folglich ist das Verhältniß von 13 Ganzen und $^2/_7$ zu 4 Ganzen und $^3/_7$ gleich dem Verhältniß von 4 Ganzen und $^1/_5$ zu 1 Ganzen und $^2/_5$.

Zwölfte Uebung.

In der 8ten und 9ten Uebung mußte das Kind zur Ent⸗
einer Zahl zu einer andern; 2tens im Erkennen der Gleichheit
Zahlen nach einem zum voraus bestimmten Verhältnisse immer
der Reihenfolge einer jeden Aufgabe gleichnamige Theile
und in der gegenwärtigen zwölften hingegen muß es zur Er⸗
Auge fassen, weil die erste Zahl des Verhältnisses, das als
diesem Maasstab zu suchenden 2ten Verhältnisses ungleich⸗
Uebung unterscheidet sich übrigens von der vorhergehenden
9ten und 8ten unterscheidet.

Zweyte und dritte Reihe.

Das Verhältniß v. 1 Gzn. zu 3 m. dem halben Th. v. 1 Gzn.
ist gleich dem — — — ⅔ — 3 — — halben — — ⅔.

d. halbe Th. v. 1 Gzn. ist ½.
3 m. — halbe — — 1 — — 3 m. ½. 3 m. ½ sd. 3/2. 3/2 sd. 1 ½.
— halbe — — ⅔ — ⅓.
3 — — halbe — — ⅔ — 3 m. ⅓. 3 — ⅓ — 3/3. 3/3 — 1.

folglich ist das Verhältniß von 1 Ganzen zu 1 Ganzen u. ½
gleich dem — — — ⅔ — 1 —

Das Verhältniß v. 2 Gzn. zu 3 m. d. halben Th. v. 2 G.
ist gleich dem — — 1 — u. ⅓ — 3 — — halben — — 1 — u. ⅓

2 G. sd. 4/2. d. halbe T. v. 2 G. ist 2/2.
3 m. — halbe — — 2 — sd. 3 m. 2/2. 3 m. 2/2 sd. 6/2. 6/2 sd. 3.
1 G. u. ⅓ st. 4/3. — halbe — — 1 — ⅓ — ⅔.
3 m. — halbe — — 1 — ⅓ — 3 — ⅔. 3 — ⅔ — 6/3. 6/3 — 2.

folglich ist das Verhältniß von 2 Ganzen zu 3 Ganzen
gleich dem — — 1 — u. ⅓ — 2 —

Zwölfte Uebung.

---

wickelung seiner Kraft erstens im Bestimmen der Verhältnisse mehrerer Verhältnisse, und 3tens im Auffinden unbekannter nur eine Reihe Quadrate ins Auge fassen, weil alle Zahlen von Ganzen enthielten; in der vorhergegangenen 11. Uebung weiterung dieser Kraft jedesmal zwey Reihen Quadrate ins Maasstab eines 2ten gegeben ist, und die erste Zahl des nach namige Theile von Ganzen enthalten. Die gegenwärtige genau eben dadurch, wodurch sich die 10te Uebung von der.

Zweyte und dritte Reihe.

Das Verhältniß v. 1 G. u. ⅓ zu 2 m. d. 3ten Th. v. 1 G. u. ⅓.
ist gleich dem — — — 1 — — 2 — — 3ten — — 1 —.

1 G. u. ½ ist 3/2. d. 3te Th. v. 1 G. u. ½ ist ½.
2m. — 3te — — 1 — u. ½ sd. 2m. ½. 2m. ½ si. 2/2. 2/2 si. 1 G.
1 Gzs. ist 3/3 — 3te — — 1 — ist ⅓.
2m. — 3te — — 1 — sd. 2m. ⅓. 2 — ⅓ — ⅔.

folglich ist das Verhältniß von 1 Ganzen u. ½ zu 1 Ganzen gleich dem — — — 1 — — ⅔.

Das Verhältniß v. 3 Gzn. zu 2 mal dem 3ten Theile v. 3 Gzn.
ist gleich dem — — — 2 — — 2 — — 3ten — — 2 —

3 G. sd. 6/2. d. 3te Th. v. 3 G. ist 3/2.
2 m. — 3te — — 3 — sd. 2 m. 3/2. 2 m. 3/2 sd. 4/2. 4/2 sd. 2.
2 — — 6/3. — 3te — — 2 — — ⅔.
2 m. — 3te — — 2 — — 2 — ⅔. 2 — ⅔ — 4/3. 4/3 — 1 ⅓.

folglich ist das Verhältniß von 3 Ganzen zu 2 Ganzen gleich dem — — — 2 — — 1 — u. ⅓.

Das Verhältniß v. 3 Gzn. zu 3 m. dem halben Th. v. 3 Gzn.
ist gleich dem —— — 2 — — 3 — — halben — — 2 —
3 G. sd. $\frac{6}{2}$. d. halbe Th. v. 3 G. ist $\frac{3}{2}$.
3 mal — halbe — — 3 — — 3 m. $\frac{3}{2}$. 3 m. $\frac{3}{2}$ sd. $\frac{9}{2}$. $\frac{9}{2}$ sd. 4 $\frac{1}{2}$.
2 — — $\frac{6}{3}$ — halbe — — 2 — — $\frac{3}{3}$.
3 mal — halbe — — 2 — — 3 — $\frac{3}{3}$. 3 — $\frac{3}{3}$ — $\frac{9}{3}$. $\frac{9}{3}$ — 3.
folglich ist das Verhältniß von 3 Ganzen zu 4 Ganzen u. $\frac{1}{2}$.
gleich dem —— — 2 — — 3 —

D. Verhältniß v. 4 Gzn. zu 3 m. d. halben Th. v. 4 Gzn.
ist gleich dem —— — 2 — u. $\frac{2}{3}$ — 3 — — halben — — 2 — u. $\frac{2}{3}$.
4 G. sd. $\frac{8}{2}$. d. halbe T. v. 4 G. ist $\frac{4}{2}$.
3 m. — halbe — — 4 — — 3 m. $\frac{4}{2}$. 3 m. $\frac{4}{2}$ st. $\frac{12}{2}$. $\frac{12}{2}$ st. 6.
2 — u. $\frac{2}{3}$ sd. $\frac{8}{3}$. — halbe — — 2 — $\frac{2}{3}$ — $\frac{4}{3}$.
3 m. — halbe — — 2 — $\frac{2}{3}$ — 3 m. $\frac{4}{3}$. 3 — $\frac{4}{3}$ — $\frac{12}{3}$. $\frac{12}{3}$ — 4.
folglich ist das Verhaltniß von 4 Ganzen zu 6 Ganzen
gleich dem —— — 2 — u. $\frac{2}{3}$ — 4 —

D. Verhältniß v. 5 Gzn. zu 3 m. d. halben Th. v. 5 Gzn.
ist gleich dem —— — 3 — u. $\frac{1}{3}$ — 3 — — halben — — 3 — u. $\frac{1}{3}$.
5 G. sd. $\frac{10}{2}$. d. halbe T. v. 5 G. ist $\frac{5}{2}$.
3 m. — halbe — — 5 — — 3 m. $\frac{5}{2}$. 3 m. $\frac{5}{2}$ st. $\frac{15}{2}$. $\frac{15}{2}$ st. 7 $\frac{1}{2}$
3 — $\frac{1}{3}$ sd. $\frac{10}{3}$. — halbe — — 3 — $\frac{1}{3}$ — $\frac{5}{3}$.
3 m. — halbe — — 3 — $\frac{1}{3}$ — 3 — $\frac{5}{3}$. 3 — $\frac{5}{3}$ — $\frac{15}{3}$. $\frac{15}{3}$ — 5.
folglich ist das Verhaltniß von 5 Gzn. zu 7 Gzn. u. $\frac{1}{2}$
gleich dem —— — 3 — u. $\frac{1}{3}$ — 5 —

Das Verhältniß v. 6 Gzn. zu 3 m. d. halben Theile v. 6 Gzn.
ist gleich dem —— — 4 — — 3 — — halben — — 4 —
6 G. sd. $\frac{12}{2}$. d. halbe Th. v. 6 G. ist $\frac{6}{2}$.
3 m. — halbe — — 6 — — 3 m. $\frac{6}{2}$. 3 m. $\frac{6}{2}$ sd. $\frac{18}{2}$. $\frac{18}{2}$ sd. 9.
4 — — $\frac{12}{3}$. — halbe — — 4 — — $\frac{6}{3}$.
3 m. — halbe — — 4 — — 3 — $\frac{6}{3}$. 3 — $\frac{6}{3}$ — $\frac{18}{3}$. $\frac{18}{3}$ — 6.
folglich ist das Verhältniß von 6 Ganzen zu 9 Ganzen
gleich dem —— — 4 — — 6 —

D. Verhältniß v. 4 G. u. $\frac{1}{2}$ zu 2 m. d. 3ten Th. v. 4 G. u. $\frac{1}{2}$,
ist gleich dem — — — 3 — — 2 — — 3ten — — 3 —
4 G. u. $\frac{1}{2}$ sd. $\frac{9}{2}$. d. 3te T. v. 4 G. u. $\frac{1}{2}$ ist $\frac{3}{2}$.
2 m. — 3te — — 4 — u. $\frac{1}{2}$ — 2 m. $\frac{3}{2}$. 2 m. $\frac{3}{2}$ si. $\frac{6}{2}$. $\frac{6}{2}$ si. 3.
3 — — $\frac{9}{3}$. — 3te — — 3 — — $\frac{3}{3}$.
2 m. — 3te — — 3 — — 2 — $\frac{3}{3}$. 2 — $\frac{3}{3}$ — $\frac{6}{3}$. $\frac{6}{3}$ — 2.
folglich ist das Verhältniß von 4 Ganzen u. $\frac{1}{2}$ zu 3 Ganzen
gleich dem — — — 3 — — 2 —

Das Verhältniß von 6 Ganzen zu 2 mal d. 3ten Th. v. 6 Gzn.
ist gleich dem — — — 4 — — 2 — — 3ten — — 4 —
6 G. sd. $\frac{12}{2}$. d. 3te Th. v. 6 G. ist $\frac{4}{2}$.
2 m. — 3te — — 6 — — 2 m. $\frac{4}{2}$. 2 m. $\frac{4}{2}$ sd. $\frac{8}{2}$. $\frac{8}{2}$ sd. 4.
4 — — $\frac{12}{3}$. — 3te — — 4 — — $\frac{4}{3}$.
2 m. — 3te — — 4 — — 2 — $\frac{4}{3}$. 2 — $\frac{4}{3}$ — $\frac{8}{3}$. $\frac{8}{3}$ — 2 $\frac{2}{3}$.
folglich ist das Verhältniß von 6 Ganzen zu 4 Ganzen
gleich dem — — — 4 — — 2 — u. $\frac{2}{3}$.

D. Verhältniß v. 7 Gzn. u. $\frac{1}{2}$ zu 2 m. d. 3ten Th. v. 7 G. u. $\frac{1}{2}$
ist gleich dem — — — 5 — — 2 — — 3ten — — 5 —
7 G. u. $\frac{1}{2}$ sd. $\frac{15}{2}$ d. 3te Th. v. 7 G. u. $\frac{1}{2}$ ist $\frac{5}{2}$.
2 m. — 3te — — 7 — u. $\frac{1}{2}$ — 2 m. $\frac{5}{2}$. 2 m. $\frac{5}{2}$ si. $\frac{10}{2}$. $\frac{10}{2}$ si. 5
5 — — $\frac{15}{3}$ — 3te — — 5 — — $\frac{5}{3}$.
2 m. — 3te — — 5 — — 2 m $\frac{5}{3}$. 2 — $\frac{5}{3}$ — $\frac{10}{3}$. $\frac{10}{3}$ s. 3 $\frac{1}{3}$
folglich ist das Verhältniß von 7 Gzn. u. $\frac{1}{2}$ zu 5 Ganzen
gleich dem — — — 5 — — 3 — u. $\frac{1}{3}$.

Das Verhaltniß von 9 Gzn. zu 2 mal dem 3ten Th. v. 9 Gzn.
ist gleich dem — — — 6 — — 2 — — 3ten — — 6 —
9 G. sd. $\frac{18}{2}$ d. 3te Th. v. 9 G. ist $\frac{6}{2}$.
2 m. — 3te — — 9 — — 2 m. $\frac{6}{2}$. 2 m. $\frac{6}{2}$ sd. $\frac{12}{2}$. $\frac{12}{2}$ sd. 6.
6 — — $\frac{18}{3}$ — 3te — — 6 — — $\frac{6}{3}$.
2 m. — 3te — — 6 — — 2 — $\frac{6}{3}$. 2 — $\frac{6}{3}$ — $\frac{12}{3}$. $\frac{12}{3}$ — 4.
folglich ist das Verhältniß von 9 Ganzen zu 6 Ganzen
gleich dem — — — 6 — — 4 —

D. Verhältniß v. 7 Gzn. zu 3 m. d. halben Th v. 7 Gzn.
ist gleich dem — — 4 — u. 2/3 — 3 — — halben — — 4 — u. 2/3
7G. sd. 14/2 d. halbe T. v. 7G. ist 7/2.
3m. — halbe — — 7 — — 3m. 7/2. 3m. 7/2 st. 21/2. 21/2 st. 10 1/2
4 — 2/3 — 14/3 — halbe — — 4 — 2/3 — 7/3.
3 — — halbe — — 4 — 2/3 — 3 — 7/3. 3 — 7/3 — 21/3. 21/3 — 7.
folglich ist das Verhältniß v. 7 Ganzen zu 10 Ganzen u. 1/2
gleich dem — — 4 — u. 2/3 — 7 —

Das Verhältniß v. 8 Gzn. zu 3m. d. halben Th. v. 8 Gzn.
ist gleich dem — — 5 — 1/3 — 3 — — halben — — 5 — u. 1/3
8G. sd. 16/2 d. halbe T. v. 8G. ist 8/2.
3m. — halbe — — 8 — — 3m. 8/2. 3m. 8/2 st. 24/2. 24/2 st. 12
5 — 1/3 — 16/3. — halbe — — 5 — 1/3 — 8/3.
3m. — halbe — — 5 — 1/3 — 3m. 8/3. 3m. 8/3 — 24/3. 24/3 — 8.
folglich ist das Verhältniß von 8 Ganzen zu 12 Ganzen.
gleich dem — — 5 — u. 1/3 — 8 —

Das Verhältniß von 9 Gzn. zu 3m. d. halben Theile v. 9 Gzn.
ist gleich dem — — 6 — — 3 — — halben — — 6 —
9G. sd. 18/2. d. halbe Th. v. 9G. ist 9/2.
3 m. — halbe — — 9 — — 3m. 9/2. 3m. 9/2 sd. 27/2. 27/2 sd 13 1/2
6 — — 18/3. — halbe — — 6 — — 9/3.
3 — — halbe — — 6 — — 3 — 9/3, 3 — 9/3 — 27/3. 27/3 — 9.
folglich ist das Verhältniß von 9 Ganzen zu 13 Ganzen u. 1/2
gleich dem — — 6 — — 9 —

D. Verhältniß v. 10 Gzn. zu 3m. d. halben Th. v. 10 Gzn.
ist gleich dem — — 6 — u. 2/3 — 3 — — halben — — 6 — 2/3.
10G. sd. 20/2. d. halbe T. v. 10G. ist 10/2.
3m. — halbe — — 10 — — 3m. 10/2. 3m. 10/2 st. 30/2. 30/2 st. 15
6G. 2/3 — 20/3. — halbe — — 6 — 2/3 — 10/3.
3m. — halbe — — 6 — 2/3 — 3 — 10/3. 3 — 10/3 — 30/3. 30/3 — 10
folglich ist das Verhältniß von 10 Ganzen zu 15 Ganzen
gleich dem — — 6 — u. 2/3 — 10 —

Das

D. Verhältniß v. 10 G. u. ½ zu 2m. d. 3ten Th. v. 10 G. u. ½
ist gleich dem — — 7 — — 2 — — 3ten — — 7 —
10G. ½ sd. 2½. d. 3te Th. v. 10G. ½ ist 7/2.
2m. — 3te — — 10 — ½ — 2m. 7/2. 2m. 7/2 sd. 14/2. 14/2 sd. 7
7 — — 2⅓. — 3te — — 7 — — 7/3.
2m. — 3te — — 7 — — 2 — 7/3. 2 — 7/3 — 14/3. 14/3 — 4⅔
folglich ist das Verhältniß v. 10 Ganzen u. ½ zu 7 Ganzen
gleich dem — — 7 — — 4 — u. ⅔.

Das Verhältniß v. 12 Gzn. zu 2 m. d. 3ten Theile v. 12 Gzn.
ist gleich dem — — 8 — — 2 — — 3ten — — 8 —
12G. sd. 24/2. d. 3te Th. v. 12G. ist 8/2.
2m. — 3te — — 12 — — 2m. 8/2. 2m. 8/2 sd. 16/2. 16/2 sd. 8.
8 — — 24/3. — 3te — — 8 — — 8/3.
2m. — 3te — — 8 — — 2 — 8/3. 2 — 8/3 — 16/3. 16/3 — 5⅓.
folglich ist das Verhältniß von 12 Ganzen zu 8 Ganzen
gleich dem — — 8 — — 5 — u. ⅓.

D. Verhältniß v. 13 Gzn. u. ½ zu 2 m. d. 3ten Th. v. 13 G. ½
ist gleich dem — — 9 — — 2 — — 3ten — — 9 —
13G. ½ sd. 27/2. d. 3te Th. v. 13G. ½ ist 9/2.
2m. — 3te — — 13 — ½ — 2 — 9/2. 2m. 9/2 st. 18/2. 18/2 st. 9.
9 — sd. 27/3. — 3te — — 9 — — 9/3.
2m. — 3te — — 9 — — 2 — 9/3. 2 — 9/3 — 18/3. 18/3 — 6.
folglich ist das Verhältniß von 13 Ganzen u. ½ zu 9 Ganzen.
gleich dem — — 9 — — 6 —

Das Verhaltniß v. 15 Gzn. zu 2 m. d. 3ten Theile v. 15 Gzn.
ist gleich dem — — 10 — — 2 — — 3ten — — 10 —
15G. sd. 30/2. d. 3te Th. v. 15G. ist 10/2.
2m. — 3te — — 15 — — 2m. 10/2. 2m. 10/2 sd. 20/2. 20/2 sd. 10.
10 — — 30/3. — 3te — — 10 — — 10/3.
2m. — 3te — — 10 — — 2 — 10/3. 2 — 10/3 — 20/3. 20/3 — 6⅔.
folglich ist das Verhaltniß von 15 Ganzen zu 10 Ganzen
gleich dem — — 10 — — 6 — u. ⅔.

Dritte und vierte Reihe.

Das Verhältniß v. 1 Gzn. zu 4 m. d. 3ten Theile v. 1 Gzn.
ist gleich dem — — $\frac{3}{4}$ — 4 — — 3ten — — $\frac{3}{4}$.

1 G. ist $\frac{3}{3}$. d. 3te Th. v. 1 G. ist $\frac{1}{3}$.
4 m. — 3te — — 1 — — 4 m. $\frac{1}{3}$. 4 m. $\frac{1}{3}$ sd. $\frac{4}{3}$. $\frac{4}{3}$ sd. 1 $\frac{1}{3}$
— 3te — — $\frac{3}{4}$ — $\frac{1}{4}$.
4 m. — 3te — — $\frac{3}{4}$ — 4 — $\frac{1}{4}$. 4 — $\frac{1}{4}$ — $\frac{4}{4}$. $\frac{4}{4}$ — 1.

folglich ist das Verhältniß von 1 Ganzen zu 1 Ganzen u. $\frac{1}{3}$.
gleich dem — — $\frac{3}{4}$ — 1 —

Das Verhältniß v. 2 Gzn. zu 4 m. d. 3ten Th. v. 2 Gzn.
ist gleich dem — — 1 — $\frac{2}{4}$ — 4 — — 3ten — — 1 — u. $\frac{2}{4}$

2 G. sd. $\frac{6}{3}$. d. 3te Th. v. 2 G. ist $\frac{2}{3}$.
4 m. — 3te — — 2 — — 4 m. $\frac{2}{3}$. 4 m. $\frac{2}{3}$ sd. $\frac{8}{3}$. $\frac{8}{3}$ sd. 2 $\frac{2}{3}$.
1 G. $\frac{2}{4}$ — $\frac{6}{4}$. 3te — — 1 — $\frac{2}{4}$ — $\frac{2}{4}$.
4 m. — 3te — — 1 — $\frac{2}{4}$ — 4 m. $\frac{2}{4}$. 4 — $\frac{2}{4}$ — $\frac{8}{4}$. $\frac{8}{4}$ — 2.

folglich ist das Verhältniß von 2 Gzn. zu 2 Gzn. u. $\frac{2}{3}$
gleich dem — — 1 — u. $\frac{2}{4}$ — 2 —

Das Verhältniß v. 3 Gzn. zu 4 m. d. 3ten Th. v. 3 Gzn.
ist gleich dem — — 2 — u. $\frac{1}{4}$ — 4 — — 3ten — — 2 — u. $\frac{1}{4}$

3 G. sd. $\frac{9}{3}$. d. 3te Th. v. 3 G. ist $\frac{3}{3}$.
4 m. — 3te — — 3 — — 4 m. $\frac{3}{3}$. 4 m. $\frac{3}{3}$ sd. $\frac{12}{3}$. $\frac{12}{3}$ sd. 4.
2 — $\frac{1}{4}$ — $\frac{9}{4}$. — 3te — — 2 — $\frac{1}{4}$ — $\frac{3}{4}$.
4 m. — 3te — — 2 — $\frac{1}{4}$ — 4 — $\frac{3}{4}$. 4 — $\frac{3}{4}$ — $\frac{12}{4}$. $\frac{12}{4}$ — 3.

folglich ist das Verhältniß von 3 Ganzen zu 4 Ganzen
gleich dem — — 2 — u. $\frac{1}{4}$ — 3 —

Dritte und vierte Reihe.

Das Verhältniß v. 1 Gzn. u. $\frac{1}{3}$ zu 3m. d. 4ten Th. v. 1 Gzn. $\frac{1}{3}$
ist gleich dem — — 1 — — 3 — — 4ten — — 1 —

1G. $\frac{1}{3}$ sd. $\frac{4}{3}$. d. 4te Th. v. 1G. $\frac{1}{3}$ ist $\frac{1}{3}$.
3m. — 4te — — 1 — $\frac{1}{3}$ — 3m. $\frac{1}{3}$. 3m. $\frac{1}{3}$ sd. $\frac{3}{3}$. $\frac{3}{3}$ sd. 1.
1 — ist $\frac{4}{4}$. — 4te — — 1 — — $\frac{1}{4}$.
3m. — 4te — — 1 — — $\frac{1}{4}$. 3 — $\frac{1}{4}$ — $\frac{3}{4}$.

folglich ist das Verhältniß von 1 Gzn. u. $\frac{1}{3}$ zu 1 Gzn.
gleich dem — — 1 — — $\frac{3}{4}$.

Das Verhältniß v. 2 Gzn. u. $\frac{2}{3}$ zu 3 m. d. 4ten Th. 2 Gzn. u. $\frac{2}{3}$
ist gleich dem — — 2 — — 3 — — 4ten — 2 —

2G. u. $\frac{2}{3}$ sd. $\frac{8}{3}$. d. 4te Th. v 2G. $\frac{2}{3}$ ist $\frac{2}{3}$.
3m. — 4te — — 2 — $\frac{2}{3}$ — 3m. $\frac{2}{3}$. 3m. $\frac{2}{3}$ sd. $\frac{6}{3}$. $\frac{6}{3}$ sd. 2.
2 — — $\frac{8}{4}$. — 4te — — 2 — — $\frac{2}{4}$.
3m. — 4te — — 2 — — 3m. $\frac{2}{4}$. 3 — $\frac{2}{4}$ — $\frac{6}{4}$. $\frac{6}{4}$ — 1 $\frac{2}{4}$

folglich ist das Verhältniß v. 2 Gzn. u. $\frac{2}{3}$ zu 2 Gzn.
gleich dem — — 2 — — 1 — u. $\frac{2}{4}$.

Das Verhältniß v. 4 Gzn. zu 3 m. dem 4ten Theile v. 4 Gzn.
ist gleich dem — — 3 — — 3 — — 4ten — — 3 —

4G. sd. $\frac{12}{3}$. d. 4te Th. v. 4 Gzn. ist $\frac{3}{3}$.
3m. — 4te — — 4 — — 3m. $\frac{3}{3}$. 3m. $\frac{3}{3}$ sd. $\frac{9}{3}$. $\frac{9}{3}$ sd. 3.
3 — — $\frac{12}{4}$. — 4te — — 3 — — $\frac{3}{4}$.
3m. — 4te — — 3 — — 3 — $\frac{3}{4}$. 3 — $\frac{3}{4}$ — $\frac{9}{4}$. $\frac{9}{4}$ — 2 $\frac{1}{4}$.

folglich ist das Verhältniß von 4 Ganzen zu 3 Ganzen
gleich dem — — 3 — — 2 — u. $\frac{1}{4}$.

Das Verhältniß von 4 Gzn. zu 4 m. d. 3ten Theile v. 4 Gzn.
ist gleich dem — — — 3 — — 4 — — 3ten — — 3 —

4 G. ſd. 12/3. d. 3te Th. v. 4 G. ist 4/3.
4 m. — 3te — — 4 — — 4 m. 4/3. 4 m. 4/3 ſd. 16/3. 16/3 ſd. 5 1/3
3 — — 12/4. — 3te — — 3 — — 4/4.
4 m. — 3te — — 3 — — 4 — 4/4. 4 — 4/4 — 16/4. 16/4 — 4.

folglich ist das Verhältniß von 4 Ganzen zu 5 Ganzen u. 1/3
gleich dem — — — 3 — — 4 —

Das Verhältniß v. 5 Gzn. zu 4 m. d. 3ten Th. v. 5 Gzn.
ist gleich dem — — — 3 — 3/4 — 4 — — 3ten — — 3 — u. 3/4.

5 G. ſd. 15/3. d. 3te Th. v. 5 G. ist 5/3.
4 m. — 3te — — 5 — — 4 m. 5/3. 4 m. 5/3 ſd. 20/3. 20/3 ſd. 6 2/3
3 — 3/4 — 15/4. — 3te — — 3 — 3/4 — 5/4.
4 m. — 3te — — 3 — 3/4 — 4 — 5/4. 4 — 5/4 — 20/4. 20/4 — 5.

folglich ist das Verhältniß von 5 Ganzen zu 6 Ganzen u. 2/3
gleich dem — — — 3 — u. 3/4 — 5 —

Das Verhältniß v. 6 Gzn. zu 4 m. d. 3ten Th. v. 6 Gzn.
ist gleich dem — — — 4 — 2/4 — 4 — — 3ten — — 4 — 2/4.

6 G. ſd. 18/3. d. 3te Th. v. 6 G. ist 6/3.
4 m. — 3te — — 6 — — 4 m. 6/3. 4 m. 6/3 ſd. 24/3. 24/3 ſd. 8.
4 — 2/4 — 18/4. — 3te — — 4 — 2/4 — 6/4.
4 m. — 3te — — 4 — 2/4 — 4 — 6/4. 4 — 6/4 — 24/4. 24/4 — 6.

folglich ist das Verhältniß von 6 Ganzen zu 8 Ganzen
gleich dem — — — 4 — u. 2/4 — 6 —

Das Verhältniß v. 7 Gzn. zu 4 m. d. 3ten Th. v. 7 Gzn.
ist gleich dem — — — 5 — u. 1/4 — 4 — — 3ten — — 5 — 1/4.

D. Verhältniß v. 5 Gzn. u. $\frac{1}{3}$ zu 3 m. d. 4ten Th. v. 5 G. u. $\frac{1}{3}$
ist gleich dem — — 4 — — 3 — — 4ten — — 4 —

5G. $\frac{1}{3}$ sd. $\frac{16}{3}$. d. 4te Th. v. 5 G. $\frac{1}{3}$ ist $\frac{4}{3}$.
3m. — 4te — — 5 — $\frac{1}{3}$ — 3m. $\frac{4}{3}$. 3m. $\frac{4}{3}$ sd. $\frac{12}{3}$. $\frac{12}{3}$ sd. 4.
4 — — $\frac{16}{4}$. — 4te — — 4 — — $\frac{4}{4}$.
3m. — 4te — — 4 — — 3m. $\frac{4}{4}$. 3 — $\frac{4}{4}$ — $\frac{12}{4}$. $\frac{12}{4}$ — 3.

folglich ist das Verhältniß von 5 Ganzen u. $\frac{1}{3}$ zu 4 Gzn.
gleich dem — — 4 — — 3 —

Das Verhältniß v. 6 G. u. $\frac{2}{3}$ zu 3 m. d. 4ten Th. v. 6 G. u. $\frac{2}{3}$
ist gleich dem — — 5 — — 3 — — 4ten — — 5 —

6G. $\frac{2}{3}$ sd. $\frac{20}{3}$. d. 4te Th. v. 6 G. $\frac{2}{3}$ ist $\frac{5}{3}$.
3m. — 4te — — 6 — $\frac{2}{3}$ — 3m. $\frac{5}{3}$. 3m. $\frac{5}{3}$ sd. $\frac{15}{3}$. $\frac{15}{3}$ sd. 5.
5 — — $\frac{20}{4}$. — 4te — — 5 — — $\frac{5}{4}$.
3m. — 4te — — 5 — — 3m. $\frac{5}{4}$. 3 — $\frac{5}{4}$ — $\frac{15}{4}$. $\frac{15}{4}$ — 3 $\frac{3}{4}$.

folglich ist das Verhältniß von 6 Gzn. u. $\frac{2}{3}$ zu 5 Gzn.
gleich dem — — 5 — — 3 — u. $\frac{3}{4}$.

Das Verhältniß v. 8 Gzn. zu 3 m. dem 4ten Theile v. 8 Gzn.
ist gleich dem — — 6 — — 3 — — 4ten — — 6 —

8G. sd. $\frac{24}{3}$. d. 4te Th. v. 8 G. ist $\frac{6}{3}$.
3m. — 4te — — 8 — — 3m. $\frac{6}{3}$. 3m. $\frac{6}{3}$ sd. $\frac{18}{3}$. $\frac{18}{3}$ sd. 6.
6 — — $\frac{24}{4}$. — 4te — — 6 — — $\frac{6}{4}$.
3m. — 4te — — 6 — — 3 — $\frac{6}{4}$. 3 — $\frac{6}{4}$ — $\frac{18}{4}$. $\frac{18}{4}$ — 4 $\frac{2}{4}$.

folglich ist das Verhältniß von 8 Ganzen zu 6 Ganzen
gleich dem — — 6 — — 4 — u. $\frac{2}{4}$.

Das Verhältniß v. 9 G. u. $\frac{1}{3}$ zu 3 m. d. 4ten Th. v. 9 G. u. $\frac{1}{3}$
ist gleich dem — — 7 — — 3 — — 4ten — — 7 —

7G. ſd. 21/3. d. 3te Th. v. 7G. iſt 7/3.
4m. — 3te — — 7 — — 4m. 7/3. 4m. 7/3 ſd. 28/3. 28/3 ſd. 9 1/3
5 — 1/4 — 21/4. — 3te — — 5 — 1/4 — 7/4.
4m. — 3te — — 5 — 1/4 — 4m. 7/4. 4 — 7/4 — 28/4. 28/4 — 7.

folglich iſt das Verhältniß von 7 Ganzen zu 9 Ganzen u. 1/3
gleich dem — — 5 — u. 1/4 — 7 —

Das Verhältniß von 8 Gzn. zu 4 mal d. 3ten Theile v. 8 Gzn.
iſt gleich dem — — 6 — — 4 — — 3ten — — 6 —

8G. ſd. 24/3. d. 3te Th. v. 8G. iſt 8/3.
4m. — 3te — — 8 — — 4m. 8/3. 4m. 8/3 ſd. 32/3. 32/3 ſd. 10 2/3.
6 — — 24/4. — 3te — — 6 — — 8/4.
4m. — 3te — — 6 — — 4m. 8/4. 4 — 8/4 — 32/4. 32/4 — 8.

folglich iſt das Verhältniß von 8 Ganzen zu 10 Ganzen u. 2/3
gleich dem — — 6 — — 8 —

Das Verhältniß v. 9 Gzn. zu 4m. d. 3ten Th. v. 9 Gzn.
iſt gleich dem — — 6 — 3/4 — 4 — — 3ten — — 6 — u. 3/4

9G. ſd. 27/3. d. 3te Th. v. 9G. iſt 9/3.
4m. — 3te — — 9 — — 4m. 9/3. 4m. 9/3 ſd. 36/3. 36/3 ſd. 12.
6 — 3/4 — 27/4. — 3te — — 6 — 3/4 — 9/4.
4m. — 3te — — 6 — 3/4 — 4m. 9/4. 4 — 9/4 — 36/4. 36/4 — 9.

folglich iſt das Verhältniß von 9 Ganzen zu 12 Ganzen
gleich dem — — 6 — u. 3/4 — 9 —

Das Verhältniß v. 10 Gzn. zu 4m. d. 3ten Th. v. 10 Gzn.
iſt gleich dem — — 7 — 2/4 — 4 — — 3ten — — 7 — u. 2/4

10G. ſd. 30/3. d. 3te Th. v. 10G. iſt 10/3.
4m. — 3te — — 10 — — 4m. 10/3. 4m. 10/3 ſd. 40/3. 40/3 ſd. 13 1/3
7G. 2/4 — 30/4. — 3te — — 7 — 2/4 — 10/4.
4m. — 3te — — 7 — 2/4 — 4 — 10/4. 4 — 10/4 — 40/4. 40/4 — 10.

9G.⅓ſd.28/3. d.4te Th.v.9G.⅓iſt 7/3.
3m.—4te — —9—⅓—3m.7/3. 3m.7/3 ſd.21/3. 21/3 ſd.7.
7— —28/4.—4te— —7— — 7/4.
3——4te— —7— —3—7/4. 3—7/4—21/4. 21/4—5¼.
folglich iſt das Verhältniß von 9 Ganzen u. ⅓ zu 7 Ganzen
gleich dem —— — 7 — — 5 — u. ¼.

Das Verhältniß v. 10 G. u. ⅔ zu 3m. d. 4ten Th. v. 10 G. ⅔
iſt gleich dem — — 8— —3——4ten — — 8—
10G. ⅔ſd.32/3. d.4teTh.v.10G.⅔iſt 8/3.
3m.—4te——10—⅔—3m.8/3. 3m.8/3 ſd.24/3. 24/3 ſd.8.
— —32/4. —4te—— 8— — 8/4.
3m.—4te—— 8— —3—8/4. 3—8/4—24/4. 24/4 — 6.
folglich iſt das Verhältniß von 10 Ganzen u. ⅔ zu 8 Ganzen
gleich dem —— — 8 — — 6 —

Das Verhältniß v. 12 Gzn. zu 3m. d. 4ten Th. v. 12 Gzn.
iſt gleich dem —— — 9 — — 3 — — 4ten — — 9 —
12G. ſd.36/3. d.4teTh.v.12G.iſt 9/3.
3m. —4te——12——3m.9/3. 3m. 9/3 ſd.27/3. 27/3 ſd. 9.
9— —36/4. —4te—— 9—— 9/4.
3m. —4te—— 9——3—9/4. 3—9/4—27/4. 27/4 —6¾.
folglich iſt das Verhältniß von 12 Ganzen zu 9 Ganzen
gleich dem —— — 9 — — 6 — u. ¾.

Das Verhältniß v. 13G. u.⅓ zu 3m. d. 4ten Th. v. 13 G.u.⅓
iſt gleich dem —— —10— —3——4ten ——10—
13G.⅓ſd.40/3. d.4teTh.v.13G.⅓iſt 10/3.
3m. —4te——13—⅓—3m.10/3. 3m.10/3ſd.30/3. 30/3ſd.10.
10 — —40/4.—4te——10— — 10/4.
3m.—4te——10— —3—10/4. 3—10/4—30/4. 30/4—7 2/4

folglich ist das Verhältniß von 10 Ganzen zu 13 Ganzen u. 1/3
gleich dem — — 7 — u. 2/4 — 10 —

Vierte und fünfte Reihe.

Das Verhältniß v. 1 Gzn. zu 5 m. d 4ten Theile v. 1 Gzn.
ist gleich dem — — 4/5 — 5 — — 4ten — — 4/5.

1 G. ist 4/4. d. 4te Th. v. 1 G. ist 1/4.
5 m. — 4te — — 1 — — 5 m. 1/4. 5 m. 1/4 sd. 5/4. 5/4 sd. 1 1/4.
— 4te — — 4/5 — 1/5.
5 — — 4te — — 4/5 — 5 — 1/5. 5 — 1/5 — 5/5. 5/5 — 1.

folglich ist das Verhältniß von 1 Ganzen zu 1 Ganzen u. 1/4
gleich dem — — 4/5 — 1 —

Das Verhältniß von 2 Gzn. zu 5 m. d. 4ten Th. v. 2 Gzn.
ist gleich dem — — 1 — 3/5 — 5 — — 4ten — — 1 — u. 3/5.

2 G. sd. 8/4. d. 4te Th. v. 2 G. ist 2/4.
5 m. — 4te — — 2 — — 5 m. 2/4. 5 m. 2/4 sd. 10/4. 10/4 sd. 2 2/4.
1 G. 3/5 — 8/5. — 4te — — 1 — 3/5 — 2/5.
5 m. — 4te — — 1 — 3/5 — 5 — 2/5. 5 — 2/5 — 10/5. 10/5 — 2.

folglich ist das Verhältniß von 2 Ganzen zu 2 Ganzen u. 2/4
gleich dem — — 1 — u. 3/5 — 2 —

Das Verhältniß v. 3 Gzn. zu 5 m. d. 4ten Th. v. 3 Gzn.
ist gleich dem — — 2 — 2/5 — 5 — — 4ten — — 2 — 2/5.

3 G. sd. 12/4. d. 4te Th. v. 3 G. ist 3/4.
5 m. — 4te — — 3 — — 5 m. 3/4. 5 m. 3/4 sd. 15/4. 15/4 sd. 3 3/4.
2 — 2/5 — 12/5. — 4te — — 2 — 2/5 — 3/5.
5 m. — 4te — — 2 — 2/5 — 5 — 3/5. 5 — 3/5 — 15/5. 15/5 — 3.

folglich ist das Verhältniß von 3 Ganzen zu 3 Ganzen u. 3/4
gleich dem — — 2 — u. 2/5 — 3 —

und so weiter.

folglich

folglich ist das Verhältniß v. 13 Gzn. u. $1/3$ zu 10 Gzn.
gleich dem — — 10 — — 7 — u. $2/4$.

Vierte und fünfte Reihe.

D. Verhältniß v. 1 G. u. $1/4$ zu 4 m. d. 5ten Th. v. 1 Gzn. u. $1/4$
ist gleich dem — — 1 — — 4 — — 5ten — — 1 —

1 G. $1/4$ sd. $5/4$. d. 5te Th. v. 1 G. $1/4$ ist $1/4$.
4 m. — 5te — — 1 — $1/4$ — 4 m. $1/4$. 4 m. $1/4$ sd. $4/4$. $4/4$ sd. 1.
1 — ist $5/5$. — 5te — — 1 — — $1/5$.
4 m. — 5te — — 1 — — 4 — $1/5$. 4 — $1/5$ — $4/5$.

folglich ist das Verhältniß von 1 Ganzen u. $1/4$ zu 1 Ganzen
gleich dem — — 1 — — $4/5$.

D. Verhältniß v. 2 Gzn. u. $2/4$ zu 4 m. d. 5ten Th. v. 2 Gzn. $2/4$
ist gleich dem — — 2 — — 4 — — 5ten — — 2 —

2 G. $2/4$ sd. $10/4$. d. 5te Th. v. 2 G. $2/4$ sd. $2/4$.
4 m. — 5te — — 2 — $2/4$ — 4 m. $2/4$. 4 m. $2/4$ sd. $8/4$. $8/4$ sd. 2.
2 — — $10/5$. — 5te — — 2 — — $2/5$.
4 m. — 5te — — 2 — — 4 m. $2/5$. 4 — $2/5$ — $8/5$. $8/5$ — 1 $3/5$.

folglich ist das Verhältniß von 2 Ganzen u. $2/4$ zu 2 Ganzen
gleich dem — — 2 — — 1 —

Das Verhältniß v. 3 Gzn. u. $3/4$ zu 4 m. d. 5ten Th. v. 3 G. u. $3/4$
ist gleich dem — — 3 — — 4 — — 5ten — — 3 —

3 G. $3/4$ sd. $15/4$. d. 5te Th. v. 3 G. $3/4$ ist $3/4$.
4 m. — 5te — — 3 — $3/4$ — 4 m. $3/4$. 4 m. $3/4$ sd. $12/4$. $12/4$ sd. 3.
3 — — $15/5$. — 5te — — 3 — — $3/5$.
4 m. — 5te — — 3 — — 4 — $3/5$. 4 — $3/5$ — $12/5$. $12/5$ — 2 $2/5$

folglich ist das Verhältniß von 3 Ganzen u. $3/4$ u 3 Ganzen
gleich dem — — 3 — — — u. $2/5$

und so weiter.

Fünfte und sechste Reihe.

Das Verhältniß v. 1 Gzn. zu 6 m. d. 5ten Th. v. 1 Gzn.

ist gleich dem — — 5/6 — 6 — — 5ten — — 5/6.

1 G. ist 5/5. d. 5te Th. v. 1 G. ist 1/5.

6 m. — 5te — — 1 — — 6 m. 1/5. 6 m. 1/5 sd. 6/5. 6/5 sd. 1 1/5

— 5te — — 5/6 — 1/6.

6 m. — 5te — — 5/6 — 6 — 1/6. 6 — 1/6 — 6/6. 6/6 — 1.

folglich ist das Verhältniß von 1 Ganzen zu 1 Ganzen u. 1/5

gleich dem — — 5/6 — 1 —

Das Verhältniß v. 2 Gzn. zu 6 m. d. 5ten Th. v. 2 Gzn.

ist gleich dem — — 1 — 4/6 — 6 — — 5ten — — 1 — u. 4/6

2 G. sd. 10/5. d. 5te Th. v. 2 G. ist 2/5.

6 m. — 5te — — 2 — — 6 m. 2/5. 6 m. 2/5 sd. 12/5. 12/5 sd. 2 2/5

1 G. 4/6 — 10/6. — 5te — — 1 — 4/6 — 2/6.

6 m. — 5te — — 1 — 4/6 — 6 — 2/6. 6 — 2/6 — 12/6. 12/6 — 2.

folglich ist das Verhältniß von 2 Ganzen zu 2 Ganzen u. 2/5

gleich dem — — 1 — u. 4/6 — 2 —

Das Verhältniß v. 3 Gzn. zu 6 m. d. 5ten Th. v. 3 Gzn.

ist gleich dem — — 2 — 3/6 — 6 — — 5ten — — 2 — u. 3/6

3 G. sd. 15/5. d. 5te Th. v. 3 G. ist 3/5.

6 m. — 5te — — 3 — — 6 m. 3/5. 6 m. 3/5 sd. 18/5. 18/5 sd. 3 3/5

2 — 3/6 — 15/6. — 5te — — 2 — 3/6 — 3/6.

6 m. — 5te — — 2 — 3/6 — 6 — 3/6. 6 — 3/6 — 18/6. 18/6 — 3.

folglich ist das Verhältniß von 3 Ganzen zu 3 Ganzen u. 3/5

gleich dem — — 2 — 3/6 — 3 —

und so weiter.

Fünfte und sechste Reihe.

Das Verhältniß v. 1 Gzn. 1/5 zu 5 m. d. 6ten Th. v. 1 Gzn. 1/5
ist gleich dem — — 1 — — 5 — — 6ten — — 1 —

1G. 1/5 sd. 6/5. d. 6teTh. v. 1G. 1/5 ist 1/5.
5m. — 6te — — 1 — 1/5 — 5m. 1/5. 5m. 1/5 sd. 5/5. 5/5 sd. 1.
1 — ist 6/6. — 6te — — 1 — — 1/6.
5m. — 6te — — 1 — — 5m. 1/6. 5 — 1/6 — 5/6.

folglich ist das Verhältniß von 1 Ganzen u. 1/5 zu 1 Ganzen
gleich dem — — 1 — — 5/6.

Das Verhältniß v. 2 Gzn. u. 2/5 zu 5m. d. 6ten Th v. 2 Gzn. 2/5
ist gleich dem — — 2 — — 5 — — 6ten — — 2 —

2G. 2/5 sd. 12/5. d.6teTh.v.2G. 2/5 ist 2/5.
5m. — 6te — — 2 — 2/5 — 5m. 2/5. 5m. 2/5 sd. 10/5. 10/5 sd. 2.
2 — — 12/6. — 6te — — 2 — — 2/6.
5m. — 6te — — 2 — — 5m. 2/6. 5 — 2/6 — 10/6. 10/6 — 1 4/6

folglich ist das Verhältniß von 2 Ganzen u. 2/5 zu 2 Ganzen
gleich dem — — 2 — — 1 — u. 4/6.

Das Verhältniß v. 3 Gzn. 3/5 zu 5 m. d. 6ten Th. v. 3 Gzn. 3/5
ist gleich dem — — 3 — — 5 — — 6ten — — 3 —

3G. 3/5 sd. 18/5. d.6teTh.v.3G. 3/5 ist 3/5.
5m. — 6te — — 3 — 3/5 — 5m. 3/5. 5m. 3/5 sd. 15/5. 15/5 sd. 3.
3 — — 18/6. — 6te — — 3 — — 3/6.
5m. — 6te — — 3 — — 5m. 3/6. 5 — 3/6 — 15/6. 15/6 — 2 3/6

folglich ist das Verhältniß von 3 Ganzen u. 3/5 zu 3 Ganzen
gleich dem — — 3 — — 2 — u. 3/6.

und so weiter.

Sechste und siebente Reihe.

Das Verhältniß v. 1 Gzn. zu 7 m. d. 6ten Th. v. 1 Gzn.
ist gleich dem — — 6/7 — 7 — — 6ten — — 6/7.

1 G. ist 6/6. d. 6te Th. v. 1 G. ist 1/6.
7 m. — 6te — — 1 — — 7 m. 1/6. 7 m. 1/6 sd. 7/6. 7/6 sd. 1 1/6.
— 6te — — 6/7 — 1/7.
7 — — 6te — — 6/7 — 7 m. 1/7. 7 — 1/7 — 7/7. 7/7 — 1.

folglich ist das Verhältniß von 1 Ganzen zu 1 Ganzen u. 1/6
gleich dem — — 6/7 — 1 —

Das Verhältniß v. 2 Gzn. zu 7 m. d. 6ten Th. v. 2 Gzn.
ist gleich dem — — 1 — u. 5/7 — 7 — — 6ten — — 1 — u. 5/7

2 G. sd. 12/6. d. 6te Th. v. 2 G. ist 2/6.
7 m. — 6te — — 2 — — 7 m. 2/6. 7 m. 2/6 sd. 14/6. 14/6 sd. 2 2/6
1 G. 5/7 — 12/7 — 6te — — 1 — 5/7 — 2/7.
7 m. — 6te — — 1 — 5/7 — 7 m. 2/7. 7 — 2/7 — 14/7. 14/7 — 2.

folglich ist das Verhältniß von 2 Ganzen zu 2 Ganzen u. 2/6
gleich dem — — 1 — u. 5/7 — 2 —

Das Verhältniß v. 3 Gzn. zu 7 m. d. 6ten Th. v. 3 Gzn.
ist gleich dem — — 2 — 4/7 — 7 — — 6ten — — 2 — u. 4/7.

3 G. sd. 18/6. d. 6te Th. v. 3 G. ist 3/6.
7 m. — 6te — — 3 — — 7 m. 3/6. 7 m. 3/6 sd. 21/6. 21/6 sd. 3 3/6
2 — 4/7 — 18/7. — 6te — — 2 — 4/7 — 3/7.
7 m. — 6te — — 2 — 4/7 — 7 — 3/7. 7 — 3/7 — 21/7. 21/7 — 3.

folglich ist das Verhältniß v. 3 Ganzen zu 3 Ganzen u. 3/6
gleich dem — — 2 — u. 4/7 — 3 —

und so weiter.

Sechste und siebente Reihe.

das Verhältniß v. 1 Gzn. u. 1/6 zu 6 m. d. 7ten Th. v. 1 G. u. 1/6
ist gleich dem — — 1 — — 6 — — 7ten — — 1 —

1 G. 1/6 sd. 7/6. d. 7te Th. v. 1 G. u. 1/6 ist 1/6.
6m. — 7te — — 1 — — 1/6 — 6m. 1/6. 6m. 1/6 sd. 6/6. 6/6 sd. 1.
1 — — 7/7. — 7te — — 1 — — 1/7.
6m. — 7te — — 1 — — 6 — 1/7. 6 — 1/7 — 6/7.

folglich ist das Verhältniß von 1 Ganzen u. 1/6 zu 1 Ganzen
gleich dem — — 1 — — 6/7.

Das Verhältniß v. 2 G. u. 2/6 zu 6 m. d. 7ten Th. v. 2 G. u. 2/6
ist gleich dem — — 2 — — 6 — — 7ten — — 2 —

2 G. 2/6 sd. 14/6. d. 7te Th. v. 2 G. 2/6 ist 2/6.
6m. — 7te — — 2 — 2/6 — 6m. 2/6. 6m. 2/6 sd. 12/6. 12/6 sd. 2.
2 — — 14/7. — 7te — — 2 — — 2/7.
6m. — 7te — — 2 — — 6 — 2/7. 6 — 2/7 — 12/7. 12/7 — 1 5/7

folglich ist das Verhältniß v. 2 Ganzen u. 2/6 zu 2 Ganzen
gleich dem — — 2 — — 1 — u. 5/7.

Das Verhältniß v. 3 G. u. 3/6 zu 6 m. d. 7ten Th. v. 3 G. u. 3/6
ist gleich dem — — 3 — — 6 — — 7ten — — 3 —

3 G. 3/6 sd. 21/6. d. 7te Th. v. 3 G. 3/6 ist 3/6.
6m. — 7te — — 3 — 3/6 — 6m. 3/6. 6m. 3/6 sd. 18/6. 18/6 sd. 3.
3 — — 21/7. — 7te — — 3 — — 3/7.
6m. — 7te — — 3 — — 6 — 3/7. 6 — 3/7 — 18/7. 18/7 — 2 4/7

folglich ist das Verhältniß von 3 Ganzen u. 3/6 zu 3 Ganzen
gleich dem — — 3 — — 2 — u. 4/7.

und so weiter.

Siebente und achte Reihe.

Das Verhältniß v. 1 Gzn. zu 8 m. d. 7ten Theile v. 1 Gzn.
ist gleich dem — — $\frac{7}{8}$ — 8 — — 7ten — — $\frac{7}{8}$.

1 G. ist $\frac{7}{7}$. d. 7te Th. v. 1 G. ist $\frac{1}{7}$.
8 m. — 7te — — 1 — — 8 m. $\frac{1}{7}$. 8 m. $\frac{1}{7}$ sd. $\frac{8}{7}$. $\frac{8}{7}$ sd. 1 $\frac{1}{7}$.
— 7te — — $\frac{7}{8}$ — $\frac{1}{8}$.
8 m. — 7te — — $\frac{7}{8}$ — 8 — $\frac{1}{8}$. 8 — $\frac{1}{8}$ — $\frac{8}{8}$. $\frac{8}{8}$ — 1.

folglich ist das Verhältniß von 1 Ganzen zu 1 Ganzen u. $\frac{1}{7}$
gleich dem — — $\frac{7}{8}$ — 1 —

Das Verhältniß v. 2 Gzn. zu 8 m. d. 7ten Th. v. 2 Gzn.
ist gleich dem — — 1 — $\frac{6}{8}$ — 8 — — 7ten — — 1 — $\frac{6}{8}$.

2 G. sd. $\frac{14}{7}$. d. 7te Th. v. 2 G. ist $\frac{2}{7}$.
8 m. — 7te — — 2 — — 8 m. $\frac{2}{7}$. 8 m. $\frac{2}{7}$ sd. $\frac{16}{7}$. $\frac{16}{7}$ sd. 2 $\frac{2}{7}$
1 G. $\frac{6}{8}$ — $\frac{14}{8}$. — 7te — — 1 — $\frac{6}{8}$ — $\frac{2}{8}$.
8 m. — 7te — — 1 — $\frac{6}{8}$ — 8 m. $\frac{2}{8}$. 8 — $\frac{2}{8}$ — $\frac{16}{8}$. $\frac{16}{8}$ — 2.

folglich ist das Verhältniß v. 2 Ganzen zu 2 Ganzen u. $\frac{2}{7}$
gleich dem — — 1 — u. $\frac{6}{8}$ — 2 —

Das Verhältniß v. 3 Gzn. zu 8 m. d. 7ten Th. v. 3 Gzn.
ist gleich dem — — 2 — $\frac{5}{8}$ — 8 — — 7ten — — 2 — u. $\frac{5}{8}$.

3 G. sd. $\frac{21}{7}$. d. 7te Th. v. 3 G. ist $\frac{3}{7}$.
8 m. — 7te — — 3 — — 8 m. $\frac{3}{7}$. 8 m. $\frac{3}{7}$ sd. $\frac{24}{7}$. $\frac{24}{7}$ sd. 3 $\frac{3}{7}$
2 — $\frac{5}{8}$ — $\frac{21}{8}$ — 7te — — 2 — $\frac{5}{8}$ — $\frac{3}{8}$.
8 m. — 7te — — 2 — $\frac{5}{8}$ — 8 m. $\frac{3}{8}$. 8 — $\frac{3}{8}$ — $\frac{24}{8}$. $\frac{24}{8}$ — 3.

folglich ist das Verhältniß von 3 Ganzen zu 3 Ganzen u. $\frac{3}{7}$
gleich dem — — 2 — $\frac{5}{8}$ — 3 —

und so weiter.

Siebente und achte Reihe.

Das Verhältniß v. 1 Gzn. u. 1/7 zu 7m. d. 8ten Th. v. 1 Gzn. 1/7
ist gleich dem —— — 1 — — 7 — — 8ten — — 1 —

1G. 1/7 sd. 8/7. d. 8te Th. v. 1G. 1/7 ist 1/7.
7m. — 8te — — 1 — 1/7 — 7m. 1/7. 7m. 1/7 sd. 7/7. 7/7 sd. 1.
1 — ist 8/8. — 8te — — 1 — — 1/8.
7m. — 8te — — 1 — — 7 — 1/8. 7 — 1/8 — 7/8.

folglich ist das Verhältniß von 1 Ganzen u. 1/7 zu 1 Ganzen
gleich dem —— — 1 — — 7/8.

Das Verhältniß v. 2 Gzn. u. 2/7 zu 7m. d. 8ten Th. v. 2 Gzn. 2/7
ist gleich dem —— — 2 — — 7 — — 8ten — — 2 —

2G. 2/7 sd. 16/7. d. 8te Th. v. 2G. 2/7 ist 2/7.
7m. — 8te — — 2 — 2/7 — 7m. 2/7. 7m. 2/7 sd. 14/7. 14/7 sd. 2.
2 — — 16/8. — 8te — — 2 — — 2/8.
7m. — 8te — — 2 — — 7 — 2/8. 7 — 2/8 — 14/8. 14/8 — 1 6/8

folglich ist das Verhältniß von 2 Ganzen u. 2/7 zu 2 Ganzen
gleich dem —— — 2 — — 1 — u. 6/8.

Das Verhältniß v. 3 Gzn. 3/7 zu 7 m. d. 8ten Th. v. 3 Gzn. 3/7
ist gleich dem —— — 3 — — 7 — — 8ten — — 3 —

3G. 3/7 sd. 24/7. d. 8te Th. v. 3G. 3/7 ist 3/7.
7m. — 8te — — 3 — 3/7 — 7m. 3/7. 7m. 3/7 sd. 21/7. 21/7 sd. 3.
3 — — 24/8. — 8te — — 3 — — 3/8.
7m. — 8te — — 3 — — 7 — 3/8. 7 — 3/8 — 21/8. 21/8 — 2 5/8

folglich ist das Verhältniß von 3 Ganzen u. 3/7 zu 3 Ganzen
gleich dem —— — 3 — — 2 — u. 5/8.

und so weiter.

Achte und neunte Reihe.

Das Verhältniß v. 1 Gzn. zu 9m. d. 8ten Th. v. 1 Gzn.
ist gleich dem — — 8/9 — 9 — — 8ten — — 8/9.

1G. ist 8/8. d. 8te Th. v. 1 G. ist 1/8.
9m. — 8te — — 1 — — 9m. 1/8. 9m. 1/8 sd. 9/8. 9/8 sd. 1 1/8.
— 8te — — 8/9 — 1/9.
9 — — 8te — — 8/9 — 9m. 1/9. 9 — 1/9 — 9/9. 9/9 — 1.

folglich ist das Verhältniß von 1 Ganzen zu 1 Ganzen u. 1/8
gleich dem — — 8/9 — 1 —

Das Verhältniß v. 2 Gzn. zu 9 m. d. 8ten Theile v. 2 Gzn.
ist gleich dem — — 1 — 7/9 — 9 — — 8ten — — 1 — 7/9.

2G. sd. 16/8. d.8te Th.v.2G. ist 2/8.
9m. — 8te — — 2 — — 9m. 2/8. 9m. 2/8 sd. 18/8. 18/8 sd. 2 2/8
1G. 7/9 — 16/9. — 8te — — 1 — 7/9 — 2/9.
9m. — 8te — — 1 — 7/9 — 9 — 2/9. 9 — 2/9 — 18/9. 18/9 — 2.

folglich ist das Verhältniß von 2 Ganzen zu 2 Ganzen u. 2/8
gleich dem — — 1 — u. 7/9 — 2 —

und so weiter.

Neunte und zehnte Reihe.

Das Verhältniß v. 1 Gzn. zu 10 m. d. 9ten Th. v. 1 Gzn.
ist gleich dem — — 1 — 9/10 — 10 — — 9ten — — 9/10.

1G. ist 9/9. d. 9te Th. v. 1G. ist 1/9.
10m. — 9te — — 1 — — 10m. 1/9. 10m. 1/9 st. 10/9. 10/9 st. 1 1/9
— 9te — — 9/10 — 1/10.
10 — — 9te — — 9/10 — 10 — 1/10. 10 — 1/10 st. 10/10. 10/10 st. 1.

folglich ist das Verhältniß von 1 Ganzen zu 1 Ganzen u. 1/9
gleich dem — — 9/10 — 1 —

Achte

Achte und neunte Reihe.

Das Verhältniß v. 1 Gzn. u. 1/8 zu 8 m. d. 9ten Th. v. 1 G. 1/8
ist gleich dem — — — 1 — — 8 — — 9ten — — 1 —

1 G. 1/8 ist 9/8. d. 9te Th. v. 1 G. 1/8 ist 1/8.
8 m. — 9te — — 1 — 1/8 — 8 m. 1/8. 8 m. 1/8 sd. 8/8. 8/8 sd. 1.
1 — — 9/9. — 9te — — 1 — — 1/9.
8 m. — 9te — — 1 — — 8 — 1/9. 8 — 1/9 — 8/9.

folglich ist das Verhältniß von 1 Ganzen u. 1/8 zu 1 Ganzen
gleich dem — — 1 — — 8/9.

Das Verhältniß v. 2 Gzn. 2/8 zu 8 m. d. 9ten Th. v. 2 Gzn. 2/8
ist gleich dem — — — 2 — — 8 — — 9ten — — 2 —

2 G. 2/8 sd. 18/8. d. 9te Th. v. 2 G. 2/8 ist 2/8.
8 m. — 9te — — 2 — 2/8 — 8 m. 2/8. 8 m. 2/8 sd. 16/8. 16/8 sd. 2.
2 — — 18/9. — 9te — — 2 — — 2/9.
8 m. — 9te — — 2 — — 8 — 2/9. 8 — 2/9 — 16/9. 16/9 — 1 7/9

folglich ist das Verhältniß von 2 Ganzen u. 2/8 zu 2 Ganzen
gleich dem — — 2 — — 1 — 7/9.

und so weiter.

Neunte und zehnte Reihe.

Das Verhältniß v. 1 Gzn. 1/9 zu 9 m. d. 10ten Th. v. 1 Gzn. 1/9
ist gleich dem — — — 1 — — 9 — — 10ten — — 1 —

1 G. 1/9 ist 10/9. d. 10te Th. v. 1 G. 1/9 ist 1/9.
9 m. — 10te — — 1 — 1/9 — 9 m. 1/9. 9 m. 1/9 sd. 9/9. 9/9 sd. 1.
1 — — 10/10. — 10te — — 1 — — 1/10.
9 m. — 10te — — 1 — — 9 m. 1/10. 9 — 1/10 — 9/10.

folglich ist das Verhältniß von 1 Ganzen u. 1/9 zu 1 Ganzen
gleich dem — — 1 — — 9/10.

Das Verhältniß v. 2 Gzn. zu 10m. d. 9ten Th. v. 2 Gzn.
ist gleich dem — — 1 — $^{8}/_{10}$ — 10 — — 9ten — — 1 — $^{8}/_{10}$.

2G. sd. $^{18}/_{9}$. d. 9te Th. v. 2 G. ist $^{2}/_{9}$.
10m. — 9te — — 2 — — 10m. $^{2}/_{9}$. 10m. $^{2}/_{9}$ st. $^{20}/_{9}$. $^{20}/_{9}$ st. 2 $^{2}/_{9}$
1G. $^{8}/_{10}$ — $^{18}/_{10}$. — 9te — — 1 — $^{8}/_{10}$ — $^{2}/_{10}$.
10m. — 9te — — 1 — $^{8}/_{10}$ — 10m. $^{2}/_{10}$. 10 — $^{2}/_{10}$ st. $^{20}/_{10}$. $^{20}/_{10}$ st. 2.

folglich ist das Verhältniß von 2 Ganzen zu 2 Ganzen u. $^{2}/_{9}$
gleich dem — — 1 — u. $^{8}/_{10}$ — 2 —

und so weiter.

Das Verhältniß v. 2 G. u. 2/9 zu 9m. d. 10ten Th. v. 2 G. u. 2/9
ist gleich dem — — 2 — — 9 — — 10ten — — 2 —

2G. 2/9 sd. 20/9. d. 10te Th. v. 2G 2/9 ist 2/9.
9m. — 10te — — 2 — 2/9 — 9m. 2/9. 9m. 2/9 sd. 18/9. 18/9 sd. 2.
2 — — 20/10. — 10te — — 2 — — 2/10.
9m. — 10te — — 2 — — 9m. 2/10. 9 — 2/10 s. 18/10. 18/10 s. 1 8/10

folglich ist das Verhältniß von 2 Ganzen u. 2/9 zu 2 Ganzen
gleich dem — — 2 — — 1 — u. 8/10.

und so weiter.

Zweyte Bruchtabelle.

Erste Uebung.

Sie enthält:

1stens die Ansicht des Quadrats als eine Einheit oder als ein Ganzes;

2tens die Ansicht der wagrechten und senkrechten Eintheilung der Quadrate, oder die gedoppelte Brechung der Einheit.

3tens die Bestimmung, wie viel von denjenigen Theilen, die aus der gedoppelten Brechung des Ganzen entstanden sind, in einer oder mehrern einfachen Abtheilungen desselben enthalten seyen.

Erste Reihe Quadrate.

1stes Quadrat. Dieses Ganze ist ungetheilt.

2tes Quadrat. Dieses Ganze ist wagrecht (durch 1 wagrechte Linie) in 2 Halbe getheil.

3tes Quadrat. Dieses Ganze ist wagrecht in 3 Drittel getheilt.

4tes Quadrat. Dieses Ganze ist wagrecht in 4 Viertel getheilt.

und so weiter.

Zweyte Reihe Quadrate.

1stes Quadrat. Dieses Ganze ist senkrecht (durch eine senkrechte Linie) in zwey halbe getheilt.

2tes Quadrat. Dieses Ganze ist senkrecht in zwey Halbe, wagrecht ebenfalls in 2 Halbe, und dadurch in vier Viertel getheilt.

$\frac{1}{2}$	enthält	$\frac{2}{4}$.	$\frac{2}{4}$	sind	$\frac{1}{2}$.
$\frac{2}{2}$	enthalten	$\frac{4}{4}$.	$\frac{4}{4}$	—	$\frac{2}{2}$.

3tes Quadrat. Dieses Ganze ist senkrecht in zwey Halbe, wagrecht in 3 Drittel, und dadurch in 6 Sechstel getheilt.

$\frac{1}{2}$	enthält	$\frac{3}{6}$.	$\frac{3}{6}$	sind	$\frac{1}{2}$.
$\frac{2}{2}$	enthalten	$\frac{6}{6}$.	$\frac{6}{6}$	—	$\frac{2}{2}$.
$\frac{1}{3}$	enthält	$\frac{2}{6}$.	$\frac{2}{6}$	sind	$\frac{1}{3}$.
$\frac{2}{3}$	enthalten	$\frac{4}{6}$.	$\frac{4}{6}$	—	$\frac{2}{3}$.
$\frac{3}{3}$	—	$\frac{6}{6}$.	$\frac{6}{6}$	—	$\frac{3}{3}$.

4tes Quadrat. Dieses Ganze ist senkrecht in zwey Halbe, wagrecht in vier Viertel, und dadurch in acht Achtel getheilt.

$\frac{1}{2}$	enthält	$\frac{4}{8}$.	$\frac{4}{8}$	sind	$\frac{1}{2}$.
$\frac{2}{2}$	enthalten	$\frac{8}{8}$.	$\frac{8}{8}$	—	$\frac{2}{2}$.
$\frac{1}{4}$	enthält	$\frac{2}{8}$.	$\frac{2}{8}$	sind	$\frac{1}{4}$.
$\frac{2}{4}$	enthalten	$\frac{4}{8}$.	$\frac{4}{8}$	—	$\frac{2}{4}$.
$\frac{3}{4}$	—	$\frac{6}{8}$.	$\frac{6}{8}$	—	$\frac{3}{4}$.
$\frac{4}{4}$	—	$\frac{8}{8}$.	$\frac{8}{8}$	—	$\frac{4}{4}$.

5tes Quadrat. Dieses Ganze ist senkrecht in zwey Halbe, wagrecht in fünf Fünftel, und dadurch in zehn Zehntel getheilt.

$\frac{1}{2}$	enthält	$\frac{5}{10}$.	$\frac{5}{10}$	sind	$\frac{1}{2}$.
$\frac{2}{2}$	enthalten	$\frac{10}{10}$.	$\frac{10}{10}$	—	$\frac{2}{2}$.
$\frac{1}{5}$	enthält	$\frac{2}{10}$.	$\frac{2}{10}$	sind	$\frac{1}{5}$.
$\frac{2}{5}$	enthalten	$\frac{4}{10}$.	$\frac{4}{10}$	—	$\frac{2}{5}$.
$\frac{3}{5}$	—	$\frac{6}{10}$.	$\frac{6}{10}$	—	$\frac{3}{5}$.
$\frac{4}{5}$	—	$\frac{8}{10}$.	$\frac{8}{10}$	—	$\frac{4}{5}$.
$\frac{5}{5}$	—	$\frac{10}{10}$.	$\frac{10}{10}$	—	$\frac{5}{5}$.

6tes Quadrat. Dieses Ganze ist senkrecht in zwey Halbe, wagrecht in sechs Sechstel, und dadurch in zwölf Zwölftel getheilt.

1/2	enthält	6/12.	6/12	sind	1/2.
2/2	enthalten	12/12.	12/12	—	2/2.
1/6	enthält	2/12.	2/12	sind	1/6.
2/6	enthalten	4/12.	4/12	—	2/6.
3/6	—	6/12.	6/12	—	3/6.
4/6	—	8/12.	8/12	—	4/6.
5/6	—	10/12.	10/12	—	5/6.
6/6	—	12/12.	12/13	—	6/6.

7tes Quadrat. Dieses Ganze ist senkrecht in zwey Halbe, wagrecht in sieben Siebentel, und dadurch in vierzehn Vierzehntel getheilt.

1/2	enthält	7/14.	7/14	sind	1/2.
2/2	enthalten	14/14.	14/14	—	2/2.
1/7	enthält	2/14.	2/14	sind	1/7.
2/7	enthalten	4/14.	4/14	—	2/7.
3/7	—	6/14.	6/14	—	3/7.
4/7	—	8/14.	8/14	—	4/7.
5/7	—	10/14.	10/14	—	5/7.
6/7	—	12/14.	12/14	—	6/7.
7/7	—	14/14.	14/14	—	7/7.

8tes Quadrat. Dieses Ganze ist senkrecht in zwey Halbe, wagrecht in acht Achtel, und dadurch in sechszehn Sechszehntel getheilt.

1/2	enthält	8/16.	8/16	sind	1/2.
2/2	enthalten	16/16.	16/16	—	2/2.
1/8	enthält	2/16.	2/16	sind	1/8.
2/8	enthalten	4/16.	4/16	—	2/8.
3/8	—	6/16.	6/16	—	3/8.
4/8	—	8/16.	8/16	—	4/8.

5/8	enthalten	10/16.	10/16	sind	5/8.
6/8	——	12/16.	12/16	—	6/8.
7/8	——	14/16.	14/16	—	7/8.
8/8	——	16/16.	16/16	—	8/8.

9tes Quadrat. Dieses Ganze ist senkrecht in zwey Halbe, wagrecht in neun Neuntel, und dadurch in achtzehn Achtzehntel getheilt.

1/2	enthält	9/18.	9/18	sind	1/2.
2/2	enthalten	18/18.	18/18	—	2/2.
1/9	enthält	2/18.	2/18	sind	1/9.
2/9	enthalten	4/18.	4/18	—	2/9.
3/9	——	6/18.	6/18	—	3/9.
4/9	——	8/18.	8/18	—	4/9.
5/9	——	10/18.	10/18	—	5/9.
6/9	——	12/18.	12/18	—	6/9.
7/9	——	14/18.	14/18	—	7/9.
8/9	——	16/18.	16/18	—	8/9.
9/9	——	18/18.	18/18	—	9/9.

10tes Quadrat. Dieses Ganze ist senkrecht in 2 Halbe, wagrecht in zehn Zehntel, und dadurch in zwanzig Zwanzigstel getheilt.

1/2	enthält	10/20.	10/20	sind	1/2.
2/2	enthalten	20/20.	20/20	—	2/2.
1/10	enthält	2/20.	2/20	sind	1/10.
2/10	enthalten	4/20.	4/20	—	2/10.
3/10	——	6/20.	6/20	—	3/10.
4/10	——	8/20.	8/20	—	4/10.
5/10	——	10/20.	10/20	—	5/10.
6/10	——	12/20.	12/20	—	6/10.
7/10	——	14/20.	14/20	—	7/10.
8/10	——	16/20.	16/20	—	8/10.
9/10	——	18/20.	18/20	—	9/10.
10/10	——	20/20.	20/20	—	10/10.

Fragen:

3/5, wie viel enthalten sie Zehntel? Antwort: 3/5 enthalten 6/10. — Warum? 1/5 enthält 2/10; 3/5 enthalten 3 mal 2/10; und 3 mal 2/10 sind 6/10.

Wie viel Fünftel sind 4/10? Antwort: 4/10 sind 2/5 — Warum? 2/10 sind 1/5, und 4/10 sind 2 mal 2/10; folglich auch 2 mal 1/5 oder 2/5. (siehe 5tes Quadrat.)

Wie viel Vierzehntel enthalten 6/7? Antw. 6/7 enthalten 12/14. — Warum? 1/7 enthält 2/14; 6/7 enthalten 6 mal 2/14, und 6 mal 2/14 sind 12/14.

8/14, Wie viel sind sie Siebentel? Antw. 8/14 sind 4/7. — Warum? 2/14 sind 1/7; 8/14 sind 4 mal 2/14; also auch 4 mal 1/7 oder 4/7 (siehe 7tes Quadrat.)

Dritte Reihe Quadrate.

1stes Quadrat. Dieses Ganze ist senkrecht in drey Drittel getheilt.

2tes Quadrat. Dieses Ganze ist senkrecht in 3 Drittel, wagrecht in zwey Halbe, und dadurch in sechs Sechstel getheilt.

1/3	enthält	2/6.	2/6	sind	1/3.
2/3	enthalten	4/6.	4/6	—	2/3.
3/3	—	6/6.	6/6	—	3/3.
1/2	enthält	3/6.	3/6	sind	1/2.
2/2	enthalten	6/6.	6/6	—	2/2.

3tes Quadrat. Dieses Ganze ist senkrecht in drey Drittel, wagrecht in drey Drittel, und dadurch in 9 Neuntel getheilt.

1/3	enthält	3/9.	3/9	sind	1/3.
2/3	enthalten	6/9.	6/9	—	2/3.
3/3	—	9/9.	9/9	—	3/3.

4tes Quadrat. Dieses Ganze ist senkrecht in drey Drittel, wagrecht in vier Viertel, und dadurch in zwölf Zwölftel getheilt.

$\frac{1}{3}$	enthält	$\frac{4}{12}$.	$\frac{4}{12}$	sind	$\frac{1}{3}$.
$\frac{2}{3}$	enthalten	$\frac{8}{12}$.	$\frac{8}{12}$	—	$\frac{2}{3}$.
$\frac{3}{3}$	—	$\frac{12}{12}$.	$\frac{12}{12}$	—	$\frac{3}{3}$.
$\frac{1}{4}$	enthält	$\frac{3}{12}$.	$\frac{3}{12}$	sind	$\frac{1}{4}$.
$\frac{2}{4}$	enthalten	$\frac{6}{12}$.	$\frac{6}{12}$	—	$\frac{2}{4}$.
$\frac{3}{4}$	—	$\frac{9}{12}$.	$\frac{9}{12}$	—	$\frac{3}{4}$.
$\frac{4}{4}$	—	$\frac{12}{12}$.	$\frac{12}{12}$	—	$\frac{4}{4}$.

u. s. w. mit allen Quadraten dieser Reihe.

Fragen:

Wie viel Zwölftel enthalten $\frac{3}{4}$? Antw. $\frac{3}{4}$ enthalten $\frac{9}{12}$. Warum? $\frac{1}{4}$ enthält $\frac{3}{12}$; $\frac{3}{4}$ enthalten 3 mal $\frac{3}{12}$, und 3 mal $\frac{3}{12}$ sind $\frac{9}{12}$.

$\frac{8}{12}$, Wie viel Drittel sind sie? Antw. $\frac{8}{12}$ sind $\frac{2}{3}$. — Warum? $\frac{4}{12}$ sind $\frac{1}{3}$, und $\frac{8}{12}$ sind 2 mal $\frac{4}{12}$; folglich sind $\frac{8}{12}$ auch 2 mal $\frac{1}{3}$, oder $\frac{2}{3}$ (siehe 4tes Quadrat.)

Wie viel Vierundzwanzigstel enthalten $\frac{5}{8}$? Antw. $\frac{5}{8}$ enthalten $\frac{15}{24}$. — Warum? $\frac{1}{8}$ enthält $\frac{3}{24}$; $\frac{5}{8}$ enthalten 5 mal $\frac{3}{24}$, und 5 mal $\frac{3}{24}$ sind $\frac{15}{24}$.

$\frac{18}{24}$, wie viel Achtel sind sie? Antw. $\frac{18}{24}$ sind $\frac{6}{8}$. — Warum? $\frac{3}{24}$ sind $\frac{1}{8}$; $\frac{18}{24}$ sind 6 mal $\frac{3}{24}$; folglich auch 6 mal $\frac{1}{8}$ oder $\frac{6}{8}$.

Vierte Reihe Quadrate.

1stes Quadrat. Dieses Ganze ist senkrecht in vier Viertel getheilt.

2tes Quadrat. Dieses Ganze ist senkrecht in vier Viertel, wagrecht in zwey Halbe, und dadurch in acht Achtel getheilt.

1/4	enthält	2/8.	2/8	sind	1/4.
2/4	enthalten	4/8.	4/8	—	2/4.
3/4	—	6/8.	6/8	—	3/4.
4/4	—	8/8.	8/8	—	4/4.
1/2	enthält	4/8.	4/8	sind	1/2.
2/2	enthalten	8/8.	8/8	—	2/2.

3tes Quadrat. Dieses Ganze ist senkrecht in vier Viertel, wagrecht in drey Drittel, und dadurch in zwölf Zwölftel getheilt.

1/4	enthält	3/12.	3/12	sind	1/4.
2/4	enthalten	6/12.	6/12	—	2/4.
3/4	—	9/12.	9/12	—	3/4.
4/4	—	12/12.	12/12	—	4/4.
1/3	enthält	4/12.	4/12	sind	1/3.
2/3	enthalten	8/12.	8/12	—	2/3.
3/3	—	12/12.	12/12	—	3/3.

u. s. w. mit allen Quadraten dieser Reihe.

Fragen:

5/6 wie viel Vierundzwanzigstel enthalten sie? Antw. 5/6 enthalten 20/24. — Warum? 1/6 enthält 4/24, 5/6 enthalten 5 mal 4/24; 5 mal 4/24 sind 20/24. (siehe 6tes Quadrat.)

Wie viel Viertel sind 27/36? — Antw. 27/36 sind 3/4. — Warum? 9/36 sind 1/4; 27/36 sind 3 mal 9/36; folglich auch 3 mal 1/4, oder 3/4. (siehe das 9te Quadrat.)

Fünfte Reihe Quadrate.

1stes Quadrat. Dieses Ganze ist senkrecht in fünf Fünftel getheilt.

2tes Quadrat. Dieses Ganze ist senkrecht in fünf Fünftel und wagrecht in zwey Halbe, und dadurch in zehn Zehntel getheilt.

1/5	enthält	2/10.	2/10	sind	1/5.
2/5	enthalten	4/10.	4/10	—	2/5.
3/5	—	6/10.	6/10	—	3/5.
4/5	—	8/10.	8/10	—	4/5.
5/5	—	10/10.	10/10	—	5/5.
1/2	enthält	5/10.	5/10	sind	1/2.
2/2	enthalten	10/10.	10/10	—	2/2.

3tes Quadrat. Dieses Ganze ist senkrecht in fünf Fünftel und wagrecht in drey Drittel, und dadurch in funfzehn Funfzehntel getheilt.

1/5	enthält	3/15.	3/15	sind	1/5.
2/5	enthalten	6/15.	6/15	—	2/5.
3/5	—	9/15.	9/15	—	3/5.
4/5	—	12/15.	12/15	—	4/5.
5/5	—	15/15.	15/15	—	5/5.
1/3	enthält	5/15.	5/15	sind	1/3.
2/3	enthalten	10/15.	10/15	—	2/3.
3/3	—	15/15.	15/15	—	3/3.

u. s. w. mit allen Quadraten dieser Reihe.

Fragen:

4/5, wie viel enthalten sie Fünfundzwanzigstel? (siehe 5tes Quadrat.)

15/25, wie viel Fünftel sind sie? (siehe 5tes Quadrat.)

Wie viel Fünfunddreyßigstel enthalten 4/7? (s. 7tes Q.)

Wie viel Fünftel sind 28/35? (siehe 7tes Quadrat.)

Sechste Reihe Quadrate.

1stes Quadrat. Dieses Ganze ist senkrecht in sechs Sechstel getheilt.

2tes Quadrat. Dieses Ganze ist senkrecht in sechs Sechstel, wagrecht in zwey Halbe, und dadurch in zwölf Zwölftel getheilt.

$^1/_6$	enthält	$^2/_{12}$.	$^2/_{12}$	sind	$^1/_6$.
$^2/_6$	enthalten	$^4/_{12}$.	$^4/_{12}$	—	$^2/_6$.
$^3/_6$	——	$^6/_{12}$.	$^6/_{12}$	—	$^3/_6$.
$^4/_6$	——	$^8/_{12}$.	$^8/_{12}$	—	$^4/_6$.
$^5/_6$	——	$^{10}/_{12}$.	$^{10}/_{12}$	—	$^5/_6$.
$^6/_6$	——	$^{12}/_{12}$.	$^{12}/_{12}$	—	$^6/_6$.
$^1/_2$	enthält	$^6/_{12}$.	$^6/_{12}$	sind	$^1/_2$.
$^2/_2$	enthalten	$^{12}/_{12}$.	$^{12}/_{12}$	—	$^2/_2$.

3tes Quadrat. Dieses Ganze ist senkrecht in sechs Sechstel, wagrecht in drey Drittel, und dadurch in achtzehn Achtzehntel getheilt.

$^1/_6$	enthält	$^3/_{18}$.	$^3/_{18}$	sind	$^1/_6$.
$^2/_6$	enthalten	$^6/_{18}$.	$^6/_{18}$	—	$^2/_6$.
$^3/_6$	——	$^9/_{18}$.	$^9/_{18}$	—	$^3/_6$.
$^4/_6$	——	$^{12}/_{18}$.	$^{12}/_{18}$	—	$^4/_6$.
$^5/_6$	——	$^{15}/_{18}$.	$^{15}/_{18}$	—	$^5/_6$.
$^6/_6$	——	$^{18}/_{18}$.	$^{18}/_{18}$	—	$^6/_6$.
$^1/_3$	enthält	$^6/_{18}$.	$^6/_{18}$	sind	$^1/_3$.
$^2/_3$	enthalten	$^{12}/_{18}$.	$^{12}/_{18}$	—	$^2/_3$.
$^3/_3$	——	$^{18}/_{18}$.	$^{18}/_{18}$	—	$^3/_3$.

u. s. f. mit allen Quadraten dieser Reihe.

Fragen:

$^7/_{10}$, wie viel Sechstel enthalten sie? (siehe 10tes Q.)

Wie viel Zehntel sind $^{42}/_{60}$? (siehe 10tes Quadrat.)

Siebente Reihe Quadrate.

1stes Quadrat. Dieses Ganze ist senkrecht in 7 Siebentel getheilt.

2tes Quadrat. Dieses Ganze ist senkrecht in sieben Siebentel, wagrecht in zwey Halbe, und dadurch in vierzehn Vierzehntel getheilt.

1/7	enthält	2/14.	2/14	sind	1/7.
2/7	enthalten	4/14.	4/14	—	2/7.
3/7	—	6/14.	6/14	—	3/7.
4/7	—	8/14.	8/14	—	4/7.
5/7	—	10/14.	10/14	—	5/7.
6/7	—	12/14.	12/14	—	6/7.
7/7	—	14/14.	14/14	—	7/7.
1/2	enthält	7/14.	7/14	sind	1/2.
2/2	enthalten	14/14.	14/14	—	2/2.

3tes Quadrat. Dieses Ganze ist senkrecht in sieben Siebentel, wagrecht in drey Drittel, und dadurch in einundzwanzig Einundzwanzigstel getheilt.

1/7	enthält	3/21.	3/21	sind	1/7.
2/7	enthalten	6/21.	6/21	—	2/7.
3/7	—	9/21.	9/21	—	3/7.
4/7	—	12/21.	12/21	—	4/7.
5/7	—	15/21.	15/21	—	5/7.
6/7	—	18/21.	18/21	—	6/7.
7/7	—	21/21.	21/21	—	7/7.
1/3	enthält	7/21.	7/21	sind	1/3.
2/3	enthalten	14/21.	14/21	—	2/3.
3/3	—	21/21.	21/21	—	3/3.

u. s. f. mit allen Quadraten dieser Reihe.

Fragen:

3/7, wie viel Neunundvierzigstel sind sie?

35/49, wie viel sind sie Siebentel? (siehe 7tes Quadrat.)

Wie viel Dreyundsechzigstel enthalten 5/9?

Wie viel Siebentel sind 54/63? (siehe 9tes Quadrat.)

Achte Reihe Quadrate.

1stes Quadrat. Dieses Ganze ist senkrecht in acht Achtel getheilt.

2tes Quadrat. Dieses Ganze ist senkrecht in acht Achtel, wagrecht in zwey Halbe, und dadurch in sechszehn Sechszehntel getheilt.

$1/8$	enthält	$2/16$.	$2/16$	sind	$1/8$.
$2/8$	enthalten	$4/16$.	$4/16$	—	$2/8$.
$3/8$	—	$6/16$.	$6/16$	—	$3/8$.
$4/8$	—	$8/16$.	$8/16$	—	$4/8$.
$5/8$	—	$10/16$.	$10/16$	—	$5/8$.
$6/8$	—	$12/16$.	$12/16$	—	$6/8$.
$7/8$	—	$14/16$.	$14/16$	—	$7/8$.
$8/8$	—	$16/16$.	$16/16$	—	$8/8$.
$1/2$	enthält	$8/16$.	$8/16$	sind	$1/2$.
$2/2$	enthalten	$16/16$.	$16/16$	—	$2/2$.

3tes Quadrat. Dieses Ganze ist senkrecht in acht Achtel, wagrecht in drey Drittel, und dadurch in vierundzwanzig Vierundzwanzigstel getheilt.

$1/8$	enthält	$3/24$.	$3/24$	sind	$1/8$.
$2/8$	enthalten	$6/24$.	$6/24$	—	$2/8$.
$3/8$	—	$9/24$.	$9/24$	—	$3/8$.
$4/8$	—	$12/24$.	$12/24$	—	$4/8$.
$5/8$	—	$15/24$.	$15/24$	—	$5/8$.
$6/8$	—	$18/24$.	$18/24$	—	$6/8$.
$7/8$	—	$21/24$.	$21/24$	—	$7/8$.
$8/8$	—	$24/24$.	$24/24$	—	$8/8$.
$1/3$	enthält	$8/24$.	$8/24$	sind	$1/3$.
$2/3$	enthalten	$16/24$.	$16/24$	—	$2/3$.
$3/3$	—	$24/24$.	$24/24$	—	$3/3$.

und so weiter.

Fragen:

$5/8$, wie viel Vierzigstel enthalten sie?
Wie viel Fünftel sind $32/40$? (siehe 5tes Quadrat.)
Wie viel Vierundsechszigstel enthalten $6/8$?
Wie viel Achtel sind $56/64$? (siehe 8tes Quadrat.)

Neunte Reihe Quadrate.

1stes Quadrat. Dieses Ganze ist senkrecht in neun Neuntel getheilt.

2tes Quadrat. Dieses Ganze ist senkrecht in neun Neuntel, wagrecht in zwey Halbe, und dadurch in achtzehn Achtzehntel getheilt.

1/9	enthält	2/18.	2/18	sind	1/9.
2/9	enthalten	4/18.	4/18	—	2/9.
3/9	—	6/18.	6/18	—	3/9.
4/9	—	8/18.	8/18	—	4/9.
5/9	—	10/18.	10/18	—	5/9.
6/9	—	12/18.	12/18	—	6/9.
7/9	—	14/18.	14/18	—	7/9.
8/9	—	16/18.	16/18	—	8/9.
9/9	—	18/18.	18/18	—	9/9.
1/2	enthält	9/18.	9/18	sind	1/2.
2/2	enthalten	18/18.	18/18	—	2/2.

3tes Quadrat. Dieses Ganze ist senkrecht in neun Neuntel, und wagrecht in drey Drittel, und dadurch in siebenundzwanzig Siebenundzwanzigstel getheilt.

1/9	enthält	3/27.	3/27	sind	1/9.
2/9	enthalten	6/27.	6/27	—	2/9.
3/9	—	9/27.	9/27	—	3/9.
4/9	—	12/27.	12/27	—	4/9.
5/9	—	15/27.	15/27	—	5/9.
6/9	—	18/27.	18/27	—	6/9.
7/9	—	21/27.	21/27	—	7/9.
8/9	—	24/27.	24/27	—	8/9.
9/9	—	27/27.	27/27	—	9/9.
1/3	enthält	9/27.	9/27	sind	1/3.
2/3	enthalten	18/27.	18/27	—	2/3.
3/3	—	27/27.	27/27	—	3/3.

und so weiter.

Fragen:

Wie viel Vierundfunfzigstel enthalten $5/9$?
$24/54$, wie viele Sechstel sind sie? (s. 6tes Quadrat.)
$7/8$, wie viel Zweyundsiebenzigstel enthalten sie?
$64/72$, wie viel Neuntel sind sie? (siehe 8tes Quadrat.)

Zehnte Reihe Quadrate.

1stes Quadrat. Dieses Ganze ist senkrecht in zehn Zehntel getheilt.

2tes Quadrat. Dieses Ganze ist senkrecht in zehn Zehntel, wagrecht in zwey Halbe, und dadurch in zwanzig Zwanzigstel getheilt.

$1/10$	enthält	$2/20$.	$2/20$	sind	$1/10$.
$2/10$	enthalten	$4/20$.	$4/20$	—	$2/10$.
$3/10$	—	$6/20$.	$6/20$	—	$3/10$.
$4/10$	—	$8/20$.	$8/20$	—	$4/10$.
$5/10$	—	$10/20$.	$10/20$	—	$5/10$.
$6/10$	—	$12/20$.	$12/20$	—	$6/10$.
$7/10$	—	$14/20$.	$14/20$	—	$7/10$.
$8/10$	—	$16/20$.	$16/20$	—	$8/10$.
$9/10$	—	$18/20$.	$18/20$	—	$9/10$.
$10/10$	—	$20/20$.	$20/20$	—	$10/10$.
$1/2$	enthält	$10/20$.	$10/20$	sind	$1/2$.
$2/2$	enthalten	$20/20$.	$20/20$	—	$2/2$.

3tes Quadrat. Dieses Ganze ist senkrecht in zehn Zehntel, wagrecht in drey Drittel, und dadurch in dreyßig Dreyßigstel getheilt.

$1/10$	enthält	$3/30$.	$3/30$	sind	$1/10$.
$2/10$	enthalten	$6/30$.	$6/30$	—	$2/10$.
$3/10$	—	$9/30$.	$9/30$	—	$3/10$.
$4/10$	—	$12/30$.	$12/30$	—	$4/10$.
$5/10$	—	$15/30$.	$15/30$	—	$5/10$.
$6/10$	—	$18/30$.	$18/30$	—	$6/10$.

7/10	enthalten	21/30.	21/30	sind	7/10.
8/10	——	24/30.	24/30	—	8/10.
9/10	——	27/30.	27/30	—	9/10.
10/10	——	30/30.	30/30	—	10/10.
1/3	enthält	10/30.	10/30	sind	1/3.
2/3	enthalten	20/30.	20/30	—	2/3.
3/3	——	30/30.	30/30	—	3/3.

u. s. w. durch diese ganze Reihe Quadrate.

Fragen:

Wie viel Achtzigstel enthalten 6/8?

50/80, wie viel Achtel sind sie? (siehe 8tes Quadrat.)

Wie viel Sechszigstel enthalten 7/10?

Wie viel Zehntel sind 48/60? (siehe 6tes Quadrat.)

Zweyte Uebung.

In dieser Uebung lernt das Kind die durch die gedoppelte Brechung entstandenen kleinsten Abtheilungen der Einheit, in die, durch die blos einfache Brechung entstandenen größern Abtheilungen derselben zusammensetzen, und eben so die, durch die Zusammensetzung der kleinsten Abtheilungen der Einheit entstandenen größern Abtheilungen derselben wieder in ihre vorigen Bestandtheile auflösen.

Zweyte Reihe.

2tes Quadrat.

Zusammensetzung der Viertel in Halbe.	Auflösung der Halben in Viertel.
1/4 ist der halbe Theil v. 1/2	der halbe Theil v. 1/2 ist 1/4
2/4 sd. 1/2	1/2 — 2/4
3/4 — 1/2 u. d. halbe — — 1/2	1/2 u. — halbe — — 1/2 — 3/4
4/4 — 2/2	2/2 sind 4/4

3tes Quadrat.

Zusammensetzung der Sechstel in Halbe.

1/6 ist d. 3te Theil v. 1/2
2/6 sd. 2m. — 3te — — 1/2
3/6 — 1/2
4/6 — 1/2 u. — 3te — — 1/2
5/6 — 1/2 u. 2m. — 3te — — 1/2
6/6 — 2/2

Auflösung der Halben in Sechstel.

d. 3te Th. v. 1/2 ist 1/6
2m. — 3te — — 1/2 — 2/6
1/2 3/6
1/2 u. — 3te — — 1/2 — 4/6
1/2 u. 2m. — 3te — — 1/2 — 5/6
2/2 6/6

Zusammensetzung der Sechstel in Drittel.

1/6 ist d. halbe Theil v. 1/3
2/6 sd. 1/3
3/6 — 1/3 u. — halbe — — 1/3
4/6 — 2/3
5/6 — 2/3 u. — halbe — — 1/3
6/6 — 3/3

Auflösung der Drittel in Sechstel.

der halbe Th. v. 1/3 ist 1/6
1/3 — 2/6
1/3 u. — halbe — — 1/3 — 3/6
2/3 sd. 4/6
2/3 u. — halbe — — 1/3 — 5/6
3/3 — 6/6

4tes Quadrat.

Zusammensetzung der Achtel in Halbe.

1/8 ist der 4te Theil v. 1/2
2/8 sd. 2m. — 4te — — 1/2
3/8 — 3 — — 4te — — 1/2
4/8 — 1/2
5/8 — 1/2 u. — 4te — — 1/2
6/8 — 1/2 u. 2m. — 4te — — 1/2
7/8 — 1/2 u. 3m. — 4te — — 1/2
8/8 — 2/2

Auflösung der Halben in Achtel.

d. 4te Th. v. 1/2 ist 1/8
2m. — 4te — — 1/2 — 2/8
3 — — 4te — — 1/2 — 3/8
1/2 — 4/8
1/2 u. — 4te — — 1/2 — 5/8
1/2 u. 2m. — 4te — — 1/2 — 6/8
1/2 u. 3 — — 4te — — 1/2 — 7/8
2/2 sind 8/8

Zusammensetzung der Achtel in Viertel.

1/8 ist der halbe Theil von 1/4
2/8 sind 1/4

Auflösung der Viertel in Achtel.

der halbe Theil von 1/4 ist 1/8
1/4 2/8

3/8 sd. 1/4 u. d. halbe Theil von 1/4	1/4 u. d. halbe Theil von 1/4 ist 3/8
4/8 — 2/4	2/4 sd. 4/8
5/8 — 2/4 u. — halbe — — 1/4	2/4 u. — halbe — — 1/4 — 5/8
6/8 — 3/4	3/4 — 6/8
7/8 — 3/4 u. — halbe — — 1/4	3/4 u. — halbe — — 1/4 — 7/8
8/8 — 4/4	4/4 — 8/8

So werden

die 10tel des 5ten Quadrats in Halbe und Fünftel,
— 12tel — 6ten —— in Halbe und Sechstel,
— 14tel — 7ten —— in Halbe und Siebentel,
— 16tel — 8ten —— in Halbe und Achtel,
— 18tel — 9ten —— in Halbe und Neuntel,
und — 20stel — 10ten —— in Halbe und Zehntel

zusammengsezt.

Und eben so werden

die Halben und Fünftel des 5ten Quadrats in 10tel
— Halben und Sechstel — 6ten —— — 12tel
— Halben und Siebentel — 7ten —— — 14tel
— Halben und Achtel — 8ten —— — 16tel
— Halben und Neuntel — 9ten —— — 18tel
und — Halben und Zehntel — 10ten —— — 20stel

aufgelößt.

Fragen:

9 Viertel, wie viel Halbe sind sie? Antw. 9 Viertel sind 4 Halbe und der halbe Theil von 1 Halben.

1 Halbes und der halbe Theil von 1 Halben, wie viel Viertel sind sie? Antw. 1 Halbes und der halbe Theil von 1 Halben ist 3 Viertel. (siehe 2tes Quadrat dieser Reihe.)

4 Sechstel, wie viel sind sie Halbe? Antw. 4 Sechstel sind 1 Halbes und der 3te Theil von 1 Halben.

3 Halbe, wie viel Sechstel sind sie? Antw. 3 Halbe sind 9 Sechstel.

Wie viel Drittel sind 5 Sechstel? Antw. 5 Sechstel sind 2 Drittel und der halbe Theil von 1 Drittel.

Wie viel Sechstel sind 2 Drittel und der halbe Theil von 1 Drittel? Antw. 2 Drittel und der halbe Theil von 1 Drittel sind 5 Sechstel. (siehe 3tes Quadrat.)

Wie viel Halbe sind 15 Achtel? Antw. 15 Achtel sind 3 Achtel und 3 mal der 4te Theil von 1 Halben.

5 Achtel, wie viel sind sie Viertel? Antw. 5 Achtel sind 2 Viertel und der halbe Theil von 1 Viertel.

1 Halbes und 3 mal der 4te Theil von 1 Halben, wie viel Achtel? Antw. 1 Halbes und 3 mal der 4te Theil von 1 Halben sind 7 Achtel.

Wie viel Achtel sind 3 Viertel? Antw. 3 Viertel sind 6 Achtel. (siehe 4tes Quadrat.)

Dritte Reihe.

2tes Quadrat.

Zusammensetzung der Sechstel in Drittel.	Auflösung der Drittel in Sechstel.
1/6 ist der halbe Theil v. 1/3	der halbe Theil v. 1/3 ist 1/6
2/6 sd. 1/3	1/3 — 2/6
3/6 — 1/3 u. — halbe — — 1/3	1/3 u. — halbe Theil — 1/3 — 3/6
4/6 — 2/3	2/3 sd. 4/6
5/6 — 2/3 u. — halbe — — 1/3	2/3 u. — halbe — — 1/3 — 5/6
6/6 — 3/3	3/3 sind 6/6

Zusammensetzung der Sechstel in Halbe.	Auflösung der Halben in Sechstel.
1/6 ist d. 3te Theil v. 1/2	d. 3te Theil v. 1/2 ist 1/6
2/6 sd. 2m. — 3te — — 1/2	2m. — 3te — — 1/2 — 2/6
3/6 — 1/2	1/2 — 3/6
4/6 — 1/2 u. — 3te — — 1/2	1/2 u. — 3te — — 1/2 — 4/6
5/6 — 1/2 u. 2m. — 3te — — 1/2	1/2 u. 2m. — 3te — — 1/2 — 5/6
6/6 — 2/2	2/2 sind 6/6

3tes Quadrat.

Zusammensetzung der Neuntel in Drittel.	Auflösung der Drittel in Neuntel.
1/9 ist d. 3te Theil v. 1/3	d. 3te Theil v. 1/3 ist 1/9
2/9 sd. 2m. — 3te — — 1/3	2m. — 3te — — 1/3 — 2/9
3/9 — 1/3	1/3 — 3/9
4/9 — 1/3 u. — 3te — — 1/3	1/3 u. — 3te — — 1/3 — 4/9
5/9 — 1/3 u. 2m. — 3te — — 1/3	1/3 u. 2m. — 3te — — 1/3 — 5/9
6/9 — 2/3	2/3 sd. 6/9
7/9 — 2/3 u. — 3te — — 1/3	2/3 u. — 3te — — 1/3 — 7/9
8/9 — 2/3 u. 2m. — 3te — — 1/3	2/3 u. 2m. — 3te — — 1/3 — 8/9
9/9 — 3/3	3/3 — 9/9

4tes Quadrat.

Zusammensetzung der Zwölftel in Drittel.	Auflösung der Drittel in Zwölftel.
1/12 ist d. 4te Th. v. 1/3	d. 4te Th. v. 1/3 ist 1/12
2/12 sd. 2m. — 4te — — 1/3	2m. — 4te — — 1/3 — 2/12
3/12 — 3 — — 4te — — 1/3	3 — — 4te — — 1/3 — 3/12
4/12 — 1/3	1/3 — 4/12
5/12 — 1/3 u. — 4te — — 1/3	1/3 u. — 4te — — 1/3 — 5/12
6/12 — 1/3 u. 2m. — 4te — — 1/3	1/3 — 2m. — 4te — — 1/3 — 6/12
7/12 — 1/3 u. 3 — — 4te — — 1/3	1/3 — 3 — — 4te — — 1/3 — 7/12
8/12 — 2/3	2/3 sd. 8/12
9/12 — 2/3 u. — 4te — — 1/3	2/3 — — 4te — — 1/3 — 9/12
10/12 — 2/3 u. 2 — — 4te — — 1/3	2/3 — 2 — — 4te — — 1/3 — 10/12
11/12 — 2/3 u. 3 — — 4te — — 1/3	2/3 — 3 — — 4te — — 1/3 — 11/12
12/12 — 3/3	3/3 — 12/12

Zusammensetzung der Zwölftel in Viertel.	Auflösung der Viertel in Zwölftel.
1/12 ist der 3te Theil v. 1/4	der 3te Theil v. 1/4 ist 1/12
2/12 sd. 2m. — 3te — — 1/4	2m. — 3te — — 1/4 — 2/12
3/12 — 1/4	1/4 3/12

4/12 sd. 1/4 u. d. 3te Th. v. 1/4	1/4 u. d. 3te Th. v. 1/4 ist 4/12
5/12 — 1/4 — 2m. — 3te — — 1/4	1/4 — 2m. — 3te — — 1/4 — 5/12
6/12 — 2/4	2/4 — sd. 6/12
7/12 — 2/4 u. — 3te — — 1/4	2/4 u. — 3te — — 1/4 — 7/12
8/12 — 2/4 — 2m. — 3te — — 1/4	2/4 — 2 — — 3te — — 1/4 — 8/12
9/12 — 3/4	3/4 sd. 9/12
10/12 — 3/4 — — 3te — — 1/4	3/4 — — 3te — — 1/4 — 10/12
11/12 — 3/4 — 2m. — 3te — — 1/4	3/4 — 2 — — 3te — — 1/4 — 11/12
12/12 — 4/4	4/4 — 12/12

So werden

die 15tel des 5ten Quadrats in 3tel und 5tel,
— 18tel — 6ten — — — 3tel und 6tel,
— 21stel — 7ten — — — 3tel und 7tel,
— 24stel — 8ten — — — 3tel und 8tel,
— 27stel — 9ten — — — 3tel und 9tel,
und — 30stel — 10ten — — — 3tel und 10tel
zusammengesezt. Und eben so werden
die 3tel und 5tel des 5ten Quadrats in 15tel,
— 3tel — 6tel — 6ten — — — 18tel,
— 3tel — 7tel — 7ten — — — 21stel,
— 3tel — 8tel — 8ten — — — 24stel,
— 3tel — 9tel — 9ten — — — 27stel,
und — 3tel — 10tel — 10ten — — — 30stel
aufgelößt.

Fragen:

5/6, wie viel Drittel? Antw. 5/6 sind 2/3 und der halbe Theil von 1/3.

2/3 und der halbe Theil von 1/3, wie viel Sechstel? Antw. 2/3 und der halbe Theil von 1/3 ist 5/6.

Wie viel Halbe sind 5/6? Antw. 5/6 sind 1/2 und 2mal der 3te Theil von 1/2.

Wie viel Sechstel ist 1/2 und der 3te Theil von 1/2? Antw. 1/2 und der 3te Theil von 1/2 ist 4/6. (siehe 2tes Quadrat.)

Vierte Reihe.

2tes Quadrat.

Zusammensetzung der Achtel in Viertel.

1/8 ist der halbe Theil v. 1/4
2/8 sd. 1/4
3/8 — 1/4 u. — halbe — — 1/4
4/8 — 2/4
5/8 — 2/4 u. — halbe — — 1/4
6/8 — 3/4
7/8 — 3/4 u. — halbe — — 1/4
8/8 — 4/4

Auflösung der Viertel in Achtel.

d. halbe Theil v. 1/4 ist 1/8
1/4 — 2/8
1/4 u. — halbe — — 1/4 — 3/8
2/4 sd. 4/8
2/4 u. — halbe — — 1/4 — 5/8
3/4 — 6/8
3/4 u. — halbe — — 1/4 — 7/8
4/4 — 8/8

Zusammensetzung der Achtel in Halbe.

1/8 ist der 4te Theil v. 1/2
2/8 sd. 2m. — 4te — — 1/2
3/8 — 3 — — 4te — — 1/2
4/8 — 1/2
5/8 — 1/2 u. — 4te — — 1/2
6/8 — 1/2 u. 2m. — 4te — — 1/2
7/8 — 1/2 u. 3 — — 4te — — 1/2
8/8 — 2/2

Auflösung der Halben in Achtel.

d. 4te Theil v. 1/2 ist 1/8
2m. — 4te — — 1/2 — 2/8
3 — — 4te — — 1/2 — 3/8
1/2 — 4/8
1/2 u. — 4te — — 1/2 — 5/8
1/2 — 2m. — 4te — — 1/2 — 6/8
1/2 — 3 — — 4te — — 1/2 — 7/8
2/2 sd. 8/8

3tes Quadrat.

Zusammensetzung der Zwölftel in Viertel.

1/12 ist d. 3te Theil v. 1/4
2/12 sd. 2m. — 3te — — 1/4
3/12 — 1/4
4/12 — 1/4 u. — 3te — — 1/4
5/12 — 1/4 u. 2 — — 3te — — 1/4
6/12 — 2/4

Auflösung der Viertel in Zwölftel.

d. 3te Th. v. 1/4 ist 1/12
2m. — 3te — — 1/4 — 2/12
1/4 — 3/12
1/4 u. — 3te — — 1/4 — 4/12
1/4 — 2m. — 3te — — 1/4 — 5/12
2/4 sind 6/12

7/12 sd. 2/4 u. d. 3te Th. v. 1/4
8/12 — 2/4 u. 2m. — 3te — — 1/4
9/12 — 3/4
10/12 — 3/4 u. — 3te — — 1/4
11/12 — 3/4 u. 2m. — 3te — — 1/4
12/12 — 4/4

Zusammensetzung der Zwölftel in Drittel.

1/12 ist d. 4te Th. v. 1/3
2/12 sd. 2m. — 4te — — 1/3
3/12 — 3 — — 4te — — 1/3
4/12 — 1/3
5/12 — 1/3 u. — 4te — — 1/3
6/12 — 1/3 u. 2 m. — 4te — — 1/3
7/12 — 1/3 u. 3 — — 4te — — 1/3
8/12 — 2/3
9/12 — 2/3 u. — 4te — — 1/3
10/12 — 2/3 u. 2m. — 4te — — 1/3
11/12 — 2/3 u. 3 — — 4te — — 1/3
12/12 — 3/3

2/4 u. d. 3te Th. v. 1/4 sd. 7/12
2/4 — 2m. — 3te — — 1/4 — 8/12
3/4. — 9/12
3/4 — — 3te — — 1/4 — 10/12
3/4 — 2m. — 3te — — 1/4 — 11/12
4/4 — 12/12

Auflösung der Drittel in Zwölftel.

d. 4te Th. v. 1/3 ist 1/12
2m. — 4te — — 1/3 — 2/12
3 — — 4te — — 1/3 — 3/12
1/3 — 4/12
1/3 u. — 4te — — 1/3 — 5/12
1/3 u. 2 m. — 4te — — 1/3 — 6/12
1/3 — 3 — — 4te — — 1/3 — 7/12
2/3 — 8/12
2/3 u. 4te — — 1/3 — 9/12
2/3 u. 2m. — 4te — — 1/3 — 10/12
2/3 u. 3 — — 4te — — 1/3 — 11/12
3/3 — 12/12

So werden
die 16tel des 4ten Quadrats in 4tel,
— 20stel — 5ten — — — 4tel und 5tel,
— 24stel — 6ten — — — 4tel und 6tel,
— 28stel — 7ten — — — 4tel und 7tel,
— 32stel — 8ten — — — 4tel und 8tel,
— 36stel — 9ten — — — 4tel und 9tel,
und — 40stel — 10ten — — — 4tel und 10tel,
zusammengesezt. Und eben so werden
die 4tel des 4ten Quadrats in 16tel,
— 4tel und 5tel — 5ten — — — 20stel,
— 4tel — 6tel — 6ten — — — 24stel,

die

die 4tel und 7tel des 7ten Quadrats in 28stel,
— 4tel — 8tel — 8ten — — 32stel,
— 4tel — 9tel — 9ten — — 36stel,
und — 4tel — 10tel — 10ten — — 40stel,

aufgelößt.

Fragen:

Wie viel Viertel sind 9/28? Antw. 9/28 sind 1/4 und 2mal der 7te Theil von 1/4.

Wie viel 7tel sind 25/28? Antw. 25/28 sind 6/7 und der 4te Theil von 1/7.

6/7, wie viel sind sie 28stel? Antw. 6/7 sind 24/28. — Warum? 1/7 hat 4/28. 6/7 haben 6mal 4/28; 6mal 4/28 sind 24/28.

Wie viel 28stel sind 9/4? Antw. 9/4 haben 63/28. Warum? 1/4 hat 7/28; 9/4 haben 9mal 7/28; und 9mal 7/28 sind 63/28. (siehe 7tes Quadrat.)

Fünfte Reihe.

2tes Quadrat.

Zusammensetzung der Zehntel in Fünftel.	Auflösung der Fünftel in Zehntel.
1/10 ist d. halbe Theil v. 1/5	d. halbe Theil v. 1/5 ist 1/10
2/10 sd. 1/5	1/5 — 2/10
3/10 — 1/5 u. — halbe — — 1/5	1/5 u. — halbe Theil v. 1/5 — 3/10
4/10 — 2/5	2/5 sd. 4/10
5/10 — 2/5 u. — halbe — — 1/5	2/5 u. — halbe — — 1/5 — 5/10
6/10 — 3/5	3/5 — 6/10
7/10 — 3/5 u. — halbe — — 1/5	3/5 u. — halbe — — 1/5 — 7/10
8/10 — 4/5	4/5 — 8/10
9/10 — 4/5 u. — halbe — — 1/5	4/5 u. — halbe — — 1/5 — 9/10
10/10 — 5/5	5/5 — 10/10

Zusammensetzung der Zehntel in Halbe.

1/10	ist	d 5te Theil von 1/2
2/10	sd.	2m. — 5te — — 1/2
3/10	—	3 — — 5te — — 1/2
4/10	—	4 — — 5te — — 1/2
5/10	—	1/2
6/10	—	1/2 u. — 5te — — 1/2
7/10	—	1/2 u 2m. — 5te — — 1/2
8/10	—	1/2 u. 3 — — 5te — — 1/2
9/10	—	1/2 u. 4 — — 5te — — 1/2
10/10	—	2/2

Auflösung der Halben in Zehntel.

	d. 5te Th. v. 1/2	ist 1/10
	2m. — 5te — — 1/2	— 2/10
	3 — — 5te — — 1/2	— 3/10
	4 — — 5te — — 1/2	— 4/10
1/2		— 5/10
1/2 u.	— 5te — — 1/2	— 6/10
1/2 u.	2m. — 5te — — 1/2	— 7/10
1/2 u.	3m. — 5te — — 1/2	— 8/10
1/2 u.	4m. — 5te — — 1/2	— 9/10
2/2		sind 10/10

3tes Quadrat.

Zusammensetzung der Funfzehntel in Fünftel.

1/15	ist	der 3te Th. v. 1/5
2/15	sd.	2m. — 3te — — 1/5
3/15	—	1/5
4/15	—	1/5 u. — 3te — — 1/5
5/15	—	1/5 u. 2m. — 3te — — 1/5
6/15	—	2/5
7/15	—	2/5 u. — 3te — — 1/5
8/15	—	2/5 u. 2m. — 3te — — 1/5
9/15	—	3/5
10/15	—	3/5 u. — 3te — — 1/5
11/15	—	3/5 u. 2m. — 3te — — 1/5
12/15	—	4/5
13/15	—	4/5 u. — 3te — — 1/5
14/15	—	4/5 u. 2m. — 3te — — 1/5
15/15	—	5/5

Auflösung der Fünftel in Funfzehntel.

	d. 3te Th. v. 1/5	ist 1/15
	2m. — 3te — — 1/5	— 2/15
1/5		— 3/15
1/5 u.	— 3te — — 1/5	— 4/15
1/5 u.	2m. — 3te — — 1/5	— 5/15
2/5		sd. 6/15
2/5 u.	— 3te — — 1/5	— 7/15
2/5 u.	2m. — 3te — — 1/5	— 8/15
3/5		— 9/15
3/5 u.	— 3te — — 1/5	— 10/15
3/5 u.	2m. — 3te — — 1/5	— 11/15
4/5		— 12/15
4/5 u.	— 3te — — 1/5	— 13/15
4/5 u.	2m. — 3te — — 1/5	— 14/15
5/5		— 15/15

Zusammensetzung der Funfzehntel in Drittel.

1/15 ist d. 5te Th. v. 1/3
2/15 sd. 2m. — 5te — — 1/3
3/15 — 3 — — 5te — — 1/3
4/15 — 4 — — 5te — — 1/3
5/15 — 1/3
6/15 — 1/3 u. — 5te — — 1/3
7/15 — 1/3 u. 2m. — 5te — — 1/3
8/15 — 1/3 u. 3 — — 5te — — 1/3
9/15 — 1/3 u. 4 — — 5te — — 1/3
10/15 — 2/3
11/15 — 2/3 u. — 5te — — 1/3
12/15 — 2/3 u. 2m. — 5te — — 1/3
13/15 — 2/3 u. 3 — — 5te — — 1/3
14/15 — 2/3 u. 4 — — 5te — — 1/3
15/15 — 3/3

Auflösung der Drittel in Funfzehntel.

d. 5te Th. v. 1/3 ist 1/15
2m. — 5te — — 1/3 — 2/15
3 — — 5te — — 1/3 — 3/15
4 — — 5te — — 1/3 — 4/15
1/3 — 5/15
1/3 u. — 5te — — 1/3 — 6/15
1/3 u. 2m. — 5te — — 1/3 — 7/15
1/3 u. 3 — — 5te — — 1/3 — 8/15
1/3 u. 4 — — 5te — — 1/3 — 9/15
2/3 sd. 10/15
2/3 u. — 5te — — 1/3 — 11/15
2/3 u. 2m. — 5te — — 1/3 — 12/15
2/3 u. 3 — — 5te — — 1/3 — 13/15
2/3 u. 4 — — 5te — — 1/3 — 14/15
3/3 — 15/15

So werden

die 20stel des 4ten Quadrats in 5tel und 4tel,
— 25stel — 5ten — — — 5tel
— 30stel — 6ten — — — 5tel — 6tel,
— 35stel — 7ten — — — 5tel — 7tel,
— 40stel — 8ten — — — 5tel — 8tel,
— 45stel — 9ten — — — 5tel — 9tel,
und — 50stel — 10ten — — — 5tel — 10tel,

zusammengesezt. Und eben so werden

die 5tel und 4tel des 4ten Quadrats in 20stel,
— 5tel — 5ten — — — 25stel,
— 5tel — 6tel — 6ten — — — 30stel,
— 5tel — 7tel — 7ten — — — 35stel,
— 5tel — 8tel — 8ten — — — 40stel,

die 5tel und 9tel des 9ten Quadrats in 45stel,
und — 5tel — 10tel — 10ten —— — 50stel
aufgelößt.

Fragen:

Wie viel Fünftel sind 33/35? Antw. 33/35 sind 4/5 und 5mal der 7te Theil von 1/5.

47/35 wie viel Siebentel sind sie? Antw. 47/35 sind 9/7 und 2mal der 5te Theil von 1/7. Warum? 5/35 sind 1/7; 47/35 sind 9mal 5/35 und 2mal der 5te Theil von 5/35; folglich sind 47/35 auch 9/7 und 2mal der 5te Theil von 1/7. (siehe 7tes Quadrat.)

Wie viel Neuntel sind 78/45? Antw. 78/45 sind 15/9 und 3 mal der 5te Theil von 1/9. — Warum? Antw. 5/45 sind 1/9; 78/45 sind 15mal 5/45 und 3 mal der 5te Theil von 5/45; folglich auch 15mal 1/9 oder 15/9 und 3 mal der 5te Theil von 1/9.

Wie viel Fünftel sind 32/45? Antw. 32/45 sind 3/5 und 5 mal der 9te Theil von 1/5. (siehe 9tes Quadrat.)

Sechste Reihe.

2tes Quadrat.

Zusammensetzung der Zwölftel in Sechstel.	Auflösung der Sechstel in Zwölftel.
1/12 ist der halbe Theil v. 1/6	d. halbe Th. v. 1/6 ist 1/12
2/12 sd. 1/6	1/6 — 2/12
3/12 — 1/6 u. — halbe — — 1/6	1/6 u. — halbe — — 1/6 — 3/12
4/12 — 2/6	2/6 sd. 4/12
5/12 — 2/6 u. — halbe — — 1/6	2/6 u. — halbe — — 1/6 — 5/12
6/12 — 3/6	3/6 — 6/12
7/12 — 3/6 u. — halbe — — 1/6	3/6 u. — halbe — — 1/6 — 7/12
8/12 — 4/6	4/6 — 8/12
9/12 — 4/6 u. — halbe — — 1/6	4/6 u. — halbe — — 1/6 — 9/12
10/12 — 5/6	5/6 — 10/12
11/12 — 5/6 u. — halbe — — 1/6	5/6 u. — halbe — — 1/6 — 11/12
12/12 — 6/6	6/6 — 12/12

Zusammensetzung der Zwölftel in Halbe.

1/12 ist d. 6te Th. v. 1/2
2/12 sd. 2m. — 6te — — 1/2
3/12 — 3 — — 6te — — 1/2
4/12 — 4 — — 6te — — 1/2
5/12 — 5 — — 6te — — 1/2
6/12 — 1/2
7/12 — 1/2 u. — 6te — — 1/2
8/12 — 1/2 u. 2 m. — 6te — — 1/2
9/12 — 1/2 u. 3 — — 6te — — 1/2
10/12 — 1/2 u. 4 — — 6te — — 1/2
11/12 — 1/2 u. 5 — — 6te — — 1/2
12/12 — 2/2

Auflösung der Halben in Zwölftel.

d. 6te Th. v. 1/2 ist 1/12
2m. — 6te — — 1/2 — 2/12
3 — — 6te — — 1/2 — 3/12
4 — — 6te — — 1/2 — 4/12
5 — — 6te — — 1/2 — 5/12
1/2 — 6/12
1/2 u. — 6te — — 1/2 sd. 7/12
1/2 u. 2 m. — 6te — — 1/2 — 8/12
1/2 u. 3 — — 6te — — 1/2 — 9/12
1/2 u. 4 — — 6te — — 1/2 — 10/12
1/2 u. 5 — — 6te — — 1/2 — 11/12
2/2 sind 12/12

3tes Quadrat.

Zusammensetzung der Achtzehntel in Sechstel.

1/18 ist d. 3te Th. v. 1/6
2/18 sd. 2m. — 3te — — 1/6
3/18 — 1/6
4/18 — 1/6 u. — 3te — — 1/6
5/18 — 1/6 u. 2m. — 3te — — 1/6
6/18 — 2/6
7/18 — 2/6 u. — 3te — — 1/6
8/18 — 2/6 u. 2m. — 3te — — 1/6
9/18 — 3/6
10/18 — 3/6 u. — 3te — — 1/6
11/18 — 3/6 u. 2m. — 3te — — 1/6
12/18 — 4/6
13/18 — 4/6 u. — 3te — — 1/6
14/18 — 4/6 u. 2 m. — 3te — — 1/6
15/18 — 5/6

Auflösung der Sechstel in Achtzehntel.

d. 3te Th. v. 1/6 ist 1/18
2 m. — 3te — — 1/6 — 2/18
1/6 — 3/18
1/6 u. — 3te — — 1/6 — 4/18
1/6 u. 2 — — 3te — — 1/6 — 5/18
2/6 sd. 6/18
2/6 u. — 3te — — 1/6 — 7/18
2/6 u. 2 m. — 3te — — 1/6 — 8/18
3/6 — 9/18
3/6 u. — 3te — — 1/6 — 10/18
3/6 u. 2 m. — 3te — — 1/6 — 11/18
4/6 — 12/18
4/6 u. — 3te — — 1/6 — 13/18
4/6 u. 2 m. — 3te — — 1/6 — 14/18
5/6 — 15/18

16/18 sd.	5/6 u.	d. 3te Th. v.	1/6	
17/18 —	5/6 u. 2m. —	3te — —	1/6	
18/18 —	6/6			

Zusammensetzung der Achtzehntel in Drittel.

1/18 ist		d. 6te Th. v.	1/3	
2/18 sd.		2m. — 6te — —	1/3	
3/18 —		3 — — 6te — —	1/3	
4/18 —		4 — — 6te — —	1/3	
5/18 —		5 — — 6te — —	1/3	
6/18 —	1/3			
7/18 —	1/3 u.	— 6te — —	1/3	
8/18 —	1/3 u.	2m. — 6te — —	1/3	
9/18 —	1/3 u.	3 — — 6te — —	1/3	
10/18 —	1/3 u.	4 — — 6te — —	1/3	
11/18 —	1/3 u.	5 — — 6te — —	1/3	
12/18 —	2/3			
13/18 —	2/3 u.	— 6te — —	1/3	
14/18 —	2/3 u.	2m. — 6te — —	1/3	
15/18 —	2/3 u.	3 — — 6te — —	1/3	
16/18 —	2/3 u.	4 — — 6te — —	1/3	
17/18 —	2/3 u.	5 — — 6te — —	1/3	
18/18 —	3/3			

5/6 u.	d. 3te Th. v. 1/6	sd.	16/18
5/6 u. 2m. —	3te — — 1/6	—	17/18
6/6		—	18/18

Auflösung der Drittel in Achtzehntel.

	d. 6te Th. v. 1/3	ist	1/18
	2m. — 6te — — 1/3	—	2/18
	3 — — 6te — — 1/3	—	3/18
	4 — — 6te — — 1/3	—	4/18
	5 — — 6te — — 1/3	—	5/18
1/3		—	6/18
1/3 u.	— 6te — — 1/3	—	7/18
1/3 u.	2m. — 6te — — 1/3	—	8/18
1/3 u.	3 — — 6te — — 1/3	—	9/18
1/3 u.	4 — — 6te — — 1/3	—	10/18
1/3 u.	5 — — 6te — — 1/3	—	11/18
2/3		sd.	12/18
2/3 u.	— 6te — — 1/3	—	13/18
2/3 u.	2 m. — 6te — — 1/3	—	14/18
2/3 u.	3 — — 6te — — 1/3	—	15/18
2/3 u.	4 — — 6te — — 1/3	—	16/18
2/3 u.	5 — — 6te — — 1/3	—	17/18
3/3		—	18/18

So werden

die	24stel	des 4ten	Quadrats	in 6tel	und 4tel,
—	30stel	— 5ten	——	— 6tel	— 5tel,
—	36stel	— 6ten	——	— 6tel	— 6tel,
—	42stel	— 7ten	——	— 6tel	— 7tel,
—	48stel	— 8ten	——	— 6tel	— 8tel,
—	54stel	— 9ten	——	— 6tel	— 9tel,
und —	60stel	— 10ten	——	— 6tel	— 10tel

zusammengesezt.

Und eben so werden

die 6tel und 4tel des 4ten Quadrats in 24stel,
— 6tel und 5tel — 5ten — — 30stel,
— 6tel — 6ten — — 36stel,
— 6tel und 7tel — 7ten — — 42stel,
— 6tel und 8tel — 8ten — — 48stel,
— 6tel und 9tel — 9ten — — 54stel,
und — 6tel und 10tel — 10ten — — 60stel,

aufgelößt.

Fragen:

22/36, wie viel Sechstel? Antw. 22/36 sind 3/6 und 4 mal der 6te Theil von 1/6.

5/6, wie viel 36stel? Antw. 5/6 sind 30/36. (s. 6tes Q.)

Wie viel Achtel sind 92/48? Antw. 92/48 sind 15/8 und 2mal der 6te Theil von 1/8.

9/48, wie viel Achtel sind sie? Antw. 9/48 sind 1/8 und 3mal der 6te Theil von 1/8.

Siebente Reihe.

2tes Quadrat.

Zusammensetzung der Vierzehntel in Siebentel.	Auflösung der Siebentel in Vierzehntel.
1/14 ist der halbe Theil v. 1/7	d. halbe Theil v. 1/7 ist 1/14
2/14 sd. 1/7	1/7 — 2/14
3/14 — 1/7 u. — halbe — — 1/7	1/7 u. — halbe — — 1/7 — 3/14
4/14 — 2/7	2/7 sd. 4/14
5/14 — 2/7 u. — halbe — — 1/7	2/7 u. — halbe — — 1/7 — 5/14
6/14 — 3/7	3/7 — 6/14
7/14 — 3/7 u. — halbe — — 1/7	3/7 u. — halbe — — 1/7 — 7/14
8/14 — 4/7	4/7 — 8/14
9/14 — 4/7 u. — halbe — — 1/7	4/7 u. — halbe — — 1/7 — 9/14

10/14 sd. 5/7	5/7 sd. 10/14
11/14 — 5/7 u. d. halbe Theil v. 1/7	5/7 u. d. halbe Theil v. 1/7 — 11/14
12/14 — 6/7	6/7 — 12/14
13/14 — 6/7 u. — halbe — — 1/7	6/7 u. — halbe — — 1/7 — 13/14
14/14 — 7/7	7/7 — 14/14

Zusammensetzung der Vierzehntel in Halbe.	Auflösung der Halben in Vierzehntel.
1/14 ist d. 7te Th. v. 1/2	d. 7te Th. v. 1/2 ist 1/14
2/14 sd. 2m. — 7te — — 1/2	2m. — 7te — — 1/2 — 2/14
3/14 — 3 — — 7te — — 1/2	3 — — 7te — — 1/2 — 3/14
4/14 — 4 — — 7te — — 1/2	4 — — 7te — — 1/2 — 4/14
5/14 — 5 — — 7te — — 1/2	5 — — 7te — — 1/2 — 5/14
6/14 — 6 — — 7te — — 1/2	6 — — 7te — — 1/2 — 6/14
7/14 — 1/2	1/2 — 7/14
8/14 — 1/2 u. — 7te — — 1/2	1/2 u. — 7te — — 1/2 — 8/14
9/14 — 1/2 u. 2m. — 7te — — 1/2	1/2 u. 2m. — 7te — — 1/2 — 9/14
10/14 — 1/2 u. 3 — — 7te — — 1/2	1/2 u. 3 — — 7te — — 1/2 — 10/14
11/14 — 1/2 u. 4 — — 7te — — 1/2	1/2 u. 4 — — 7te — — 1/2 — 11/14
12/14 — 1/2 u. 5 — — 7te — — 1/2	1/2 u. 5 — — 7te — — 1/2 — 12/14
13/14 — 1/2 u. 6 — — 7te — — 1/2	1/2 u. 6 — — 7te — — 1/2 — 13/14
14/14 — 2/2	2/2 sd. 14/14

3tes Quadrat.

Zusamensetzung der Einundzwanzigstel in Siebentel.	Auflösung der Siebentel in Einundzwanzigstel.
1/21 ist d. 3te Th. v. 1/7	d. 3te Th. v. 1/7 ist 1/21
2/21 sd. 2m. — 3te — — 1/7	2m. — 3te — — 1/7 — 2/21
3/21 — 1/7	1/7 — 3/21
4/21 — 1/7 u. — 3te — — 1/7	1/7 u. — 3te — — 1/7 — 4/21
5/21 — 1/7 u. 2m. — 3te — — 1/7	1/7 u. 2m. — 3te — — 1/7 — 5/21
6/21 — 2/7	2/7 sd. 6/21
7/21 — 2/7 u. — 3te — — 1/7	2/7 u. — 3te — — 1/7 — 7/21

8/21

8/21 sd. 2/7 u. 2m. d. 3te Th. v. 1/7
9/21 — 3/7
10/21 — 3/7 u. — 3te — — 1/7
11/21 — 3/7 u. 2m. — 3te — — 1/7
12/21 — 4/7
13/21 — 4/7 u. — 3te — — 1/7
14/21 — 4/7 u. 2m. — 3te — — 1/7
15/21 — 5/7
16/21 — 5/7 u. — 3te — — 1/7
17/21 — 5/7 u. 2m. — 3te — — 1/7
18/21 — 6/7
19/21 — 6/7 u. — 3te — — 1/7
20/21 — 6/7 u. 2m. — 3te — — 1/7
21/21 — 7/7

2/7 u. 2m. d. 3te Th. v. 1/7 sd. 8/21
3/7 — 9/21
3/7 u. — 3te — — 1/7 — 10/21
3/7 u. 2m. — 3te — — 1/7 — 11/21
4/7 — 12/21
4/7 u. — 3te — — 1/7 — 13/21
4/7 u. 2m. — 3te — — 1/7 — 14/21
5/7 — 15/21
5/7 u. — 3te — — 1/7 — 16/21
5/7 u. 2m. — 3te — — 1/7 — 17/21
6/7 — 18/21
6/7 u. — 3te — — 1/7 — 19/21
6/7 u. 2m. — 3te — — 1/7 — 20/21
7/7 — 21/21

Zusammensetzung der Einundzwanzigstel in Drittel.

1/21 ist d. 7te Th. v. 1/3
2/21 sd. 2m. — 7te — — 1/3
3/21 — 3 — — 7te — — 1/3
4/21 — 4 — — 7te — — 1/3
5/21 — 5 — — 7te — — 1/3
6/21 — 6 — — 7te — — 1/3
7/21 — 1/3
8/21 — 1/3 u. — 7te — — 1/3
9/21 — 1/3 u. 2m. — 7te — — 1/3
10/21 — 1/3 u. 3 — — 7te — — 1/3
11/21 — 1/3 u. 4 — — 7te — — 1/3
12/21 — 1/3 u. 5 — — 7te — — 1/3
13/21 — 1/3 u. 6 — — 7te — — 1/3
14/21 — 2/3
15/21 — 2/3 u. — 7te — — 1/3
16/21 — 2/3 u. 2m. — 7te — — 1/3
17/21 — 2/3 u. 3 — — 7te — — 1/3

Auflösung der Drittel in Einundzwanzigstel.

d. 7te Th. v. 1/3 ist 1/21
2m. — 7te — — 1/3 — 2/21
3 — — 7te — — 1/3 — 3/21
4 — — 7te — — 1/3 — 4/21
5 — — 7te — — 1/3 — 5/21
6 — — 7te — — 1/3 — 6/21
1/3 — 7/21
1/3 u. — 7te — — 1/3 — 8/21
1/3 u. 2m. — 7te — — 1/3 — 9/21
1/3 u. 3 — — 7te — — 1/3 — 10/21
1/3 u. 4 — — 7te — — 1/3 — 11/21
1/3 u. 5 — — 7te — — 1/3 — 12/21
1/3 u. 6 — — 7te — — 1/3 — 13/21
2/3 sd. 14/21
2/3 u. — 7te — — 1/3 — 15/21
2/3 u. 2m. — 7te — — 1/3 — 16/21
2/3 u. 3 — — 7te — — 1/3 — 17/21

18/21 sd. 2/3 u. 4m. d. 7te Th. v. 1/3	2/3 u. 4m. d. 7te Th. v. 1/3 ist 18/21
19/21 — 2/3 — 5 — — 7te — — 1/3	2/3 u. 5 — — 7te — — 1/3 — 19/21
20/21 — 2/3 — 6 — — 7te — — 1/3	2/3 u. 6 — — 7te — — 1/3 — 20/21
21/21 — 3/3	3/3 — 21/21

So werden

die 28stel des 4ten Quadrats in 7tel und 4tel,
— 35stel — 5ten — — 7tel — 5tel,
— 42stel — 6ten — — 7tel — 6tel,
— 49stel — 7ten — — 7tel,
— 56stel — 8ten — — 7tel — 8tel,
— 63stel — 9ten — — 7tel — 9tel,
und — 70stel — 10ten — — 7tel — 10tel,

zusammengesezt.

Und eben so werden

die 7tel und 4tel des 4ten Quadrats in 28stel,
— 7tel — 5tel — 5ten — — 35stel,
— 7tel — 6tel — 6ten — — 42stel,
— 7tel — 7ten — — 49stel,
— 7tel — 8tel — 8ten — — 56stel,
— 7tel — 9tel — 9ten — — 63stel,
und — 7tel — 10tel — 10ten — — 70stel,

aufgelößt:

Fragen:

Wie viel 7tel sind 45/56 ? — 5/7, wie viel 56stel?

Wie viel 8tel sind 22/56 ? — 7/8, wie viel 56stel?

(siehe 8tes Quadrat.)

Wie viel 10tel sind 56/70 ? — 4/10 wie viel 70stel sind sie?

Wie viel 7tel sind 61/70 ? — 6/7, wie viel 70stel sind sie?

(siehe 10tes Quadrat.)

Achte Reihe.

2tes Quadrat.

Zusammensetzung der Sechszehntel in Achtel.

1/16 ist der halbe Theil v. 1/8
2/16 — 1/8
3/16 — 1/8 u. — halbe — — 1/8
4/16 — 2/8
5/16 sd. 2/8 u. — halbe — — 1/8
6/16 — 3/8
7/16 — 3/8 u. — halbe — — 1/8
8/16 — 4/8
9/16 — 4/8 u. — halbe — — 1/8
10/16 — 5/8
11/16 — 5/8 u. — halbe — — 1/8
12/16 — 6/8
13/16 — 6/8 u. — halbe — — 1/8
14/16 — 7/8
15/16 — 7/8 u. — halbe — — 1/8
16/16 — 8/8

Auflösung der Achtel in Sechszehntel.

d. halbe Theil v. 1/8 ist 1/16
1/8 — 2/16
1/8 u. — halbe — — 1/8 — 3/16
2/8 sd. 4/16
2/8 u. — halbe — — 1/8 — 5/16
3/8 — 6/16
3/8 u. — halbe — — 1/8 — 7/16
4/8 — 8/16
4/8 u. — halbe — — 1/8 — 9/16
5/8 — 10/16
5/8 u. — halbe — — 1/8 — 11/16
6/8 — 12/16
6/8 u. — halbe — — 1/8 — 13/16
7/8 — 14/16
7/8 u. — halbe — — 1/8 — 15/16
8/8 — 16/16

Zusammensetzung der Sechszehntel in Halbe.

1/16 ist d. 8te Th. v. 1/2
2/16 sd. 2m. — 8te — — 1/2
3/16 — 3 — — 8te — — 1/2
4/16 — 4 — — 8te — — 1/2
5/16 — 5 — — 8te — — 1/2
6/16 — 6 — — 8te — — 1/2
7/16 — 7 — — 8te — — 1/2
8/16 — 1/2
9/16 — 1/2 u. — 8te — — 1/2
10/16 — 1/2 u. 2m. — 8te — — 1/2

Auflösung der Halben in Sechszehntel.

d. 8te Th. v. 1/2 ist 1/16
2 m. — 8te — — 1/2 — 2/16
3 — — 8te — — 1/2 — 3/16
4 — — 8te — — 1/2 — 4/16
5 — — 8te — — 1/2 — 5/16
6 — — 8te — — 1/2 — 6/16
7 — — 8te — — 1/2 — 7/16
1/2 — 8/16
1/2 u. — 8te — — 1/2 — 9/16
1/2 u. 2 m. — 8te — — 1/2 — 10/16

11/16 sd. 1/2 u. 3m. d. 8te Th. v. 1/2	1/2 u. 3m. d. 8te Th. v. 1/2 ist 11/16
12/16 — 1/2 — 4 — — 8te — — 1/2	1/2 — 4 — — 8te — — 1/2 — 12/16
13/16 — 1/2 — 5 — — 8te — — 1/2	1/2 u. 5 — — 8te — — 1/2 — 13/16
14/16 — 1/2 — 6 — — 8te — — 1/2	1/2 — 6 — — 8te — — 1/2 — 14/16
15/16 — 1/2 — 7 — — 8te — — 1/2	1/2 — 7 — — 8te — — 1/2 — 15/16
16/16 — 2/2	2/2 sd. 16/16

So werden

die 24stel des 3ten Quadrats in 8tel und 3tel,
— 32stel — 4ten — — — 8tel und 4tel,
— 40stel — 5ten — — — 8tel und 5tel,
— 48stel — 6ten — — — 8tel und 6tel,
— 56stel — 7ten — — — 8tel und 7tel,
— 64stel — 8ten — — — 8tel,
— 72stel — 9ten — — — 8tel und 9tel,
und — 80stel — 10ten — — — 8tel und 10tel

zusammengesezt. Und eben so werden

die 8tel und 3tel des 3ten Quadrats in 24stel,
— 8tel — 4tel — 4ten — — — 32stel,
— 8tel — 5tel — 5ten — — — 40stel,
— 8tel — 6tel — 6ten — — — 48stel,
— 8tel — 7tel — 7ten — — — 56stel,
— 8tel — 8ten — — — 64stel,
— 8tel — 9tel — 9ten — — — 72stel,
und — 8tel — 10tel — 10ten — — — 80stel

aufgelößt.

Fragen:

24/48, wie viel Achtel? — 6/8, wie viel 48stel?
33/48, wie viel Sechstel? — 4/6, wie viel 48stel?
(siehe 6tes Quadrat.)
Wie viel Achtel sind 47/72? — 7/8, wie viel 72stel?
Wie viel Neuntel sind 36/72? — 7/9, wie viel 72stel sind sie?
(siehe 9tes Quadrat.)

Neunte Reihe.

2tes Quadrat.

Zusammensetzung der Achtzehntel in Neuntel.		Auflösung der Neuntel in Achtzehntel.	
1/18 ist	d. halbe Theil v. 1/9	d. halbe Theil v. 1/9 ist	1/18
2/18 sd. 1/9		1/9	— 2/18
3/18 — 1/9 u. — halbe	— — 1/9	1/9 u. — halbe — — 1/9	— 3/18
4/18 — 2/9		2/9	sd. 4/18
5/18 — 2/9 u. — halbe	— — 1/9	2/9 u. — halbe — — 1/9	— 5/18
6/18 — 3/9		3/9	— 6/18
7/18 — 3/9 u. — halbe	— — 1/9	3/9 u. — halbe — — 1/9	— 7/18
8/18 — 4/9		4/9	— 8/18
9/18 — 4/9 u. — halbe	— — 1/9	4/9 u. — halbe — — 1/9	— 9/18
10/18 — 5/9		5/9	— 10/18
11/18 — 5/9 u. — halbe	— — 1/9	5/9 u. — halbe — — 1/9	— 11/18
12/18 — 6/9.		6/9	— 12/18
13/18 — 6/9 u. — halbe	— — 1/9	6/9 u. — halbe — — 1/9	— 13/18
14/18 — 7/9		7/9	— 14/18
15/18 — 7/9 u. — halbe	— — 1/9	7/9 u. — halbe — — 1/9	— 15/18
16/18 — 8/9		8/9	— 16/18
17/18 — 8/9 u. — halbe	— — 1/9	8/9 u. — halbe — — 1/9	— 17/18
18/18 — 9/9		9/9	— 18/18

Zusammensetzung der Achtzehntel in Halbe.		Auflösung der Halben in Achtzehntel.	
1/18 ist	der 9te Theil von 1/2	der 9te Theil von 1/2 ist	1/18
2/18 sd. 2m.	— 9te — — 1/2	2m. — 9te — — 1/2	— 2/18
3/18 — 3 —	— 9te — — 1/2	3 — — 9te — — 1/2	— 3/18
4/18 — 4 —	— 9te — — 1/2	4 — — 9te — — 1/2	— 4/18
5/18 — 5 —	— 9te — — 1/2	5 — — 9te — — 1/2	— 5/18
6/18 — 6 —	— 9te — — 1/2	6 — — 9te — — 1/2	— 6/18
7/18 — 7 —	— 9te — — 1/2	7 — — 9te — — 1/2	— 7/18
8/18 — 8 —	— 9te — — 1/2	8 — — 9te — — 1/2	— 8/18

9/18 sd. 1/2	1/2 9/18
10/18 — 1/2 u. d. 9te Th. v. 1/2	1/2 u. d. 9te Th. v. 1/2 ist 10/18
11/18 — 1/2 u. 2m. — 9te — — 1/2	1/2 u. 2 m. — 9te — — 1/2 — 11/18
12/18 — 1/2 u. 3 — — 9te — — 1/2	1/2 u. 3 — — 9te — — 1/2 — 12/18
13/18 — 1/2 u. 4 — — 9te — — 1/2	1/2 u. 4 — — 9te — — 1/2 — 13/18
14/18 — 1/2 u. 5 — — 9te — — 1/2	1/2 u. 5 — — 9te — — 1/2 — 14/18
15/18 — 1/2 u. 6 — — 9te — — 1/2	1/2 u. 6 — — 9te — — 1/2 — 15/18
16/18 — 1/2 u. 7 — — 9te — — 1/2	1/2 u. 7 — — 9te — — 1/2 — 16/18
17/18 — 1/2 u. 8 — — 9te — — 1/2	1/2 u. 8 — — 9te — — 1/2 — 17/18
18/18 — 2/2	2/2 sind 18/18

So werden

die 27stel des 3ten Quadrats in 9tel und 3tel,
— 36stel — 4ten —— — 9tel — 4tel,
— 45stel — 5ten —— — 9tel — 5tel,
— 54stel — 6ten —— — 9tel — 6tel,
— 63stel — 7ten —— — 9tel — 7tel,
— 72stel — 8ten —— — 9tel — 8tel,
— 81stel — 9ten —— — 9tel,
und — 90stel — 10ten —— — 9tel — 10tel,

zusammengsezt. Und eben so werden

die 9tel und 3tel des 3ten Quadrats in 27stel,
— 9tel — 4tel — 4ten —— — 36stel,
— 9tel — 5tel — 5ten —— — 45stel,
— 9tel — 6tel — 6ten —— — 54stel,
— 9tel — 7tel — 7ten —— — 63stel,
— 9tel — 8tel — 8ten —— — 72stel,
— 9tel — 9ten —— — 81stel,
— 9tel — 10tel — 10ten —— — 90stel,

aufgelößt.

Fragen:

22/45, wie viel 9tel? — 7/9, wie viel 45stel?
33/45, wie viel 5tel? — 3/5, wie viel 45stel?

(siehe 5tes Quadrat.)

Wie viel 9tel sind 48/72? — 3/9, wie viel 72stel?
Wie viel 8tel sind 57/72? — 7/8, wie viel 72stel sind sie?

Zehnte Reihe.

2tes Quadrat.

Zusammensetzung der Zwanzigstel in Zehntel.

1/20 ist d. halbe Theil v. 1/10
2/20 sd. 1/10
3/20 — 1/10 u. — halbe — — 1/10
4/20 — 2/10
5/20 — 2/10 u. — halbe — — 1/10
6/20 — 3/10
7/20 — 3/10 u. — halbe — — 1/10
8/20 — 4/10
9/20 — 4/10 u. — halbe — — 1/10
10/20 — 5/10
11/20 — 5/10 u. — halbe — — 1/0
12/20 — 6/10
13/20 — 6/10 u. — halbe — — 1/0
14/20 — 7/10
15/20 — 7/10 u. — halbe — — 1/10
16/20 — 8/10
17/20 — 8/10 u. — halbe — — 1/10
18/20 — 9/10
19/20 — 9/10 u. — halbe — — 1/10
20/20 — 10/10

Auflösung der Zehntel in Zwanzigstel.

d. halbe Th. v. 1/10 ist 1/20
1/0 — 2/20
1/10 u. — halbe — — 1/10 — 3/20
2/10 sd. 4/20
2/10 u. — halbe — — 1/10 — 5/20
3/10 — 6/20
3/10 u. — halbe — — 1/10 — 7/20
4/10 — 8/20
4/10 u. — halbe — — 1/10 — 9/20
5/10 — 10/20
5/10 u. — halbe — — 1/10 — 11/20
6/10 — 12/20
6/10 u. — halbe — — 1/10 — 13/20
7/0 — 14/20
7/0 u. — halbe — — 1/10 — 15/20
8/10 — 16/20
8/10 u. — halbe — — 1/10 — 17/20
9/10 — 18/20
9/10 u. — halbe — — 1/10 — 19/20
10/10 — 20/20

Zusammensetzung der Zwanzigstel in Halbe.

1/20 ist d. 10te Theil v. 1/2
2/20 sd. 2 m. — 10te — — 1/2
3/20 — 3 — — 10te — — 1/2
und so weiter.

Auflösung der Halben in Zwanzigstel.

der 10te Theil v. 1/2 ist 1/20
2mal — 10te — — 1/2 — 2/20
3 — — 10te — — 1/2 — 3/20
und so weiter.

So werden

die 30stel des 3ten Quadrats in 10tel und 3tel,
— 40stel — 4ten —— — 10tel und 4tel,
— 50stel — 5ten —— — 10tel und 5tel,
— 60stel — 6ten —— — 10tel und 6tel,
— 70stel — 7ten —— — 10tel und 7tel,
— 80stel — 8ten —— — 10tel und 8tel,
— 90stel — 9ten —— — 10tel und 9tel,
und — 100stel — 10ten —— — 10tel,

zusammengesezt. Und eben so werden

die 10tel und 3tel des 3ten Quadrats in 30stel,
— 10tel — 4tel — 4ten —— — 40stel,
— 10tel — 5tel — 5ten —— — 50stel,
— 10tel — 6tel — 6ten —— — 60stel,
— 10tel — 7tel — 7ten —— — 70stel,
— 10tel — 8tel — 8ten —— — 80stel,
— 10tel — 9tel — 9ten —— — 90stel,
und — 10tel — 10ten —— — 100stel,

aufgelößt:

Fragen:

$^{49}/_{100}$, wie viel 10tel? — $^{7}/_{10}$, wie viel 100stel?

$^{78}/_{90}$, wie viel 9tel? — $^{5}/_{9}$, wie viel 90stel?

Wie viel Zehntel sind $^{45}/_{60}$? — $^{3}/_{10}$, wie viel 60stel?

Wie viel 6tel sind $^{53}/_{60}$? — Wie viel 60stel sind $^{5}/_{6}$?

Dritte Uebung.

Diese Uebung führt das Kind am Faden der vorhergegangenen zu der Kraft, von zwey gegebenen Gattungen einfacher Theile eines Ganzen (z. B. von Halben und Dritteln, siehe 2te Reihe, 3tes Quadrat,) die erstere in solche Theile, die zugleich als Bestandtheile der zweyten ins Auge fallen, (hier also in Sechstel) aufzulösen; denn hinwieder die leztere aus diesen gemeinschaftlichen Bestandtheilen beyder Gattungen zusammenzusetzen — und dadurch die einte in die andere zu verwandeln.

Zweyte Reihe.

3tes Quadrat.

d. 3te Theil v. 1/2 ist 1/6. 1/6 ist d. halbe Theil v. 1/3.
2m. — 3te — — 1/2 — 2/6. 2/6 sd. 1/3.
1/2 — 3/6. 3/6 — 1/3 u. — halbe — — 1/3.
1/2 u. — 3te — — 1/2 — 4/6. 4/6 — 2/3.
1/2 u. 2m. — 3te — — 1/2 — 5/6. 5/6 — 2/3 u. — halbe — — 1/3.
2/2 sd. 6/6. 6/6 — 3/3.

4tes Quadrat.

d. 4te Theil v. 1/2 ist 1/8. 1/8 ist d. halbe Theil v. 1/4.
2m. — 4te — — 1/2 — 2/8. 2/8 sd. 2/4
3 — — 4te — — 1/2 — 3/8. 3/8 — 1/4 u. — halbe — — 1/4.
1/2 — 4/8. 4/8 — 2/4
1/2 u. — 4te — — 1/2 — 5/8. 5/8 — 2/4 u. — halbe — — 1/4.
1/2 u. 2m. — 4te — — 1/2 — 6/8. 6/8 — 3/4.
1/2 u. 3m. — 4te — — 1/2 — 7/8. 7/8 — 3/4 u. — halbe — — 1/4.
2/2 sind 8/8. 8/8 — 4/4.

5tes Quadrat.

der 5te Theil von 1/2 ist 1/10. 1/10 ist d. halbe Theil v. 1/5.
2mal — 5te — — 1/2 — 2/10. 2/10 sd. 1/5.
3 — — 5te — — 1/2 — 3/10. 3/10 — 1/5 u. — halbe — — 1/5.

4 m. d. 5te Theil v. ½ ist 4/10. 4/10 sd. 2/5.
½ — 5/10. 5/10 — 2/5 u. d. halbe Th. v. 1/5.
½ u. — 5te — — ½ — 6/10. 6/10 — 3/5.
½ u. 2m. — 5te — — ½ — 7/10. 7/10 — 3/5 u. — halbe — — 1/5.
½ u. 3 — — 5te — — ½ — 8/10. 8/10 — 4/5.
½ u. 4 — — 5te — — ½ — 9/10. 9/10 — 4/5 u. — halbe — — 1/5.
2/2 sind 10/10. 10/10 — 5/5.

So werden
die Halben des 6ten Quadrats in 6tel,
— Halben — 7ten — — — 7tel,
— Halben — 8ten — — — 8tel,
— Halben — 9ten — — — 9tel,
— Halben — 10ten — — — 10tel,
und umgekehrt
die 6tel des 6ten Quadrats in Halbe,
— 7tel — 7ten — — — Halbe,
— 8tel — 8ten — — — Halbe,
— 9tel — 9ten — — — Halbe,
— 10tel — 10ten — — — Halbe
verwandelt.

Fragen:

Wie viel 4tel sind ½ und 3 mal der 4te Theil von ½? Antw. ½ und 3 mal der 4te Theil von ½ ist ¾ und der halbe Theil von ¼. — Warum? ½ ist 4/8; der 4te Theil von ½ ist 1/8; 3 mal der 4te Theil von ½ ist 3/8; 4/8 und 3/8 sind zusammengenommen 7/8; und 7/8 sind ¾ und der halbe Theil von ¼.

Wie viel Halbe sind 2/4 und der halbe Theil von ¼? Antw. 2/4 und der halbe Theil von ¼ sind ½ und der 4te Theil von ½. — Warum? 2/4 sind 4/8; der halbe Theil von ¼ ist 1/8; 4/8 und 1/8 sind 5/8, und 5/8 sind ½ und der 4te Theil von ½. (siehe 4tes Quadrat.)

Wie viel 9tel sind 1/2 und 5mal der 9te Theil von 1/2? Antw. 1/2 und 5 mal der 9te Theil von 1/2 sind 7/9. — Warum? 1/2 ist 9/18; der 9te Theil von 1/2 ist 1/18; 5 mal der 9te Theil von 1/2 ist 5/18; 9/18 und 5/18 sind 14/18; 2/18 sind 1/9; 14/18 sind 7 mal 2/18, also auch 7 mal 1/9 oder 7/9.

Wie viel Halbe sind 5/9 und der halbe Theil von 1/9? Antw. 5/9 und der halbe Theil von 1/9 sind 1/2 und 2mal der 9te Theil von 1/2. — Warum? 5/9 und der halbe Theil von 1/9 sind 11/18; und 11/18 sind 1/2 und 2 mal der 9te Theil von 1/2. (siehe 9tes Quadrat.)

Dritte Reihe.

2tes Quadrat.

d. halbe Theil v. 1/3 ist 1/6.	1/6 ist	der 3te Theil v. 1/2
1/3 — 2/6.	2/6 sd.	2m. — 3te — — 1/2
1/3 u. — halbe — — 1/3 — 3/6.	3/6 — 1/2.	
2/3 sd. 4/6.	4/6 — 1/2 u.	— 3te — — 1/2
2/3 u. — halbe — — 1/3 — 5/6.	5/6 — 1/2 u.	2m. — 3te — — 1/2
3/3 — 6/6.	6/6 — 2/2.	

4tes Quadrat.

d. 4te Th. v. 1/3 ist 1/12.	1/12 ist	d. 3te Th. v. 1/4.
2m. — 4te — — 1/3 — 2/12.	2/12 sd.	2m. — 3te — — 1/4.
3 — — 4te — — 1/3 — 3/12.	3/12 — 1/4.	
1/3 — 4/12.	4/12 — 1/4 u.	— 3te — — 1/4.
1/3 u. — 4te — — 1/3 — 5/12.	5/12 — 1/4 u.	2m. — 3te — — 1/4.
1/3 u. 2m. — 4te — — 1/3 — 6/12.	6/12 — 2/4.	
1/3 u. 3 — — 4te — — 1/3 — 7/12.	7/12 — 2/4 u.	— 3te — — 1/4.
2/3 sd. 8/12.	8/12 — 2/4 u.	2m. — 3te — — 1/4.
2/3 u. — 4te — — 1/3 — 9/12.	9/12 — 3/4.	
2/3 u. 2m. — 4te — — 1/3 — 10/12.	10/12 — 3/4 u.	— 3te — — 1/4.
2/3 u. 3 — — 4te — — 1/3 — 11/12.	11/12 — 3/4 u.	2m. — 3te — — 1/4.
3/3 — 12/12.	12/12 — 4/4.	

So werden die Drittel des 5ten Quadrats in 5tel,
— Drittel — 6ten — — — 6tel,
— Drittel — 7ten — — — 7tel,
— Drittel — 8ten — — — 8tel,
— Drittel — 9ten — — — 9tel,
— Drittel — 10ten — — — 10tel
und umgekehrt, verwandelt.

Fragen:

Wie viel Viertel enthalten 2/3 und 3 mal der 4te Theil von 1/3? Antw. 2/3 und 3 mal der 4te Theil von 1/3 enthalten 3/4 und 2 mal der 3te Theil von 1/4. — Warum? 2/3 und 3 mal der 4te Theil von 1/3 sind 11/12. 1/4 ist 3/12. 11/12 enthalten 3 mal 3/12 und 2 mal der 3te Theil von 3/12; folglich auch 3/4 und 2 mal der 3te Theil von 1/4. (siehe 4tes Quadrat.)

Wie viel 9tel sind 2/3 und der 9te Theil von 1/3? Antw. 2/3 und der 9te Theil von 1/3 sind 6/9 und der 3te Theil von 1/9. — Warum? 2/3 sind 18/27; der 9te Theil von 1/3 ist 1/27; 18/27 und 1/27 sind 19/27; und 19/27 sind 6/9 und der 3te Theil von 1/9. (siehe 9tes Quadrat.)

Vierte Reihe.

2tes Quadrat.

	d. halbe Theil v. 1/4 ist 1/8.	1/8 ist	der 4te Theil v. 1/2.
1/4	— 2/8.	2/8 sd.	2m. — 4te — — 1/2.
1/4 u. — halbe	— — 1/4 — 3/8.	3/8 —	3 — — 4te — — 1/2.
2/4	sd. 4/8.	4/8 — 1/2.	
2/4 u. — halbe	— — 1/4 — 5/8.	5/8 — 1/2 u.	— 4te — — 1/2.
3/4	— 6/8.	6/8 — 1/2 u.	2 m. — 4te — — 1/2.
3/4 u. — halbe	— — 1/4 — 7/8.	7/8 — 1/2 u.	3 — — 4te — — 1/2.
4/4	— 8/8.	8/8 — 2/2.	

3tes Quadrat.

	d. 3te Th. v. 1/4 ist 1/12.	1/12 ist	d. 4te Th. v. 1/3.
	2m. — 3te — — 1/4 — 2/12.	2/12 sd.	2m. — 4te — — 1/3.
1/4	— 3/12.	3/12 —	3 — — 4te — — 1/3.

1/4 u.	d. 3te Th. v. 1/4 ist 4/12.	4/12 sd. 1/3.	
1/4 u. 2m.	— 3te — — 1/4 — 5/12.	5/12 — 1/3 u.	d. 4te Th. v. 1/3
2/4	sd. 6/12.	6/12 — 1/3 u. 2m.	— 4te — — 1/3
2/4 u.	— 3te — — 1/4 — 7/12.	7/12 — 1/3 u. 3	— — 4te — — 1/3
2/4 u. 2m.	— 3te — — 1/4 — 8/12.	8/12 — 2/3.	
3/4 u.	— 9/12.	9/12 — 2/3 u.	— 4te — — 1/3
3/4 u.	— 3te — — 1/4 — 10/12.	10/12 — 2/3 u. 2m.	— 4te — — 1/3
3/4 u. 2m.	— 3te — — 1/4 — 11/12.	11/12 — 2/3 u. 3	— — 4te — — 1/3
4/4	— 12/12	12/12 — 3/3.	

So werden die Viertel des 5ten Quadrats in 5tel,
— Viertel — 6ten — — — 6tel,
— Viertel — 7ten — — — 7tel,
— Viertel — 8ten — — — 8tel,
— Viertel — 9ten — — — 9tel,
— Viertel — 10ten — — — 10tel
und umgekehrt, verwandelt.

Fragen:

Wie viel Siebentel sind 3/4 und 2 mal der 7te Theil von 1/4? Antw. 3/4 und 2 mal der 7te Theil von 1/4 sind 5/7 und 3 mal der 4te Theil von 1/7. — Warum? 3/4 sind 21/28; 2 mal der 7te Theil von 1/4 sind 2/28; 21/28 und 2/28 sind 23/28, und 23/28 sind 5/7 und 3 mal der 4te Theil von 1/7.

(siehe 7tes Quadrat.)

Wie viel Viertel sind 5/9 und 3 mal der 4te Theil von 1/9? Antw. 5/9 und 3 mal der 4te Theil von 1/9 sind 2/4 und 5 mal der 9te Theil von 1/4. Warum? 1/9 ist 4/36; 5/9 sind 5 mal 4/36 oder 20/36; der 4te Theil von 1/9 ist 1/36; 3 mal der 4te Theil von 1/9 ist 3/36; 20/36 und 3/36 sind 23/36; 1/4 ist 9/36; 23/36 sind 2 mal 9/36 und 5 mal der 9te Theil von 9/36; folglich auch 2 mal 1/4 und 5 mal der 9te Theil von 1/4.

(siehe 9tes Quadrat.)

Fünfte Reihe.

2tes Quadrat.

d. halbe Theil v. 1/5 ist	1/10.	1/10 ist	d. 5te Theil v. 1/2.
1/5	— 2/10.	2/10 sd.	2 m. — 5te — — 1/2.
1/5 u. — halbe — — 1/5	— 3/10.	3/10 —	3 — — 5te — — 1/2.
2/5	sd. 4/10.	4/10 —	4 — — 5te — — 1/2.
2/5 u. — halbe — — 1/5	— 5/10.	5/10 — 1/2.	
3/5	— 6/10.	6/10 — 1/2 u.	— 5te — — 1/2.
3/5 u. — halbe — — 1/5	— 7/10.	7/10 — 1/2 u.	2 m. — 5te — — 1/2.
4/5	— 8/10.	8/10 — 1/2 u.	3 — — 5te — — 1/2.
4/5 u. — halbe — — 1/5	— 9/10.	9/10 — 1/2 u.	4 — — 5te — — 1/2.
5/5	— 10/10.	10/10 — 2/2.	

3tes Quadrat.

d. 3te Th. v. 1/5 ist	1/15.	1/15 ist	d. 5te Th. v. 1/3.
2 m. — 3te — — 1/5	— 2/15.	2/15 sd.	2 m. — 5te — — 1/3.
1/5	— 3/15.	3/15 —	3 — — 5te — — 1/3.
1/5 u. — 3te — — 1/5	— 4/15.	4/15 —	4 — — 5te — — 1/3.
1/5 u. 2m. — 3te — — 1/5	— 5/15.	5/15 — 1/3.	
2/5	sd. 6/15.	6/15 — 1/3 u.	— 5te — — 1/3.
2/5 u. — 3te — — 1/5	— 7/15.	7/15 — 1/3 u.	2 m. — 5te — — 1/3.
2/5 u. 2m. — 3te — — 1/5	— 8/15.	8/15 — 1/3 u.	3 — — 5te — — 1/3.
3/5	— 9/15.	9/15 — 1/3 u.	4 — — 5te — — 1/3.
3/5 u. — 3te — — 1/5	— 10/15.	10/15 — 2/3.	
3/5 u. 2m. — 3te — — 1/5	— 11/15.	11/15 — 2/3 u.	— 5te — — 1/3.
4/5	— 12/15.	12/15 — 2/3 u.	2 m. — 5te — — 1/3.
4/5 u. — 3te — — 1/5	— 13/15.	13/15 — 2/3 u.	3 — — 5te — — 1/3.
4/5 u. 2m. — 3te — — 1/5	— 14/15.	14/15 — 2/3 u.	4 — — 5te — — 1/3.
5/5	— 15/15.	15/15 — 3/3.	

So werden die Fünftel des 4ten Quadrats in 4tel,
— Fünftel — 6ten — — — 6tel,
— Fünftel — 7ten — — — 7tel,
— Fünftel — 8ten — — — 8tel,

die Fünftel des 9ten Quadrats in 9tel,
und — Fünftel — 10ten —— — 10tel,
und umgekehrt, verwandelt.

Fragen:

Wie viel 8tel sind 3/5? Antw. 3/5 sind 4/8 und 4 mal der 5te Theil von 1/8. — Warum? 3/5 sind 24/40; 5/40 sind 1/8; 24/40 sind 4 mal 5/40 und 4 mal der 5te Theil von 5/40; folglich auch 4/8 und 4 mal der 5te Theil von 1/8. (siehe 8tes Quadrat.)

7/9 und 3 mal der 5te Theil von 1/9; wie viel Fünftel sind sie? Antw. 7/9 und 3 mal der 5te Theil von 1/9 sind 4/5 und 2 mal der 9te Theil von 1/5. — Warum? 7/9 sind 35/45; 3 mal der 5te Theil von 1/9 ist 3/45; 35/45 und 3/45 sind 38/45, und 38/45 sind 4/5 und 2 mal der 9te Theil von 1/5.

(siehe 9tes Quadrat.)

Sechste Reihe.

2tes Quadrat.

	d. halbe Th. v. 1/6 ist 1/12.	1/12 ist d. 6te Th. v. 1/2.
1/6	— 2/12.	2/12 sd. 2m. — 6te — — 1/2.
1/6 u. — halbe — — 1/6	— 3/12.	3/12 — 3 — — 6te — — 1/2.
2/6	sd. 4/12.	4/12 — 4 — — 6te — — 1/2.
2/6 u. — halbe — — 1/6	— 5/12.	5/12 — 5 — — 6te — — 1/2.
3/6	— 6/12.	6/12 — 1/2.
3/6 u. — halbe — — 1/6	— 7/12.	7/12 — 1/2 u. — 6te — — 1/2.
4/6	— 8/12.	8/12 — 1/2 u. 2 m. — 6te — — 1/2.
4/6 u. — halbe — — 1/6	— 9/12.	9/12 — 1/2 u. 3 — — 6te — — 1/2.
5/6	— 10/12.	10/12 — 1/2 u. 4 — — 6te — — 1/2.
5/6 u. — halbe — — 1/6	— 11/12.	11/12 — 1/2 u. 5 — — 6te — — 1/2.
6/6	— 12/12.	12/12 — 2/2.

3tes Quadrat.

	d. 3te Theil v. 1/6 ist 1/18.	1/18 ist d. 6te Theil v. 1/3.
	2m. — 3te — — 1/6 — 2/18.	2/18 sd. 2m. — 6te — — 1/3.
1/6	— 3/18.	3/18 — 3 — — 6te — — 1/3.

1/6 u. d. 3te Th. v. 1/6 ist 4/18. 4/18 sd. 4 m. d. 6te Th. v. 1/3
1/6 u. 2m. — 3te — — 1/6 — 5/18. 5/18 — 5 — — 6te — — 1/3
2/6 — 6/18. 6/18 — 1/3.
2/6 u. — 3te — — 1/6 — 7/18. 7/18 — 1/3 u. — 6te — — 1/3
2/6 u. 2m. — 3te — — 1/6 — 8/18. 8/18 — 1/3 u. 2m. — 6te — — 1/3
3/6 — 9/18. 9/18 — 1/3 u. 3 — — 6te — — 1/3
3/6 u. — 3te — — 1/6 — 10/18. 10/18 — 1/3 u. 4 — — 6te — — 1/3
3/6 u. 2m. — 3te — — 1/6 — 11/18. 11/18 — 1/3 u. 5 — — 6te — — 1/3
4/6 — 12/18. 12/18 — 2/3.
4/6 u. — 3te — — 1/6 — 13/18. 13/18 — 2/3 u. — 6te — — 1/3
4/6 u. 2m. — 3te — — 1/6 — 14/18. 14/18 — 2/3 u. 2m. — 6te — — 1/3
5/6 — 15/18. 15/18 — 2/3 u. 3 — — 6te — — 1/3
5/6 u. — 3te — — 1/6 — 16/18. 16/18 — 2/3 u. 4 — — 6te — — 1/3
5/6 u. 2m. — 3te — — 1/6 — 17/18. 17/18 — 2/3 u 5 — — 6te — — 1/3
6/6 — 18/18. 18/18 — 3/3.

So werden die 6tel des 4ten Quadrats in 4tel,
— 6tel — 5ten — — — 5tel,
— 6tel — 7ten — — — 7tel,
— 6tel — 8ten — — — 8tel,
— 6tel — 9ten — — — 9tel,
und — 6tel — 10ten — — — 10tel
und umgekehrt, verwandelt.

Fragen:

Wie viel 9tel sind 5/6 und 5 mal der 9te Theil von 1/6? Antw. 5/6 und 5 mal der 9te Theil von 1/6 sind 8/9 und 2 mal der 6te Theil von 1/9. — Warum? 1/6 ist 9/54; 5/6 sind 5 mal 9/54; 5 mal 9/54 sind 45/54; der 9te Theil von 1/6 ist 1/54; 5 mal der 9te Theil von 1/6 ist 5/54; 45/54 und 5/54 sind 50/54; 6/54 sind 1/9: 50/54 sind 8 mal 6/54 und 2 mal der 6te Theil von 6/54; folglich auch 8/9 und 2 mal der 6te Theil von 1/9.

(siehe 9tes Quadrat.)

Wie viel 6tel sind 3/4? Antw. 3/4 sind 4/6 und 2 mal der 4te Theil von 1/6. — Warum? 1/4 ist 6/24; 3/4 sind 18/24; und 18/24 sind 4/6 und 2 mal der 4te Theil von 1/6. (s. 4tes Q.)

Siebente Reihe.

2tes Quadrat.

d. halbe Th. v. 1/7 ist	1/14.	1/14 ist d. 7te Th. v. 1/2.
1/7	— 2/14.	2/14 sd. 2m. — 7te — — 1/2.
1/7 u. — halbe — — 1/7	— 3/14.	3/14 — 3 — — 7te — — 1/2.
2/7	sd. 4/14.	4/14 — 4 — — 7te — — 1/2.
2/7 u. — halbe — — 1/7	— 5/14.	5/14 — 5 — — 7te — — 1/2.
3/7	— 6/14.	6/14 — 6 — — 7te — — 1/2.
3/7 u. — halbe — — 1/7	— 7/14.	7/14 — 1/2.
4/7	— 8/14.	8/14 — 1/2 u. — 7te — — 1/2.
4/7 u. — halbe — — 1/7	— 9/14.	9/14 — 1/2 u. 2m. — 7te — — 1/2.
5/7	— 10/14.	10/14 — 1/2 u. 3 — — 7te — — 1/2.
5/7 u. — halbe — — 1/7	— 11/14.	11/14 — 1/2 u. 4 — — 7te — — 1/2.
6/7	12/14.	12/14 — 1/2 u. 5 — — 7te — — 1/2.
6/7 u. — halbe — — 1/7	— 13/14.	13/14 — 1/2 u. 6 — — 7te — — 1/2
7/7	— 14/14.	14/14 — 2/2.

So werden die 7tel des 3ten Quadrats in 3tel,
— 7tel — 4ten —— — 4tel,
— 7tel — 5ten —— — 5tel,
— 7tel — 6ten —— — 6tel,
— 7tel — 8ten —— — 8tel,
— 7tel — 9ten —— — 9tel,
und — 7tel — 10ten —— — 10tel,
und umgekehrt, verwandelt.

Fragen:

Wie viel 7tel sind in 1/3 enthalten? Antw. In 1/3 sind 2/7 und der 3te Theil von 1/7 enthalten. Auflösung. 1/7 ist 3/21; 1/3 ist 7/21; 7/21 enthalten 2 mal 3/21 und der 3te Theil von 3/21; folglich sind in 1/3 — 2/7 und der 3te Theil von 1/7 enthalten.

Ist 1/3 größer als 1/7? Antw. Ja, 1/3 ist größer als 1/7.

Um welchen Theil von 1/3 ist 1/3 größer als 1/7? Antw. 1/3 ist um 4 mal dem 7ten Theile von 1/3 größer als 1/7. Auflösung. 1/3 ist 7/21; 1/7 ist 3/21; 7/21 sind um 4/21 größer als 3/21.

4/21 sind 4 mal der 7te Theil von 1/3; folglich ist 1/3 um 4 mal dem 7ten Theile von 1/3 größer als 1/7.

Um welchen Theil von 1/7 ist 1/7 kleiner als 1/3? Antw. 1/7 ist um 4 mal dem 3ten Theile von 1/7 kleiner als 1/3. — Auflösung. 1/7 ist 3/21; 1/3 ist 7/21; 3/21 sind um 4/21 kleiner als 7/21; 4/21 sind 4 mal der 3te Theil von 1/7; folglich ist 1/7 um 4 mal dem 3ten Theile von 1/7 kleiner als 1/3.

(siehe 3tes Quadrat.)

Welcher Theil ist 1/7 von 1/5? Antw. 1/7 ist 5 mal der 7te Theil von 1/5. Auflösung. 1/7 ist 5/35; 1/5 ist 7/35; 5/35 sind 5 mal der 7te Theil von 7/35.

Ist 1/5 in 1/7 ganz enthalten? Antw. Nein, 1/5 ist nicht ganz in 1/7 enthalten. Auflösung. 1/5 ist 7/35; 1/7 ist 5/35; 7/35 sind nun in 5/35 nicht enthalten.

Aber welcher Theil von 1/5 ist in 1/7 1 mal enthalten? Antw. 5 mal der 7te Theil von 1/5 ist in 1/7 1 mal enthalten. Auflösung. Der 7te Theil von 1/5 ist 1/35; 5 mal der 7te Theil von 1/5 sind 5/35; 1/7 ist 5/35; 5/35 sind in 5/35 1 mal enthalten.

Wie viel mal ist 2 mal der 5te Theil von 1/7 in 2/5 enthalten? Antw. 2 mal der 5te Theil von 1/7 ist in 2/5 7 mal enthalten. Auflösung. Der 5te Theil von 1/7 ist 1/35; 2 mal der 5te Theil von 1/7 ist 2/35; 2/5 sind 14/35; und 14/35 sind 7 mal 2/35.

(siehe 5tes Quadrat.)

Achte Reihe.

2tes Quadrat.

	d. halbe Th. v. 1/8 ist 1/16.	1/16 ist	d. 8te Th. v. 1/2.
1/8	— 2/16.	2/16 sd.	2 m. — 8te — — 1/2.
1/8 u. — halbe — — 1/8	— 3/16.	3/16 —	3 — — 8te — — 1/2.
2/8	sd. 4/16.	4/16 —	4 — — 8te — — 1/2.
2/8 u. — halbe — — 1/8	— 5/16.	5/16 —	5 — — 8te — — 1/2.
3/8	— 6/16.	6/16 —	6 — — 8te — — 1/2.

3/8 u. d. halbe Th. v. 1/8 sd. 7/16.	7/16 sd.	7 m. d. 8te Th. v. 1/2.
4/8 — 8/16.	8/16 — 1/2.	
4/8 u. — halbe — — 1/8 — 9/16.	9/16 — 1/2 u.	— 8te — — 1/2.
5/8 — 10/16.	10/16 — 1/2 u. 2 m.	— 8te — — 1/2.
5/8 u. — halbe — — 1/8 — 11/16.	11/16 — 1/2 u. 3 —	— 8te — — 1/2.
6/8 — 12/16.	12/16 — 1/2 u. 4 —	— 8te — — 1/2.
6/8 u. — halbe — — 1/8 — 13/16.	13/16 — 1/2 u. 5 —	— 8te — — 1/2.
7/8 — 14/16.	14/16 — 1/2 u. 6 —	— 8te — — 1/2.
7/8 u. — halbe — — 1/8 — 15/16.	15/16 — 1/2 u. 7 —	— 8te — — 1/2.
8/8 — 16/16.	16/16 — 2/2.	

So werden die 8tel des 3ten Quadrats in 3tel,
— 8tel — 4ten — — — 4tel,
— 8tel — 5ten — — — 5tel,
— 8tel — 6ten — — — 6tel,
— 8tel — 7ten — — — 7tel,
— 8tel — 9ten — — — 9tel,
— 8tel — 10ten — — — 10tel,
und umgekehrt, verwandelt.

Fragen:

Wie viel 9tel sind in 3/8 und 4 mal dem 9ten Theile von 1/8 enthalten? Antw. In 3/8 und 4 mal dem 9ten Theile von 1/8 sind 3/9 und 7 mal der 8te Theil von 1/9 enthalten. — Auflösung. 3/8 sind 27/72; 4 mal der 9te Theil von 1/8 sind 4/72; 27/72 und 4/72 sind 31/72; 1/9 ist 8/72; nun sind 31/72 3 mal 8/72 und 7 mal der 8te Theil von 8/72; folglich sind in 3/8 und 4 mal dem 9ten Theile von 1/8, 3/9 und 7 mal der 8te Theil von 1/9 enthalten.

Um wie viel 9tel ist 1/9 kleiner als 2/8 und 8 mal der 9te Theil von 1/8? Antw. 1/9 ist um 2/9 und 2 mal dem 8ten Theile von 1/9 kleiner als 2/8 und 8 mal der 9te Theil von 1/8. Auflösung. 1/9 ist 8/72; 2/8 sind 18/72; 8 mal der 9te Theil von 1/8 ist 8/72; 18/72 und 8/72 sind 26/72; 8/72 sind nun 18/72 kleiner als 26/72; nun sind 18/72 2/9 und 2 mal der 8te Theil

von 1/9; folglich ist 1/9 um 2/9 und 2 mal dem 8ten Theile von 1/9 kleiner als 2/8 und 8 mal der 9te Theil von 1/8.
(siehe 9tes Quadrat.)

Welcher Theil von 1/4 ist in 1/8 2 mal enthalten? Antwort: 2 mal der 8te Theil von 1/4 ist in 1/8 2 mal enthalten. Auflösung: Der 8te Theil von 1/4 ist 1/32; 2 mal der 8te Theil von 1/4 ist 2/32; 1/8 ist 4/32, und 2/32 sind in 4/32 2 mal enthalten.

Wie viel mal ist der 4te Theil von 1/8 in 1/4 enthalten? Antw. der 4te Theil von 1/8 ist in 1/4 8 mal enthalten. Auflösung: Der 4te Theil von 1/8 ist 1/32; 1/4 ist 8/32; 1/32 ist in 8/32 8 mal enthalten. (siehe 4tes Quadrat.)

Neunte Reihe.

2tes Quadrat.

d. halbe Th. v. 1/9 ist	1/18.	1/18 ist	d. 9te Th. v. 1/2.
1/9	— 2/18.	2/18 —	2 m. — 9te — — 1/2.
1/9 u. — halbe — — 1/9	— 3/18.	3/18 —	3 — — 9te — — 1/2.
2/9	sd. 4/18.	4/18 —	4 — — 9te — — 1/2.
2/9 u. — halbe — — 1/9	— 5/18.	5/18 —	5 — — 9te — — 1/2.
3/9	— 6/18.	6/18 —	6 — — 9te — — 1/2.
3/9 u. — halbe — — 1/9	— 7/18.	7/18 —	7 — — 9te — — 1/2.
4/9	— 8/18.	8/18 —	8 — — 9te — — 1/2.
4/9 u. — halbe — — 1/9	— 9/18.	9/18 — 1/2.	
5/9	— 10/18.	10/18 — 1/2 u.	— 9te — — 1/2.
5/9 u. — halbe — — 1/9	— 11/18.	11/18 — 1/2 u.	2 m. — 9te — — 1/2.
6/9	— 12/18.	12/18 — 1/2 u.	3 — — 9te — — 1/2.
6/9 u. — halbe — — 1/9	— 13/18.	13/18 — 1/2 u.	4 — — 9te — — 1/2.
7/9	— 14/18.	14/18 — 1/2 u.	5 — — 9te — — 1/2.
7/9 u. — halbe — — 1/9	— 15/18.	15/18 — 1/2 u.	6 — — 9te — — 1/2.
8/9	— 16/18.	16/18 — 1/2 u.	7 — — 9te — — 1/2.
8/9 u. — halbe — — 1/9	— 17/18.	17/18 — 1/2 u.	8 — — 9te — — 1/2.
9/9	— 18/18.	18/18 — 2/2.	

So werden die 9tel	des 3ten	Quadrats	in 3tel,
— 9tel	— 4ten	——	— 4tel,
— 9tel	— 5ten	——	— 5tel,
— 9tel	— 6ten	——	— 6tel,
— 9tel	— 7ten	——	— 7tel,
— 9tel	— 8ten	——	— 8tel,
— 9tel	— 10ten	——	— 10tel,

und umgekehrt, verwandelt.

Fragen:

Wie viel 5tel enthalten 7/9 und 2 mal der 5te Theil von 1/9? Antw. 7/9 und 2 mal der 5te Theil von 1/9 enthalten 4/5 und der 9te Theil von 1/5. Auflösung: 1/9 ist 5/45; 7/9 sind 7 mal 5/45; 7 mal 5/45 sind 35/45; der 5te Theil von 1/9 ist 1/45; 2 mal der 5te Theil von 1/9 sind 2/45; 35/45 und 2/45 sind 37/45. — 1/5 ist 9/45; 37/45 enthalten 4 mal 9/45 und den 9ten Theil von 9/45; folglich auch 4/5 und den 9ten Theil von 1/5. Wie viel mal ist der 5te Theil von 1/9 in 1/5 enthalten? Antw. Der 5te Theil von 1/9 ist in 1/5 9 mal enthalten. Auflösung: Der 5te Theil von 1/9 ist 1/45; 1/5 ist 9/45; 1/45 ist in 9/45 9 mal enthalten.

Was für ein Theil von 1/9 ist in 3/5 9 mal enthalten? Antw. 3 mal der 5te Theil von 1/9 ist in 3/5 9 mal enthalten. Auflösung: Der 5te Theil von 1/9 ist 1/45; 3 mal der 5te Theil von 1/9 ist 3/45; 3/5 sind 27/45; und 27/45 sind 9 mal 3/45.

(siehe 5tes Quadrat.)

Zehnte Reihe.

2tes Quadrat.

	d. halbe Th. v. 1/10 ist 1/20.	1/20 ist	d. 10te Th. v. 1/2.
1/10	— 2/20.	2/20 sd.	2m. — 10te — — 1/2.
1/10 u. — halbe — — 1/10	— 3/20.	3/20 —	3 — — 10te — — 1/2.
2/10	— 4/20.	4/20 —	4 — — 10te — — 1/2.
2/10 u. — halbe — — 1/10	— 5/20.	5/20 —	5 — — 10te — — 1/2.

3/10	ſd. 6/20.	6/20 ſd.	6 m. d. 10te Th. v. 1/2.
3/10 u. d. halbe Th. v. 1/0	— 7/20.	7/20 —	7 — — 10te — — 1/2.
4/10	— 8/20.	8/20 —	8 — — 10te — — 1/2.
4/10 u. — halbe — — 1/10	— 9/20.	9/20 —	9 — — 10te — — 1/2.
5/10	— 10/20.	10/20 — 1/2.	
5/10 u. — halbe — — 1/10	— 11/20.	11/20 — 1/2 u.	— 10te — — 1/2.
6/10	— 12/20.	12/20 — 1/2 u. 2m.	— 10te — — 1/2.
6/10 u. — halbe — — 1/10	— 13/20.	13/20 — 1/2 u. 3	— — 10te — — 1/2.
7/10	— 14/20.	14/20 — 1/2 u. 4	— — 10te — — 1/2.
7/10 u. — halbe — — 1/10	— 15/20.	15/20 — 1/2 u. 5	— — 10te — — 1/2.
8/10	— 16/20.	16/20 — 1/2 u. 6	— — 10te — — 1/2.
8/10 u. — halbe — — 1/10	— 17/20.	17/20 — 1/2 u. 7	— — 10te — — 1/2.
9/0	— 18/20.	18/20 — 1/2 u. 8	— — 10te — — 1/2.
9/10 u. — halbe — — 1/10	— 19/20.	19/20 — 1/2 u. 9	— — 10te — — 1/2.
10/10	— 20/20.	20/20 — 2/2.	

So werden die 10tel des 3ten Quadrats in 3tel,
— 10tel — 4ten —— — 4tel,
— 10tel — 5ten —— — 5tel,
— 10tel — 6ten —— — 6tel,
— 10tel — 7ten —— — 7tel,
— 10tel — 8ten —— — 8tel,
— 10tel — 9ten —— — 9tel,
und umgekehrt, verwandelt.

Fragen:

Um welchen Theil von 1/7 sind 6/10 und 4mal der 7te Theil von 1/10 größer als 4/7 und 3 mal der 10te Theil von 1/7? Antw. 6/10 und 4mal der 7te Theil von 1/10 sind um 3 mal den 10ten Theil von 1/7 größer als 4/7 und 3 mal der 10te Theil von 1/7. Auflösung: 6/10 sind 42/70; 4mal der 7te Theil von 1/10 ist 4/70; 42/70 und 4/70 sind 46/70; 4/7 sind 40/70; 3 mal der 10te Theil von 1/7 sind 3/70; 40/70 und 3/70 sind 43/70; 46/70 sind um 3/70 größer als 43/70; und 3/70 sind 3 mal der 10te Theil von 1/7. (siehe 7tes Quadrat.)

Um wie viel 10tel sind $\frac{7}{9}$ und 3mal der 10te Theil von $\frac{1}{9}$ kleiner als $\frac{9}{10}$ und 5mal der 9te Theil von $\frac{1}{10}$? Antw. $\frac{7}{9}$ und 3mal der 10te Theil von $\frac{1}{9}$ sind um $\frac{1}{10}$ und 4mal dem 9ten Theile von $\frac{1}{10}$ kleiner als $\frac{9}{10}$ und 5mal der 9te Theil von $\frac{1}{10}$. Auflösung: $\frac{7}{9}$ und 3 mal der 10te Theil von $\frac{1}{9}$ sind $\frac{73}{90}$; $\frac{9}{10}$ und 5mal der 9te Theil von $\frac{1}{10}$ ist $\frac{86}{90}$; $\frac{73}{90}$ sind um $\frac{13}{90}$ kleiner als $\frac{86}{90}$; und $\frac{13}{90}$ sind $\frac{1}{10}$ und 4mal der 9te Theil von $\frac{1}{10}$. (siehe 9tes Quadrat.)

Vierte Uebung.

In dieser Uebung lernt das Kind einen einfachen Theil einer gegebenen Anzahl Theile von Ganzen wegnehmen, und die Summe der kleinern Theile, die herauskommt, in Ganze, oder in andere Theile von Ganzen, die nach Belieben bestimmt werden können, verwandeln.

Zweyte Reihe.

2tes Quadrat.

Der halbe Theil von $\frac{1}{2}$ ist $\frac{1}{4}$.
— halbe — — $\frac{2}{2}$ — $\frac{2}{4}$. $\frac{2}{4}$ sind $\frac{1}{2}$ *).
— halbe — — $\frac{3}{2}$ — $\frac{3}{4}$.
— halbe — — $\frac{4}{2}$ — $\frac{4}{4}$. $\frac{4}{4}$ sind 1 Ganzes.
— halbe — — $\frac{5}{2}$ — $\frac{5}{4}$. $\frac{5}{4}$ — 1 — u. $\frac{1}{4}$.
— halbe — — $\frac{6}{2}$ — $\frac{6}{4}$. $\frac{6}{4}$ — 1 — u. $\frac{2}{4}$.
— halbe — — $\frac{7}{2}$ — $\frac{7}{4}$. $\frac{7}{4}$ — 1 — u. $\frac{3}{4}$.
— halbe — — $\frac{8}{2}$ — $\frac{8}{4}$. $\frac{8}{4}$ — 2 Ganze.
— halbe — — $\frac{9}{2}$ — $\frac{9}{4}$. $\frac{9}{4}$ — 2 — u. $\frac{1}{4}$.
— halbe — — $\frac{10}{2}$ — $\frac{10}{4}$. $\frac{10}{4}$ — 2 — u. $\frac{2}{4}$.

---

*) Anmerkung. Die folgenden Linien gehen über den Inhalt des Quadrats hinaus, welches bey allen Quadraten, dieser und aller übrigen Reihen geschehen kann und soll.

3tes Quadrat.

der 3te Theil von $\frac{1}{2}$ ist $\frac{1}{6}$.
— 3te — — $\frac{2}{2}$ — $\frac{2}{6}$. $\frac{2}{6}$ sind $\frac{1}{3}$.
— 3te — — $\frac{3}{2}$ — $\frac{3}{6}$. $\frac{3}{6}$ — $\frac{1}{2}$.
— 3te — — $\frac{4}{2}$ — $\frac{4}{6}$. $\frac{4}{6}$ — $\frac{2}{3}$.
— 3te — — $\frac{5}{2}$ — $\frac{5}{6}$. u. s. w.

4tes Quadrat.

der 4te Theil von $\frac{1}{2}$ ist $\frac{1}{8}$.
— 4te — — $\frac{2}{2}$ — $\frac{2}{8}$. $\frac{2}{8}$ sind $\frac{1}{4}$.
— 4te — — $\frac{3}{2}$ — $\frac{3}{8}$ u. s. w.

5tes Quadrat.

der 5te Theil von $\frac{1}{2}$ ist $\frac{1}{10}$.
— 5te — — $\frac{2}{2}$ — $\frac{2}{10}$. $\frac{2}{10}$ sind $\frac{1}{5}$.
— 5te — — $\frac{3}{2}$ — $\frac{3}{10}$ u. s. w.

6tes Quadrat.

der 6te Theil von $\frac{1}{2}$ ist $\frac{1}{12}$.
— 6te — — $\frac{2}{2}$ — $\frac{2}{12}$. $\frac{2}{12}$ sind $\frac{1}{6}$.
— 6te — — $\frac{3}{2}$ — $\frac{3}{12}$. $\frac{3}{12}$ — $\frac{1}{4}$ u. s. w.

7tes Quadrat.

der 7te Theil von $\frac{1}{2}$ ist $\frac{1}{14}$.
— 7te — — $\frac{2}{2}$ — $\frac{2}{14}$. $\frac{2}{14}$ sind $\frac{1}{7}$.
— 7te — — $\frac{3}{2}$ — $\frac{3}{14}$ u. s. w.

8tes Quadrat.

der 8te Theil von $\frac{1}{2}$ ist $\frac{1}{16}$.
— 8te — — $\frac{2}{2}$ — $\frac{2}{16}$. $\frac{2}{16}$ sind $\frac{1}{8}$.
— 8te — — $\frac{3}{2}$ — $\frac{3}{16}$. u. s. w.

9tes Quadrat.

der 9te Theil von $\frac{1}{2}$ ist $\frac{1}{18}$.
— 9te — — $\frac{2}{2}$ — $\frac{2}{18}$. $\frac{2}{18}$ sind $\frac{1}{9}$.
— 9te — — $\frac{3}{2}$ — $\frac{3}{18}$. u. s. w.

10tes

10tes Quadrat.

der 10te Theil von $\frac{1}{2}$ ist $\frac{1}{20}$.
— 10te — — $\frac{2}{2}$ — $\frac{2}{20}$. $\frac{2}{20}$ sind $\frac{1}{10}$.
— 10te — — $\frac{3}{2}$ — $\frac{3}{20}$ u. s. w.

So wird

von den 3teln der Quadrate der 3ten Reihe,
— — 4teln — — — 4ten —
— — 5teln — — — 5ten —
— — 6teln — — — 6ten —
— — 7teln — — — 7ten —
— — 8teln — — — 8ten —
— — 9teln — — — 9ten —
— — 10teln — — — 10ten —

der halbe, 3te, 4te, 5te, 6te, 7te, 8te, 9te und 10te Theil weggenommen; und die jedesmal herauskommende Summe von Theilen in Ganze zusammengefaßt, oder in das einfachste Verhältniß zum Ganzen gesezt.

Fragen:

Was ist der 8te Theil von $\frac{3}{2}$? Antw. Der 8te Theil von $\frac{3}{2}$ ist $\frac{3}{16}$. Auflösung: Der 8te Theil von $\frac{1}{2}$ ist $\frac{1}{16}$; der 8te Theil von $\frac{3}{2}$ ist $\frac{3}{16}$. (siehe 2te Reihe 8tes Quadrat.)

Was ist der 9te Theil von 2 Ganzen und $\frac{1}{3}$? Antw. Der 9te Theil von 2 Ganzen und $\frac{1}{3}$ ist $\frac{7}{27}$. Auflösung: 2 Ganze und $\frac{1}{3}$ sind $\frac{7}{3}$; der 9te Theil von $\frac{1}{3}$ ist $\frac{1}{27}$; und der 9te Theil von $\frac{7}{3}$ ist $\frac{7}{27}$. (siehe 3te Reihe 9tes Quadrat.)

Was ist der 7te Theil von 1 Ganzen und $\frac{1}{4}$? Antw. Der 7te Theil von 1 Ganzen und $\frac{1}{4}$ ist $\frac{5}{28}$. Auflösung: 1 Ganzes und $\frac{1}{4}$ ist $\frac{5}{4}$; der 7te Theil von $\frac{1}{4}$ ist $\frac{1}{28}$; der 7te Theil von $\frac{5}{4}$ ist $\frac{5}{28}$. (siehe 4te Reihe 7tes Quadrat.)

Was ist der 8te Theil von $\frac{4}{7}$? (siehe 7te Reihe 8tes Q.)

Was ist der 9te Theil von 1 Ganzen und $\frac{1}{8}$?

(siehe 8te Reihe 9tes Quadrat.)

Um wie viel 12tel ist der halbe Theil von 1 Ganzen und $\frac{3}{6}$ größer als der halbe Theil von $\frac{5}{6}$? Antw. Der halbe Theil von 1 Ganzen und $\frac{3}{6}$ ist um $\frac{4}{12}$ größer als der halbe Theil von $\frac{5}{6}$. Auflösung: 1 Ganzes und $\frac{3}{6}$ sind $\frac{9}{6}$; der halbe Theil von $\frac{9}{6}$ ist $\frac{9}{12}$; der halbe Theil von $\frac{5}{6}$ ist $\frac{5}{12}$; und $\frac{9}{12}$ sind um $\frac{4}{12}$ größer als $\frac{5}{12}$; folglich ist der halbe Theil von 1 Ganzen und $\frac{3}{6}$ um $\frac{4}{12}$ größer als der halbe Theil von $\frac{5}{6}$ (siehe 6te Reihe 2tes Quadrat.)

Um welchen Theil von $\frac{1}{5}$ ist der 4te Theil von 1 Ganzen und $\frac{4}{5}$ größer als der 4te Theil von 1 Ganzen und $\frac{1}{5}$? Antw. Der 4te Theil von 1 Ganzen und $\frac{4}{5}$ ist um 3 mal dem 4ten Theile von $\frac{1}{5}$ größer als der 4te Theil von 1 Ganzen und $\frac{1}{5}$. Auflösung: 1 Ganzes und $\frac{4}{5}$ sind $\frac{9}{5}$; der 4te Theil von $\frac{9}{5}$ ist $\frac{9}{20}$; 1 Ganzes und $\frac{1}{5}$ sind $\frac{6}{5}$; der 4te Theil von $\frac{6}{5}$ ist $\frac{6}{20}$; $\frac{9}{20}$ sind um $\frac{3}{20}$ größer als $\frac{6}{20}$. — $\frac{1}{5}$ ist $\frac{4}{20}$; $\frac{3}{20}$ sind 3 mal der 4te Theil von $\frac{4}{20}$; folglich ist der 4te Theil von 1 Ganzen und $\frac{4}{5}$ um 3 mal dem 4ten Theile von $\frac{1}{5}$ größer als der 4te Theil von 1 Ganzen und $\frac{1}{5}$.

(siehe 5te Reihe 4tes Quadrat.)

Um welchen Theil von $\frac{1}{9}$ ist der 9te Theil von $\frac{2}{8}$ kleiner, als der 9te Theil von 1 Ganzen und $\frac{1}{8}$? Antw. Der 9te Theil von $\frac{2}{8}$ ist um 7 mal den 8ten Theil von $\frac{1}{9}$ kleiner als der 9te Theil von 1 Ganzen und $\frac{1}{8}$. Auflösung: Der 9te Theil von $\frac{2}{8}$ ist $\frac{2}{72}$; 1 Ganzes und $\frac{1}{8}$ sind $\frac{9}{8}$; der 9te Theil von $\frac{9}{8}$ ist $\frac{9}{72}$; $\frac{2}{72}$ sind um $\frac{7}{72}$ kleiner als $\frac{9}{72}$; $\frac{1}{9}$ ist $\frac{8}{72}$; und $\frac{7}{72}$ sind 7 mal der 8te Theil von $\frac{8}{72}$.

(siehe 8te Reihe 9tes Quadrat.)

Was ist der 7te Theil von $\frac{4}{7}$ für ein Theil vom 7ten Theile von 1 Ganzen und $\frac{2}{7}$? Antw. Der 7te Theil von $\frac{4}{7}$ ist 4 mal der 9te Theil vom 7ten Theile von 1 Ganzen und $\frac{2}{7}$. Auflösung: Der 7te Theil von $\frac{4}{7}$ ist $\frac{4}{49}$; 1 Ganzes und $\frac{2}{7}$ sind $\frac{9}{7}$; der 7te Theil von $\frac{9}{7}$ ist $\frac{9}{49}$; und $\frac{4}{49}$ sind 4 mal der 9te Theil von $\frac{9}{49}$. (siehe 7te Reihe 7tes Quadrat.)

Was ist der 6te Theil von $\frac{9}{10}$ für ein Theil vom 6ten Theile von 1 Ganzen? Antw. Der 6te Theil von $\frac{9}{10}$ ist 9 mal der 10te Theil vom 6ten Theile von 1 Ganzen. Auflösung: Der 6te Theil von $\frac{9}{10}$ ist $\frac{9}{60}$; der 6te Theil von 1 Ganzen ist $\frac{10}{60}$; $\frac{9}{60}$ sind 9 mal der 10te Theil von $\frac{10}{60}$.

(siehe 10te Reihe 6tes Quadrat.)

Wie vielmal ist der 7te Theil von $\frac{2}{5}$ im 7ten Theile von 1 Ganzen und $\frac{3}{5}$ enthalten? Antwort: Der 7te Theil von $\frac{2}{5}$ ist im 7ten Theile von 1 Ganzen und $\frac{3}{5}$ 4 mal enthalten. Auflösnng: Der 7te Theil von $\frac{1}{5}$ ist $\frac{1}{35}$; der 7te Theil von $\frac{2}{5}$ ist $\frac{2}{35}$; 1 Ganzes und $\frac{3}{5}$ sind $\frac{8}{5}$; der 7te Theil von $\frac{8}{5}$ $\frac{8}{35}$; $\frac{2}{35}$ sind nun in $\frac{8}{35}$ 4 mal enthalten; folglich ist der 7te Theil von $\frac{2}{5}$ im 7ten Theile von 1 Ganzen und $\frac{3}{5}$ 4 mal enthalten. (siehe 5te Reihe 7tes Quadrat.)

Wie vielmal ist der 9te Theil von $\frac{2}{9}$ im 9ten Theile von $\frac{2}{3}$ enthalten? Antw. Der 9te Theil von $\frac{2}{9}$ ist im 9ten Theile von $\frac{2}{3}$ 3 mal enthalten. Auflösung: Der 9te Theil von $\frac{1}{9}$ ist $\frac{1}{81}$; der 9te $\frac{2}{9}$ ist $\frac{2}{81}$; $\frac{1}{3}$ ist $\frac{3}{9}$; $\frac{2}{3}$ sind 2 mal $\frac{3}{9}$ oder $\frac{6}{9}$; der 9te Theil von $\frac{6}{9}$ ist $\frac{6}{81}$; und $\frac{2}{81}$ sind in $\frac{6}{81}$ 3 mal enthalten. (siehe 9te Reihe, 9tes Quadrat.)

Wie viel 5tel bleiben übrig, wenn vom 4ten Theile von 5 Ganzen und $\frac{3}{4}$, der 4te Theil von 2 Ganzen und $\frac{1}{4}$ abgezogen wird? Antwort: Es bleiben $\frac{4}{5}$ und 3 mal der 8te Theil von $\frac{1}{5}$ übrig, wenn vom 4ten Theile von 5 Ganzen und $\frac{3}{4}$, der 4te Theil von 2 Ganzen und $\frac{1}{4}$ abgezogen wird. Auflösung: 5 Ganze und $\frac{3}{4}$ sind $\frac{23}{4}$; der 4te Theil von $\frac{1}{4}$ ist $\frac{1}{16}$; der 4te Theil von $\frac{23}{4}$ ist $\frac{23}{16}$. 2 Ganze und $\frac{1}{4}$ sind $\frac{9}{4}$; der 4te Theil von $\frac{9}{4}$ ist $\frac{9}{16}$; $\frac{9}{16}$ von $\frac{23}{16}$ abgezogen bleiben $\frac{14}{16}$; $\frac{14}{16}$ sind $\frac{7}{8}$.

Nun ist $\frac{1}{8} = \frac{5}{40}$; und $\frac{7}{8}$ sind 7 mal $\frac{5}{40}$; oder $\frac{35}{40}$; $\frac{1}{5}$ ist $\frac{8}{40}$; $\frac{35}{40}$ sind 4 mal $\frac{8}{40}$ und 3 mal der 8te Theil von $\frac{8}{40}$, also auch 4 mal $\frac{1}{5}$ oder $\frac{4}{5}$ und 3 mal der 8te Theil von $\frac{1}{5}$. (siehe 4te Reihe 4tes Quadrat und 5te Reihe 8tes Quadrat.)

Wenn zum 3ten Theile von 1 Ganzen und 1/5 der halbe Theil von 8/9 hinzugezählt, und von der Summe, die herauskommt, 13 mal der 19te Theil weggenommen wird, wie viel Funfzehntel bleiben übrig? Antw. Wenn zum 3ten Theile von 1 Ganzen und 1/5 der halbe Theil von 8/9 hinzugezählt, und von der Summe, die herauskommt, 13 mal der 19te Theil weggenommen wird, so bleiben 4 Funfzehntel übrig. Auflösung: 1 Ganzes und 1/5 sind 6/5; der 3te Theil von 6/5 ist 2/5. — Der halbe Theil von 8/9 ist 4/9. (5tel und 9tel sind in demjenigen Quadrat zu finden, das wagrecht in 9tel und senkrecht in 5tel, oder umgekehrt — getheilt ist.) 1/5 ist 9/45; 2/5 sind 2 mal 9/45; 2 mal 9/45 sind 18/45. — 1/9 ist 5/45; 4/9 sind 4 mal 5/45 oder 20/45; 18/45 und 20/45 sind zusammengenommen 38/45. Der 19te Theil von 38/45 ist 2/45; 13 mal der 19te Theil von 38/45 ist 13 mal 2/45; 13 mal 2/45 sind 26/45; 26/45 von 38/45 weggenommen, bleibt 12/45; und 12/45 sind 4/15.

Fünfte Uebung.

Diese Uebung ist eine Erweiterung der vorhergehenden; das Kind lernt durch sie den einfachen Theil einer Anzahl Theile von Ganzen verdoppeln und vervielfachen; und hinwieder die Summe der Theile, die durch diese Verdoppelung und Vervielfachung herauskömmt, in Ganze zusammenfassen, oder in andere Theile von Ganzen, die nach Belieben bestimmt werden können, verwandeln.

Zweyte Reihe.

2tes Quadrat.

d. halbe Theil v. 1/2 ist 1/4.
2 m. — halbe — — 1/2 — 2 m. 1/4. 2 m. 1/4 sind 2/4. 2/4 sind 1/2.
3 — — halbe — — 1/2 — 3 — 1/4. 3 — 1/4 — 3/4.

4 m. d. halbe Th. v. 1/2 ist 4 m. 1/4. 4 m. 1/4 sind 4/4. 4/4 sind 1. *)

5 — — halbe — — 1/2 — 5 — 1/4. 5 — 1/4 — 5/4. 5/4 — 1 1/4.

6 — — halbe — — 1/2 — 6 — 1/4. 6 — 1/4 — 6/4. 6/4 — 1 2/4.

7 — — halbe — — 1/2 — 7 — 1/4. 7 — 1/4 — 7/4. 7/4 — 1 3/4.

8 — — halbe — — 1/2 — 8 — 1/4. 8 — 1/4 — 8/4. 8/4 — 2.

9 — — halbe — — 1/2 — 9 — 1/4. 9 — 1/4 — 9/4. 9/4 — 2 1/4.

10 — — halbe — — 1/2 — 10 — 1/4. 10 — 1/4 — 10/4. 10/4 — 2 2/4.

d. halbe Theil v. 2/2 ist 2/4. 2/4 sd. 1/2.

2 mal — halbe — — 2/2 — 2 m. 2/4. 2 m. 2/4 sd. 4/4. 4/4 — 1.

3 — — halbe — — 2/2 — 3 — 2/4. 3 — 2/4 — 6/4. 6/4 — 1 2/4.

4 — — halbe — — 2/2 — 4 — 2/4. 4 — 2/4 — 8/4. 8/4 — 2.

5 — — halbe — — 2/2 — 5 — 2/4. 5 — 2/4 — 10/4. 10/4 — 2 2/4.

6 — — halbe — — 2/2 — 6 — 2/4. 6 — 2/4 — 12/4. 12/4 — 3.

7 — — halbe — — 2/2 — 7 — 2/4. 7 — 2/4 — 14/4. 14/4 — 3 2/4.

8 — — halbe — — 2/2 — 8 — 2/4. 8 — 2/4 — 16/4. 16/4 — 4.

9 — — halbe — — 2/2 — 9 — 2/4. 9 — 2/4 — 18/4. 18/4 — 4 2/4.

10 — — halbe — — 2/2 — 10 — 2/4. 10 — 2/4 — 20/4. 20/4 — 5.

3tes Quadrat.

der 3te Theil von 1/2 ist 1/6.

2 m. — 3te — — 1/2 — 2 m. 1/6. 2 mal 1/6 sd. 2/6. 2/6 sd. 1/3.

3 — — 3te — — 1/2 — 3 — 1/6. 3 — 1/6 — 3/6. 3/6 — 1/2.

u. s. w. 4, 5, 6, 7, 8, 9, 10 mal der 3te Theil von 1/2.

der 3te Theil von 2/2 ist 2/6. 2/6 sd. 1/3.

2 mal — 3te — — 2/2 — 2 m. 2/6. 2 m. 2/6 sd. 4/6. 4/6 — 2/3.

3 — — 3te — — 2/2 — 3 — 2/6. 3 — 2/6 — 6/6. 6/6 — 1.

u. s. w. 4, 5, 6, 7, 8, 9, 10 mal der 3te Theil von 2/2.

4tes Quadrat.

der 4te Theil von 1/2 ist 1/8.

2 m. — 4te — — 1/2 — 2 m. 1/8. 2 m. 1/8 sd. 2/8. 2/8 sind 1/4.

---

*) Anmerkung. Die folgenden Linien gehen über den Inhalt des Quadrats hinaus, welches bey allen Quadraten, dieser und aller übrigen Reihen geschehen kann und soll.

3 m. der 4te Theil v. $\frac{1}{2}$ ist 3 .m $\frac{1}{8}$. 3 m. $\frac{1}{8}$ ist $\frac{3}{8}$.
u. s. w. 4, 5, 6, 7, 8, 9, 10mal der 4te Theil von $\frac{1}{2}$.

der 4te Th. v. $\frac{2}{2}$ ist $\frac{2}{8}$. $\frac{2}{8}$ sd. $\frac{1}{4}$.
2 m. — 4te — — $\frac{2}{2}$ — 2 m. $\frac{2}{8}$. 2 m. $\frac{2}{8}$ sd. $\frac{4}{8}$. $\frac{4}{8}$ — $\frac{1}{2}$.
3 — — 4te — — $\frac{2}{2}$ — 3 — $\frac{2}{8}$. 3 — $\frac{2}{8}$ — $\frac{6}{8}$. $\frac{6}{8}$ — $\frac{3}{4}$.
u. s. w. 4, 5, 6, 7, 8, 9, 10mal der 4te Theil von $\frac{2}{2}$.

5tes Quadrat.

der 5te Th. v. $\frac{1}{2}$ ist $\frac{1}{10}$.
2m. — 5te — — $\frac{1}{2}$ — 2m. $\frac{1}{10}$. 2m. $\frac{1}{10}$ sind $\frac{2}{10}$. $\frac{2}{10}$ sind $\frac{1}{5}$.
3 — — 5te — — $\frac{1}{2}$ — 3 — $\frac{1}{10}$. 3 — $\frac{1}{10}$ — $\frac{3}{10}$.
u. s. w. 4, 5, 6, 7, 8, 9, 10mal der 5te Theil von $\frac{1}{2}$.

der 5te Th. v. $\frac{2}{2}$ ist $\frac{2}{10}$. $\frac{2}{10}$ sind $\frac{1}{5}$.
2m. — 5te — — $\frac{2}{2}$ — 2m. $\frac{2}{10}$. 2m. $\frac{2}{10}$ sd. $\frac{4}{10}$. $\frac{4}{10}$ — $\frac{2}{5}$.
3 — — 5te — — $\frac{2}{2}$ — 3 — $\frac{2}{10}$. 3 — $\frac{2}{10}$ — $\frac{6}{10}$. $\frac{6}{10}$ — $\frac{3}{5}$.
u. s. w. 4, 5, 6, 7, 8, 9, 10mal der 5te Theil von $\frac{2}{2}$.

6tes Quadrat.

der 6te Th. v. $\frac{1}{2}$ ist $\frac{1}{12}$.
2m. — 6te — — $\frac{1}{2}$ — 2m. $\frac{1}{12}$. 2m. $\frac{1}{12}$ ist $\frac{2}{12}$. $\frac{2}{12}$ sind $\frac{1}{6}$.
3 — — 6te — — $\frac{1}{2}$ — 3 — $\frac{1}{12}$. 3 — $\frac{1}{12}$ — $\frac{3}{12}$. $\frac{3}{12}$ — $\frac{1}{4}$.
u. s. w. 4, 5, 6, 7, 8, 9, 10mal der 6te Theil von $\frac{1}{2}$.

der 6te Th. v. $\frac{2}{2}$ ist $\frac{2}{12}$. $\frac{2}{12}$ sd. $\frac{1}{6}$.
2m. — 6te — — $\frac{2}{2}$ — 2m. $\frac{2}{12}$. 2m. $\frac{2}{12}$ sd. $\frac{4}{12}$. $\frac{4}{12}$ — $\frac{1}{3}$.
3 — — 6te — — $\frac{2}{2}$ — 3 — $\frac{2}{12}$. 3 — $\frac{2}{12}$ — $\frac{6}{12}$. $\frac{6}{12}$ — $\frac{1}{2}$.
u. s. w. 4, 5, 6, 7, 8, 9, 10mal der 6te Theil von $\frac{2}{2}$.

7tes Quadrat.

der 7te Th. v. $\frac{1}{2}$ ist $\frac{1}{14}$.
2m. — 7te — — $\frac{2}{2}$ — 2m. $\frac{1}{14}$. 2m. $\frac{1}{14}$ sd. $\frac{2}{14}$. $\frac{2}{14}$ sd. $\frac{1}{7}$.
3 — — 7te — — $\frac{2}{2}$ — 3 — $\frac{1}{14}$. 3 — $\frac{1}{14}$ — $\frac{3}{14}$.
u. s. w. 4, 5, 6, 7, 8, 9, 10mal der 7te Theil von $\frac{1}{2}$.

der 7te Th. v. 2/2 ist 2/14. 2/14 sd. 1/7.
2 m. — 7te — — 2/2 — 2 m. 2/14. 2 m. 2/14 sd. 4/14. 4/14 — 2/7.
3 — — 7te — — 2/2 — 3 — 2/14. 3 — 2/14 — 6/14. 6/14 — 3/7.
u. s. w. 4, 5, 6, 7, 8, 9, 10 mal der 7te Theil von 2/2.

8tes Quadrat.

der 8te Th. von 1/2 ist 1/16.
2 m. — 8te — — 1/2 — 2 m. 1/16. 2 m. 1/16 sd. 2/16. 2/16 sd. 1/8.
3 — — 8te — — 1/2 — 3 — 1/16. 3 — 1/16 — 3/16.
u. s. w. 4, 5, 6, 7, 8, 9, 10 mal der 8te Theil von 1/2.

der 8te Th. von 2/2 ist 2/8. 2/8 sind 1/4.
2 m. — 8te — — 2/2 — 2 m. 2/8. 2 m. 2/8 sd. 4/8. 4/8 — 1/2.
3 — — 8te — — 2/2 — 3 — 2/8. 3 — 2/8 — 6/8. 6/8 — 3/4.
u. s. w. 4, 5, 6, 7, 8, 9, 10 mal der 8te Theil von 2/2.

9tes Quadrat.

der 9te Th. von 1/2 ist 1/18.
2 m. — 9te — — 1/2 — 2 m. 1/18. 2 m. 1/18 sind 2/18. 2/18 sind 1/9.
3 — — 9te — — 1/2 — 3 — 1/18. 3 — 1/18 — 3/18.
u. s. w. 4, 5, 6, 7, 8, 9, 10 mal der 9te Theil von 1/2.

der 9te Th. von 2/2 ist 2/18. 2/18 sd. 1/9.
2 m. — 9te — — 2/2 — 2 m. 2/18. 2 m. 2/18 sd. 4/18. 4/18 — 2/9.
3 — — 9te — — 2/2 — 3 — 2/18. 3 — 2/18 — 6/18. 6/18 — 3/9.
u. s. w. 4, 5, 6, 7, 8, 9, 10 mal der 9te Theil von 2/2.

10tes Quadrat.

der 10te Th. v. 1/2 ist 1/20.
2 m. — 10te — — 1/2 — 2 m. 1/20. 2 m. 1/20 sind 2/20. 2/20 sind 1/10.
3 — — 10te — — 1/2 — 3 — 1/20. 3 — 1/20 — 3/20.
u. s. w. 4, 5, 6, 7, 8, 9, 10 mal der 10te Theil von 1/2.

der 10te Th. v. 2/2 ist 2/20. 2/20 sd. 1/10.
2 m. — 10te — — 2/2 — 2 m. 2/20. 2 m. 2/20 sd. 4/20. 4/20 — 1/5.
3 — — 10te — — 2/2 — 3 — 2/20. 3 — 2/20 — 6/20. 6/20 — 3/10.
u. s. w. 4, 5, 6, 7, 8, 9, 10 mal der 10te Theil von 2/2.

So wird

von den 3teln der Quadrate der 3ten Reihe
— — 4teln — — — 4ten —
— — 5teln — — — 5ten —
— — 6teln — — — 6ten —
— — 7teln — — — 7ten —
— — 8teln — — — 8ten —
— — 9teln — — — 9ten —
— — 10teln — — — 10ten —

der halbe, 3te, 4te, 5te, 6te, 7te, 8te, 9te und 10te Theil weggenommen — dann verdoppelt und vervielfacht, und die jedesmal herauskommende Summe von Theilen entweder in Ganze zusammengefaßt, oder in das einfachste Verhältniß zum Ganzen gesezt.

Fragen:

Was ist 5 mal der halbe Theil von $\frac{2}{2}$? Antw. 5 mal der halbe Theil von $\frac{2}{2}$ ist 2 Ganze und $\frac{1}{2}$. Auflösung: Der halbe Theil von $\frac{1}{2}$ ist $\frac{1}{4}$; der halbe Theil von $\frac{2}{2}$ ist $\frac{2}{4}$; 5 mal der halbe Theil von $\frac{2}{2}$ ist 5 mal $\frac{2}{4}$; 5 mal $\frac{2}{4}$ sind $\frac{10}{4}$; und $\frac{10}{4}$ sind 2 Ganze und $\frac{2}{4}$ oder 2 Ganze und $\frac{1}{2}$.

(siehe 2te Reihe 3tes Quadrat.)

Was ist der 9te Theil von $\frac{2}{3}$, 7 mal genommen? Antw. Der 9te Theil von $\frac{2}{3}$ ist 7 mal genommen, $\frac{14}{27}$. Auflösung: Der 9te Theil von $\frac{1}{3}$ ist $\frac{1}{27}$; der 9te Theil von $\frac{2}{3}$ ist $\frac{2}{27}$; 7 mal der 9te Theil von $\frac{2}{3}$ ist 7 mal $\frac{2}{27}$; 7 mal $\frac{2}{27}$ sind $\frac{14}{27}$.

(siehe 3te Reihe 9tes Quadrat.)

Wie viel Ganze sind 9 mal der 3te Theil von $\frac{7}{8}$? Antw. 9 mal der 3te Theil von $\frac{7}{8}$ ist 2 Ganze und $\frac{15}{24}$. Auflösung: Der 3te Theil von $\frac{1}{8}$ ist $\frac{1}{24}$; der 3te Theil von $\frac{7}{8}$ ist $\frac{7}{24}$; 9 mal der 3te Theil von $\frac{7}{8}$ ist 9 mal $\frac{7}{24}$; 9 mal $\frac{7}{24}$ sind $\frac{63}{24}$; und $\frac{63}{24}$ sind 2 Ganze und $\frac{15}{24}$.

(siehe 8te Reihe 3tes Quadrat.)

Wie viel Ganze sind 8 mal der 5te Theil von $\frac{5}{9}$; und 6 mal der 5te Theil von $\frac{7}{9}$ zusammengenommen? Antw. 8 mal

der

der 5te Theil von $\frac{5}{9}$ und 6 mal der 5te Theil von $\frac{7}{9}$ zusammengenommen, sind 1 Ganzes und $\frac{37}{45}$. Auflösung: Der 5te Theil von $\frac{1}{9}$ ist $\frac{1}{45}$; der 5te Theil von $\frac{5}{9}$ ist $\frac{5}{45}$; 8 mal der 5te Theil von $\frac{5}{9}$ ist 8 mal $\frac{5}{45}$; 8 mal $\frac{5}{45}$ sind $\frac{40}{45}$. Der 5te Theil von $\frac{7}{9}$ ist $\frac{7}{45}$; 6 mal der 5te Theil von $\frac{7}{9}$ ist 6 mal $\frac{7}{45}$; 6 mal $\frac{7}{45}$ ist $\frac{42}{45}$; $\frac{40}{45}$ und $\frac{42}{45}$ zusammengenommen sind $\frac{82}{45}$; und $\frac{82}{45}$ sind 1 Ganzes und $\frac{37}{45}$.

(siehe 9te Reihe, 5tes Quadrat.)

Wie viel Ganze bleiben übrig, wenn 3 mal der 7te Theil von $\frac{5}{8}$ von 9 mal dem 7ten Theile von 1 Ganzen und $\frac{1}{8}$ weggenommen wird? Antw. Wenn 3 mal der 7te Theil von $\frac{5}{8}$, von 9 mal dem 7ten Theile von 1 Ganzen und $\frac{1}{8}$ weggenommen wird; so bleiben noch 1 Ganzes und $\frac{10}{56}$ übrig. Auflösung: Der 7te Theil von $\frac{1}{8}$ ist $\frac{1}{56}$; der 7te Theil von $\frac{5}{8}$ ist $\frac{5}{56}$; 3 mal der 7te Theil von $\frac{5}{8}$ ist 3 mal $\frac{5}{56}$; 3 mal $\frac{5}{56}$ sind $\frac{15}{56}$. — 1 Ganzes und $\frac{1}{8}$ sind $\frac{9}{8}$; der 7te Theil von $\frac{9}{8}$ ist $\frac{9}{56}$; 9 mal der 7te Theil von $\frac{9}{8}$ ist 9 mal $\frac{9}{56}$; 9 mal $\frac{9}{56}$ ist $\frac{81}{56}$: $\frac{15}{56}$ von $\frac{81}{56}$ weggenommen, bleiben noch $\frac{66}{56}$; und $\frac{66}{56}$ sind 1 Ganzes und $\frac{10}{56}$. (siehe 8te Reihe 7tes Quad.)

Um wie viel 9tel sind 7 mal der 9te Theil von $\frac{7}{9}$ größer als 5 mal der 9te Theil von $\frac{8}{9}$? Antw. 7 mal der 9te Theil von $\frac{7}{9}$ sind um $\frac{1}{9}$ größer als 5 mal der 9te Theil von $\frac{8}{9}$. Auflösung: Der 9te Theil von $\frac{1}{9}$ ist $\frac{1}{81}$; der 9te Theil von $\frac{7}{9}$ ist $\frac{7}{81}$; 7 mal der 9te Theil von $\frac{7}{9}$ ist 7 mal $\frac{7}{81}$; 7 mal $\frac{7}{81}$ sind $\frac{49}{81}$. Der 9te Theil von $\frac{8}{9}$ ist $\frac{8}{81}$; 5 mal der 9te Theil von $\frac{8}{9}$ ist 5 mal $\frac{8}{81}$; 5 mal $\frac{8}{81}$ sind $\frac{40}{81}$; $\frac{49}{81}$ sind nun $\frac{9}{81}$ größer als $\frac{40}{81}$; und $\frac{9}{81}$ sind $\frac{1}{9}$.

(siehe 9te Reihe 9tes Quadrat.)

Wie vielmal ist 3 mal der 7te Theil von $\frac{5}{8}$; in 6 mal dem 7ten Theile von 1 Ganzen und $\frac{2}{8}$ enthalten? Antw. 3 mal der 7te Theil von $\frac{5}{8}$ ist in 6 mal dem 7ten Theile von 1 Ganzen und $\frac{2}{8}$, 4 mal enthalten. Auflösung: Der 7te Theil von

1/8 ist 1/56; der 7te Theil von 5/8 ist 5/56; 3 mal der 7te Theil von 5/8 ist 3 mal 5/56; 3 mal 5/56 ist 15/56. 1 Ganzes und 2/8 sind 10/8; der 7te Theil von 10/8 ist 10/56; 6 mal der 7te Theil von 10/8 ist 6 mal 10/56; 6 mal 10/56 sind 60/56; und 15/56 sind in 60/56 4 mal enthalten. (siehe 8te Reihe 7tes Quadrat.)

Was ist 3 mal der 7te Theil von 1 Ganzen und 4/5 für ein Theil von 5 mal dem 7ten Theile von 1 Ganzen und 2/5? Antw. 3 mal der 7te Theil von 1 Ganzen und 4/5 ist 27 mal der 35ste Theil von 5 mal dem 7ten Theile von 1 Ganzen und 2/5. Auflösung: 1 Ganzes und 4/5 sind 9/5; der 7te Theil von 1/5 ist 1/35; der 7te Theil von 9/5 ist 9/35, 3 mal der 7te Theil von 9/5 ist 3 mal 9/35; 3 mal 9/35 sind 27/35. 1 Ganzes und 2/5 sind 7/5; der 7te Theil von 7/5 sind 7/35; 5 mal der 7te Theil von 7/5 ist 5 mal 7/35; 5 mal 7/35 sind 35/35. 27/35 sind 27 mal der 35ste Theil von 35/35. (siehe 7tes Quadrat 5te Reihe.)

Wie viel 4tel bleiben übrig, wenn zu 5 mal dem 8ten Theile von 2 Ganzen und 4/9, 7 mal der 9te Theil von 5/7 hinzugezahlt, und von der Summe die herauskommt 4 mal der 5te Theil weggenommen wird? Antw. Wenn zu 5 mal dem 8ten Theile von 2 Ganzen und 4/9 7 mal der 9te Theil von 5/7 hinzugezählt, und von der Summe die herauskommt, 4 mal der 5te Theil weggenommen wird, so bleiben noch 1/4 und 2 mal der 3te Theil von 1/4 übrig. Auflösung: 2 Ganze und 4/9 sind 22/9; der 8te Theil von 1/9 ist 1/72; der 8te Theil von 22/9 ist 22/72; 5 mal der 8te Theil von 22/9 ist 5 mal 22/72; 5 mal 22/72 sind 110/72. Der 9te Theil von 1/7 ist 1/63; der 9te Theil von 5/7 ist 5/63; 7 mal der 9te Theil von 5/7 ist 7 mal 5/63; 7 mal 5/63 sind 35/63; 35/63 sind 5/9. 1/9 ist 8/72; 5/9 sind 5 mal 8/72; 5 mal 8/72 sind 40/72; 110/72 und 40/72 sind 150/72; und 150/72 sind 25/12. Der 5te Theil von 25/12 ist 5/12; 4 mal der 5te Theil von 25/12 ist 4 mal 5/12; 4 mal 5/12 sind 20/12; 20/12 von 25/12 weggenommen, bleiben 5/12; und 5/12 sind 1/4 und 2 mal der 3te Theil von 1/4; folglich bleiben 1/4 und 2 mal der

3te Theil von $\frac{1}{4}$ übrig, wenn zu 5 mal dem 8ten Theile von 2 Ganzen und $\frac{4}{9}$ — 7 mal der 9te Theil von $\frac{5}{7}$ hinzugezählt, und von der Summe die herauskommt 4 mal der 5te Theil weggenommen wird. (siehe 9te Reihe 8tes Quadrat und 7te Reihe 9tes Quadrat.)

Sechste Uebung.

In dieser Uebung lernt das Kind die Summe bestimmen, von welcher eine gegebene Anzahl sowohl einfache als gemischte Theile von Ganzen, ein einfacher gegebener Theil, z. B. der halbe, der dritte ist, und eben so lernt es bey Zahlen, zwischen denen ein solches einfaches Verhältniß statt hat, dasselbe angeben, d. h. es lernt den Theil bestimmen, welchen eine gegebene Anzahl Theile von einer andern, ebenfalls gegebenen, ausmacht.

Zweyte Reihe.

2tes Quadrat.

(der halbe Theil von $\frac{1}{2}$ ist $\frac{1}{4}$.)

$\frac{1}{4}$ ist der halbe Theil von	2 m. $\frac{1}{4}$.	2 m. $\frac{1}{4}$ sind $\frac{2}{4}$.	$\frac{2}{4}$ sind $\frac{1}{2}$.
$\frac{1}{4}$ — — 3te —	— 3 — $\frac{1}{4}$.	3 — $\frac{1}{4}$ — $\frac{3}{4}$.	
$\frac{1}{4}$ — — 4te —	— 4 — $\frac{1}{4}$.	4 — $\frac{1}{4}$ — $\frac{4}{4}$.	$\frac{4}{4}$ — 1. *).
$\frac{1}{4}$ — — 5te —	— 5 — $\frac{1}{4}$.	5 — $\frac{1}{4}$ — $\frac{5}{4}$.	$\frac{5}{4}$ — 1$\frac{1}{4}$.
$\frac{1}{4}$ — — 6te —	— 6 — $\frac{1}{4}$.	6 — $\frac{1}{4}$ — $\frac{6}{4}$.	$\frac{6}{4}$ — 1$\frac{1}{2}$.
$\frac{1}{4}$ — — 7te —	— 7 — $\frac{1}{4}$.	7 — $\frac{1}{4}$ — $\frac{7}{4}$.	$\frac{7}{4}$ — 1$\frac{3}{4}$.
$\frac{1}{4}$ — — 8te —	— 8 — $\frac{1}{4}$.	8 — $\frac{1}{4}$ — $\frac{8}{4}$.	$\frac{8}{4}$ — 2.
$\frac{1}{4}$ — — 9te —	— 9 — $\frac{1}{4}$.	9 — $\frac{1}{4}$ — $\frac{9}{4}$.	$\frac{9}{4}$ — 2$\frac{1}{4}$.
$\frac{1}{4}$ — — 10te —	— 10 — $\frac{1}{4}$.	10 — $\frac{1}{4}$ — $\frac{10}{4}$.	$\frac{10}{4}$ — 2$\frac{1}{2}$.

---

*) Anmerkung. Die folgenden Linien gehen über den Inhalt des Quadrats hinaus, welches bey allen Quadraten dieser und der folgenden Reihe geschehen kann.

(der halbe Theil von 2/2 ist 2/4.
2 mal — halbe — — 1/2 — 2/4.
1/4 — 2/4.)

2/4 sd. der halbe Theil von 2 m. 2/4. 2 m. 2/4 sd. 4/4. 4/4 sd. 1.
2/4 — — 3te — — 3 — 2/4. 3 — 2/4 — 6/4. 6/4 — 1½.
2/4 — — 4te — — 4 — 2/4. 4 — 2/4 — 8/4. 8/4 — 2.
2/4 — — 5te — — 5 — 2/4. 5 — 2/4 — 10/4. 10/4 — 2½.
2/4 — — 6te — — 6 — 2/4. 6 — 2/4 — 12/4. 12/4 — 3.
2/4 — — 7te — — 7 — 2/4. 7 — 2/4 — 14/4. 14/4 — 3½.
2/4 — — 8te — — 8 — 2/4. 8 — 2/4 — 16/4. 16/4 — 4.
2/4 — — 9te — — 9 — 2/4. 9 — 2/4 — 18/4. 18/4 — 4½.
2/4 — — 10te — — 10 — 2/4. 10 — 2/4 — 20/4. 20/4 — 5.

(der halbe Theil von 3/2 ist 3/4.
3 mal — halbe — — 1/2 — 3/4.
1/2 und 1 — — halbe — — 1/2 — 3/4.)

3/4 sd. der halbe Theil von 2 m. 3/4. 2 m. 3/4 sd. 6/4. 6/4 sd. 1½.
3/4 — — 3te — — 3 — 3/4. 3 — 3/4 — 9/4. 9/4 — 2¼.
3/4 — — 4te — — 4 — 3/4. 4 — 3/4 — 12/4. 12/4 — 3.
3/4 — — 5te — — 5 — 3/4. 5 — 3/4 — 15/4. 15/4 — 3¾.
3/4 — — 6te — — 6 — 3/4. 6 — 3/4 — 18/4. 18/4 — 4½.
3/4 — — 7te — — 7 — 3/4. 7 — 3/4 — 21/4. 21/4 — 5¼.
3/4 — — 8te — — 8 — 3/4. 8 — 3/4 — 24/4. 24/4 — 6.
3/4 — — 9te — — 9 — 3/4. 9 — 3/4 — 27/4. 27/4 — 6¾.
3/4 — — 10te — — 10 — 3/4. 10 — 3/4 — 30/4. 30/4 — 7½.

(der halbe Theil von 4/2 ist 4/4.
4 mal — halbe — — 1/2 — 4/4.
2/2 sind 4/4.
1 Gzs. ist 4/4.

4/4 sind der halbe Theil von 2 m. 4/4. 2 m. 4/4 sind 8/4. 8/4 sind 2.
4/4 — — 3te — — 3 — 4/4. 3 — 4/4 — 12/4. 12/4 — 3.
4/4 — — 4te — — 4 — 4/4. 4 — 4/4 — 16/4. 16/4 — 4.
u. s. w. bis 4/4 sind der 10te Theil von 10 mal 4/4.

3tes Quadrat.

(der dritte Theil von 1/2 ist 1/6.
der halbe — — 1/3 — 1/6.)

1/6 ist der halbe Theil von 2 m. 1/6 2 m. 1/6 sind 2/6. 2/6 sind 1/3.
1/6 — — 3te — — 3 — 1/6 3 — 1/6 — 3/6. 3/6 — 1/2.
1/6 — — 4te — — 4 — 1/6 4 — 1/6 — 4/6. 4/6 — 2/3.
1/6 — — 5te — — 5 — 1/6 5 — 1/6 — 5/6.
1/6 — — 6te — — 6 — 1/6 6 — 1/6 — 6/6. 6/6 — 1.
1/6 — — 7te — — 7 — 1/6 7 — 1/6 — 7/6. 7/6 — 1 1/6.
u. s. w. bis 1/6 ist der 10te Theil von 10 mal 1/6.

(der dritte Theil von 2/2 ist 2/6.
2 mal — dritte — — 1/2 — 2/6.
— halbe — — 2/3 — 2/6.
2 — — halbe — — 1/3 — 2/6.
1/3 — 1/6.)

2/6 sind der halbe Theil von 2 m. 2/6. 2 m. 2/6 sind 4/6. 4/6 sd. 2/3.
2/6 — — 3te — — 3 — 2/6. 3 — 2/6 — 6/6. 6/6 — 1.
2/6 — — 4te — — 4 — 2/6. 4 — 2/6 — 8/6. 8/6 — 1 1/3.
u. s. w. bis 2/6 sind der 10te Theil von 10 mal 2/6.

(der dritte Theil von 3/2 ist 3/6.
3 mal — dritte — — 1/2 — 3/6.
1/2 — 3/6.
der halbe — — 3/3 — 3/6.
3 mal — halbe — — 1/3 — 3/6.
1/3 und — halbe — — 1/3 — 3/6.)

3/6 sind der halbe Theil von 2 m. 3/6. 2 m. 3/6 sind 6/6. 6/6 sind 1.
3/6 — — 3te — — 3 — 3/6. 3 — 3/6 — 9/6. 9/6 — 1 1/2.
3/6 — — 4te — — 4 — 3/6. 4 — 3/6 — 12/6. 12/6 — 2.
u. s. w. bis 3/6 sind der 10te Theil von 10 mal 3/6.

(der dritte Theil von 4/2 ist 4/6.
4 mal — dritte — — 1/2 — 4/6.
1/2 und — dritte — — 1/2 — 4/6.

der halbe Theil von 4/3 ist 4/6.
4 mal — halbe — — 1/3 — 4/6.
2/3 — 4/6.)

4/6 sind der halbe Theil v. 2 m. 4/6. 2 m. 4/6 sind 8/6. 8/6 sind 1 1/3.
4/6 — — 3te — — 3 — 4/6. 3 — 4/6 — 12/6. 12/6 — 2.
4/6 — — 4te — — 4 — 4/6. 4 — 4/6 — 16/6. 16/6 — 2 2/3.
u. s. w. bis 4/6 sind der 10te Theil von 10 mal 4/6.

(der dritte Theil von 5/2 ist 5/6.
5 mal — dritte — — 1/2 — 5/6.
1/2 und 2 — — dritte — — 1/2 — 5/6.
— halbe — — 5/3 — 5/6.
5 mal — halbe — — 1/3 — 5/6.
2/3 und — halbe — — 1/3 — 5/6.)

5/6 sind der halbe Theil v. 2 m. 5/6. 2 m. 5/6 sind 10/6. 10/6 sd. 1 4/6.
5/6 — — 3te — — 3 — 5/6. 3 — 5/6 — 15/6. 15/6 — 2 1/2.
5/6 — — 4te — — 4 — 5/6. 4 — 5/6 — 20/6. 20/6 — 3 1/3.
u. s. w. bis 5/6 sind der 10te Theil von 10 mal 5/6.

(der dritte Theil von 6/2 ist 6/6.
6 mal — dritte — — 1/2 — 6/6.
2/2 sind 6/6.
— halbe — — 6/3 ist 6/6.
6 mal — halbe — — 1/3 sind 6/6.
3/3 — 6/6.
1 Gzs. ist 6/6.)

6/6 sind der halbe Theil v. 2 m. 6/6. 2 m. 6/6 sind 12/6. 12/6 sind 2.
6/6 — — 3te — — 3 — 6/6. 3 — 6/6 — 18/6. 18/6 — 3.
6/6 — — 4te — — 4 — 6/6. 4 — 6/6 — 24/6. 24/6 — 4.
u. s. w. bis 6/6 sind der 10te Theil von 10 mal 6/6.

4tes Quadrat.

(der vierte Theil von 1/2 ist 1/8.
— halbe — — 1/4 — 1/8.)

1/8 ist der halbe Theil von 2 m. 1/8. 2 m. 1/8 sind 2/8. 2/8 sind 1/4.
1/8 — — 3te — — 3 — 1/8. 3 — 1/8 — 3/8.
1/8 — — 4te — — 4 — 1/8. 4 — 1/8 — 4/8. 4/8 — 1/2.
u. s. w. bis 1/8 ist der 10te Theil von 10 mal 1/8.

(der vierte Theil von 2/2 ist 2/8.
2 mal — vierte — — 1/2 — 2/8.
— halbe — — 2/4 — 2/8.
2 mal — halbe — — 1/4 — 2/8.
1/4 — 2/8.)

2/8 sind der halbe Theil von 2 m. 2/8. 2 m. 2/8 sind 4/8. 4/8 sind 1/2.
2/8 — — 3te — — 3 — 2/8. 3 — 2/8 — 6/8. 6/8 — 3/4.
2/8 — — 4te — — 4 — 2/8. 4 — 2/8 — 8/8. 8/8 — 1.
u. s. w. bis 2/8 sind der 10te Theil von 10 mal 2/8.

(der vierte Theil von 3/2 ist 3/8.
3 mal — vierte — — 1/2 — 3/8.
— halbe — — 3/4 — 3/8.
3 mal — halbe — — 1/4 — 3/8.
1/4 und — halbe — — 1/4 — 3/8.)

3/8 sind der halbe Theil von 2 m. 3/8. 2 m. 3/8 sind 6/8. 6/8 sind 3/4.
3/8 — — 3te — — 3 — 3/8. 3 — 3/8 — 9/8. 9/8 — 1 1/8.
3/8 — — 4te — — 4 — 3/8. 4 — 3/8 — 12/8. 12/8 — 1 1/2.
u. s. w. bis 3/8 sind der 10te Theil von 10 mal 3/8.

(der vierte Theil von 4/2 ist 4/8.
4 mal — vierte — — 1/2 — 4/8.
1/2 — 4/8.
der halbe — — 4/4 — 4/8.
4 mal — halbe — — 1/4 — 4/8.
2/4 — 4/8.)

4/8 sind der halbe Theil v. 2 m. 4/8. 2 m. 4/8 sind 8/8. 8/8 sind 1.
4/8 — — 3te — — 3 — 4/8. 3 — 4/8 — 12/8. 12/8 — 1 1/2.
4/8 — — 4te — — 4 — 4/8. 4 — 4/8 — 16/8. 16/8 — 2.
u. s. w. bis 4/8 sind der 10te Theil von 10 mal 4/8.

(der vierte Theil von 5/2 ist 5/8.

5 mal — vierte — — 1/2 — 5/8.

1/2 und 1 — — vierte — — 1/2 — 5/8.

— halbe — — 5/4 — 5/8.

5 mal — halbe — — 1/4 — 5/8.

1/4 und 1 — — halbe — — 1/4 — 5/8.

5/8 sind der halbe Theil v. 2 m. 5/8. 2 m. 5/8 sind 10/8. 10/8 sind 1 1/4.

5/8 — — 3te — — 3 — 5/8. 3 — 5/8 — 15/8. 15/8 — 1 7/8.

5/8 — — 4te — — 4 — 5/8. 4 — 5/8 — 20/8. 20/8 — 2 1/2.

u. s. w. bis 5/8 sind der 10te Theil von 10 mal 5/8.

(der vierte Theil von 6/2 ist 6/8.

6 mal — vierte — — 1/2 — 6/8.

1/2 und 2 — — vierte — — 1/2 — 6/8.

— halbe — — 6/4 — 6/8.

6 — — halbe — — 1/4 — 6/8.

3/4 sind 6/8.

6/8 sind der halbe Theil v. 2 m. 6/8. 2 m. 6/8 sind 12/8. 12/8 sind 1 1/2.

6/8 — — 3te — — 3 — 6/8. 3 — 6/8 — 18/8. 18/8 — 2 1/4.

6/8 — — 4te — — 4 — 6/8. 4 — 6/8 — 24/8. 24/8 — 3.

u. s. w. bis 6/8 sind der 10te Theil von 10 mal 6/8.

(der vierte Theil von 7/2 ist 7/8.

7 mal — vierte — — 1/2 — 7/8.

1/2 und 3 — — vierte — — 1/2 — 7/8.

— halbe — — 7/4 — 7/8.

7 mal — halbe — — 1/4 — 7/8.

3/4 und 1 — — halbe — — 1/4 — 7/8.)

7/8 sind der halbe Theil v. 2 m. 7/8. 2 m. 7/8 sind 14/8. 14/8 sind 1 3/4.

7/8 — — 3te — — 3 — 7/8. 3 — 7/8 — 21/8. 21/8 — 2 5/8.

7/8 — — 4te — — 4 — 7/8. 4 — 7/8 — 28/8. 28/8 — 3 1/2.

u. s. w. bis 7/8 sind der 10te Theil von 10 mal 7/8.

(der vierte Theil von 8/2 ist 8/8.

8 mal — vierte — — 1/2 — 8/8.

2/2 sind 8/8..

der

der halbe Theil von $8/4$ ist $8/8$.
8 mal — halbe — — $1/4$ — $8/8$.
$4/4$ sind $8/8$.
1 Gzs. ist $8/8$.)

$8/8$ sind der halbe Theil v. 2 m. $8/8$. 2 m. $8/8$ sind $16/8$. $16/8$ sind 2.
$8/8$ — — 3te — — 3 — $8/8$. 3 — $8/8$ — $24/8$. $24/8$ — 3.
$8/8$ — — 4te — — 4 — $8/8$. 4 — $8/8$ — $32/8$. $32/8$ — 4.
u. s. w. bis $8/8$ sind der 10te Theil von 10 mal $8/8$.

Auf gleiche Weise wird fortgefahren zu bestimmen, wovon
jede Anzahl 10tel des 5ten Quadrats
— — 12tel — 6ten —
— — 14tel — 7ten —
— — 16tel — 8ten —
— — 18tel — 9ten —
— — 20stel — 10ten — der 2ten Reihe,

den halben, 3ten, 4ten, 5ten, 6ten Theil u. s. w. ausmache.

Das gleiche geschieht ebenfalls bey allen folgenden Reihen.

Fragen:

Von wie viel Ganzen sind $5/6$ der 5te Theil? Antw. $5/6$ sind der 5te Theil von 4 Ganzen und $1/6$. Auflösung: $5/6$ sind der 5te Theil von 5 mal $5/6$; 5 mal $5/6$ sind $25/6$, und $25/6$ sind 4 Ganze und $1/6$. (siehe 2te Reihe 3tes Quadrat.)

Was hat für ein Verhältniß statt zwischen 7 mal dem 5ten Theile von $3/4$ und 3 mal dem 5ten Theile von 3 Ganzen und $1/2$? Antw. 7 mal der 5te Theil von $3/4$ sind der halbe Theil von 3 mal dem 5ten Theile von 3 Ganzen und $1/2$. Auflösung: Der 5te Theil von $1/4$ ist $1/20$ der 5te Theil von $3/4$ ist $3/20$; 7 mal der 5te Theil von $3/4$ ist 7 mal $3/20$; 7 mal $3/20$ sind $21/20$; — 3 Ganze und $1/2$ sind $7/2$; der 5te Theil von $1/2$ ist $1/10$; der 5te Theil von $7/2$ ist $7/10$; 3 mal der 5te Theil von $7/2$ ist 3 mal $7/10$; 3 mal $7/10$ sind $21/10$; — $1/20$ ist der halbe Theil von $\frac{1}{10}$; und $\frac{21}{20}$ sind der halbe Theil von $\frac{21}{10}$; folglich ist 7 mal der 5te Theil von $\frac{3}{4}$ — der halbe Theil von 3 mal dem 5ten Theile von 3 Ganzen und $\frac{1}{2}$. (siehe 4te Reihe 5tes Quadrat.)

Von wie viel Ganzen sind 8 mal der 5te Theil von $\frac{1}{5}$ und 4 mal der 5te Theil von $\frac{3}{5}$ zusammengenommen der 9te Theil? Antw. 8 mal der 5te Theil von $\frac{1}{5}$, und 4 mal der 5te Theil von $\frac{3}{5}$ zusammengenommen, sind der 9te Theil von 7 Ganzen und $\frac{1}{5}$. Auflösung: Der 5te Theil von $\frac{1}{5}$ ist $\frac{1}{25}$; 8 mal der 5te Theil von $\frac{1}{5}$ ist $\frac{8}{25}$; der 5te Theil von $\frac{3}{5}$ ist $\frac{3}{25}$; 4 mal der 5te Theil von $\frac{3}{5}$ ist $\frac{12}{25}$; $\frac{12}{25}$ und $\frac{8}{25}$ sind $\frac{20}{25}$; $\frac{20}{25}$ sind der 9te Theil von 9 mal $\frac{20}{25}$; 9 mal $\frac{20}{25}$ sind $\frac{180}{25}$; und $\frac{180}{25}$ sind 7 Ganze und $\frac{1}{5}$; folglich sind 8 mal der 5te Theil von $\frac{1}{5}$ und 4 mal der 5te Theil von $\frac{3}{5}$ zusammengenommen, der 9te Theil von 7 Ganzen und $\frac{1}{5}$.

(siehe 5te Reihe 5tes Quadrat.)

Was ist also 8 mal der 5te Theil von $\frac{1}{5}$ und 4 mal der 5te Theil von $\frac{3}{5}$ zusammengenommen für ein Theil von 7 Ganzen und $\frac{1}{5}$? Antw. 8 mal der 5te Theil von $\frac{1}{5}$ und 4 mal der 5te Theil von $\frac{3}{5}$ sind zusammengenommen der 9te Theil von 7 Ganzen und $\frac{1}{5}$. Auflösung: 8 mal der 5te Theil von $\frac{1}{5}$ sind $\frac{8}{25}$; 4 mal der 5te Theil von $\frac{3}{5}$ sind $\frac{12}{25}$; $\frac{8}{25}$ und $\frac{12}{25}$ sind $\frac{20}{25}$; 7 Ganze und $\frac{1}{5}$ sind $\frac{36}{5}$; $\frac{20}{25}$ sind $\frac{4}{5}$; und $\frac{4}{5}$ sind der 9te Theil von $\frac{36}{5}$. (siehe 5te Reihe 5tes Q.)

Von wie viel Ganzen sind $\frac{1}{3}$, $\frac{1}{6}$, $\frac{1}{8}$, $\frac{1}{12}$ und $\frac{1}{24}$ zusammengenommen der 5te Theil? Antw. $\frac{1}{3}$, $\frac{1}{6}$, $\frac{1}{8}$, $\frac{1}{12}$ und $\frac{1}{24}$ sind zusammengenommen der 5te Theil von 3 Ganzen und $\frac{3}{4}$. Auflösung: (3tel, 6tel, 8tel, 12tel und 24stel, sind in demjenigen Quadrat zu finden, das in 3tel und 8tel, also in 24stel getheilt ist.) $\frac{1}{3}$ ist $\frac{8}{24}$; $\frac{1}{6}$ ist $\frac{4}{24}$; $\frac{8}{24}$ und $\frac{4}{24}$ sind $\frac{12}{24}$; $\frac{1}{8}$ ist $\frac{3}{24}$; $\frac{12}{24}$ und $\frac{3}{24}$ sind $\frac{15}{24}$; $\frac{1}{12}$ ist $\frac{2}{24}$; $\frac{15}{24}$ und $\frac{2}{24}$ sind $\frac{17}{24}$; und $\frac{17}{24}$ und $\frac{1}{24}$ sind $\frac{18}{24}$; und $\frac{18}{24}$ sind der 5te Theil von 5 mal $\frac{18}{24}$; 5 mal $\frac{18}{24}$ sind $\frac{90}{24}$; und $\frac{90}{24}$ sind 3 Ganze und $\frac{18}{24}$ oder 3 Ganze und $\frac{3}{4}$. (siehe 3te Reihe 8tes Quadrat.)

Was sind ½; ⅔ und ¾ zusammengenommen, für ein einfacher Theil von 3 Ganzen und ⅚? Antw. ½, ⅔ und ¾ sind zusammengenommen der halbe Theil von 3 Ganzen und ⅚. Auflösung: (Halbe, 3tel und 4tel sind in demjenigen Quadrat zu finden, das in 3tel und 4tel, also in 12tel getheilt ist.) ½ ist 6/12; ⅔ sind 8/12; 6/12 und 8/12 sind 14/12; ¾ sind 9/12; 14/12 und 9/12 sind 23/12. — 3 Ganze und ⅚ sind 23/6; 23/6 sind 46/12; 46/12 sind 2 mal 23/12 und 1 mal 23/12 sind der halbe Theil von 2 mal 23/12; folglich sind ½, ⅔ und ¾ zusammengenommen der halbe Theil von 3 Ganzen und ⅚. (siehe 3te Reihe 4tes Quadrat.)

Von wie viel Ganzen sind ⅚ und der 4te Theil von ⅙; ⅓ und der halbe Theil von ⅓; ⅜ und der 3te Theil von ⅛ zusammengenommen der 3te Theil? Antw. ⅚ und der 4te Theil von ⅙; ⅓ und der halbe Theil von ⅓; und ⅜ und der 3te Theil von ⅛ sind zusammengenommen der 3te Theil von 5 Ganzen und ⅜. Auflösung: (6tel, 3tel und 8tel sind in demjenigen Quadrat zu finden, das in 3tel und 8tel, also in 24stel getheilt ist.) ⅚ sind 20/24; der 4te Theil von ⅙ ist 1/24; 20/24 und 1/24 sind 21/24; ⅓ und der halbe Theil von ⅓ sind 12/24; 21/24 und 12/24 sind 33/24; ⅜ und der 3te Theil von ⅛ sind 10/24; 33/24 und 10/24 sind 43/24; und 43/24 sind der 3te Theil von 3 mal 43/24; 3 mal 43/24 sind 129/24; 129/24 sind 5 Ganze und ⅜. (siehe 3te Reihe 8tes Quadrat.)

Was für ein Theil von ⅔ bleibt übrig, wenn der 4te Theil von ⅚ vom 3ten Theile von ⅞ abgezogen wird? Antw. Wenn der 4te Theil von ⅚ vom 3ten Theile von ⅞ abgezogen wird, so bleibt noch der 8te Theil von ⅔ übrig. Auflösung: Der 4te Theil von ⅚ ist 5/24; der 3te Theil von ⅞ ist 7/24; 5/24 und 7/24 abgezogen, bleiben 2/24; ⅔ sind 16/24; und 2/24 sind der 8te Theil von 16/24. (siehe 6te Reihe 4tes Quadrat und 8te Reihe 3tes Quadrat.)

Siebente Uebung.

Sie ist eine Erweiterung der vorhergehenden, auf Fälle, wo zwischen zwey Zahlen nicht ein einfaches Verhältniß statt hat, d. h. wo die einte Zahl nicht blos ein — sondern zwey, drey, vier mal u. s. w. den halben, 3ten, 4ten u. s. w. Theil der andern ausmacht.

Zweyte Reihe.

2tes Quadrat.

1/2 ist 2m. 1/4. 2m 1/4 sd. 2m. d. 3te Th. v. 3m. 1/4. 3m. 1/4 sd. 3/4.
1/2—2—1/4. 2—1/4—2——4te——4—1/4. 4—1/4—4/4. 4/4 sd. 1 *)
1/2—2—1/4. 2—1/4—2——5te——5—1/4. 5—1/4—5/4. 5/4—1 1/4.
1/2—2—1/4. 2—1/4—2——6te——6—1/4. 6—1/4—6/4. 6/4—1 1/2.
1/2—2—1/4. 2—1/4—2——7te——7—1/4. 7—1/4—7/4. 7/4—1 3/4.
1/2—2—1/4. 2—1/4—2——8te——8—1/4. 8—1/4—8/4. 8/4—2.
1/2—2—1/4. 2—1/4—2——9te——9—1/4. 9—1/4—9/4. 9/4—2 1/4.
1/2—2—1/4. 2—1/4—2——10te——10—1/4. 10—1/4—10/4. 10/4—2 1/2.

2/2 sd. 2m. 2/4. 2m. 2/4 sd. 2m. d. 3te Th. v. 3m. 2/4. 3m. 2/4 sd. 6/4. 6/4 sd. 1 1/2.
2/2—2—2/4. 2—2/4—2——4te——4—2/4. 4—2/4—8/4. 8/4—2.
2/2—2—2/4. 2—2/4—2——5te——5—2/4. 5—2/4—10/4. 10/4—2 1/2.
2/2—2—2/4. 2—2/4—2——6te——6—2/4. 6—2/4—12/4. 12/4—3.
2/2—2—2/4. 2—2/4—2——7te——7—2/4. 7—2/4—14/4. 14/4—3 2/4
2/2—2—2/4. 2—2/4—2——8te——8—2/4. 8—2/4—16/4. 16/4—4.
2/2—2—2/4. 2—2/4—2——9te——9—2/4. 9—2/4—18/4. 18/4—4 1/2.
2/2—2—2/4. 2—2/4—2——10te——10—2/4. 10—2/4—20/4. 20/4—5.

3tes Quadrat.

1/2 ist 3m. 1/6. 3m. 1/6 sd. 3m. d. halbe Th. v. 2m. 1/6. 2m. 1/6 sd. 2/6. 2/6 sd. 1/3.
1/2—3—1/6. 3—1/6—3—— 3te ——3—1/6. 3—1/6—3/6. 3/6—1/2.

*) Anmerkung. Die folgenden Linien gehen über den Inhalt des Quadrats hinaus. Dies kann auch bey allen Quadraten dieser und der folgenden Reihen geschehen.

1/2 ist 3m. 1/6. 3m. 1/6 ſd. 3m. d. 4te Th. v. 4m. 1/6. 4m. 1/6 ſd. 4/6. 4/6 ſd. 2/3.
1/2 — 3 — 1/6. 3 — 1/6 — 3 — — 5te — — 5 — 1/6. 5 — 1/6 — 5/6.
1/2 — 3 — 1/6. 3 — 1/6 — 3 — — 6te — — 6 — 1/6! 6 — 1/6 — 6/6. 6/6 — 1.
u. ſ. w. bis 3 mal der 10te Theil von 10 mal 1/6.

2/2 ſd. 3m. 2/6. 3m. 2/6 ſd. 3m. d. halbe T. v. 2m. 2/6. 2m. 2/6 ſd. 4/6. 4/6 ſi. 2/3
2/2 — 3 — 2/6. 3 — 2/6 — 3 — — 3te — — 3 — 2/6. 3 — 2/6 — 6/6. 6/6 — 1.
2/2 — 3 — 2/6. 3 — 2/6 — 3 — — 4te — — 4 — 2/6. 4 — 2/6 — 8/6. 8/6 — 1 1/3.
u. ſ. w. bis 3 mal der 10te Theil von 10 mal 2/6.

4tes Quadrat.

1/2 ist 4m. 1/8. 4m. 1/8 ſd. 4m. d. halbe Th. v. 2m. 1/8. 2m. 1/8 ſd. 2/8. 2/8 ſd. 1/4.
1/2 — 4 — 1/8. 4 — 1/8 — 4 — — 3te — — 3 — 1/8. 3 — 1/8 — 3/8.
1/2 — 4 — 1/8. 4 — 1/8 — 4 — — 4te — — 4 — 1/8. 4 — 1/8 — 4/8. 4/8 — 1/2.
u. ſ. w. bis 4 mal der 10te Theil von 10 mal 1/8.

2/2 ſd. 4m. 2/8. 4m. 2/8 ſd. 4m. d. halbe Th. v. 2m. 2/8. 2m. 2/8 ſd. 4/8. 4/8 ſd. 1/2
2/2 — 4 — 2/8. 4 — 2/8 — 4 — — 3te — — 3 — 2/8. 3 — 2/8 — 6/8. 6/8 — 3/4
2/2 — 4 — 2/8. 4 — 2/8 — 4 — — 4te — — 4 — 2/8. 4 — 2/8 — 8/8. 8/8 — 1.
u. ſ. w. bis 4 mal der 10te Theil von 10 mal 2/8.

5tes Quadrat.

1/2 ist 5m. 1/10. 5m. 1/10 ſi. 5m. d. halbe T. v. 2m. 1/10. 2m. 1/10 ſi. 2/10. 2/10 ſi. 1/5.
1/2 — 5 — 1/10. 5 — 1/10 — 5 — — 3te — — 3 — 1/10. 3 — 1/10 — 3/10.
1/2 — 5 — 1/10. 5 — 1/10 — 5 — — 4te — — 4 — 1/10. 4 — 1/10 — 4/10. 4/10 — 2/5.
u. ſ. w. bis 5 mal der 10te Theil von 10 mal 1/10.

2/2 ſi. 5m. 2/10. 5m. 2/10 ſi. 5m. d. halbe T. v. 2m. 2/10. 2m. 2/10 ſi. 4/10. 4/10 ſi. 2/5
2/2 — 5 — 2/10. 5 — 2/10 — 5 — — 3te — — 3 — 2/10. 3 — 2/10 — 6/10. 6/10 — 3/5
2/2 — 5 — 2/10. 5 — 2/10 — 5 — — 4te — — 4 — 2/10. 4 — 2/10 — 8/10. 8/10 — 4/5
u. ſ. w. bis 5 mal der 10te Theil von 10 mal 2/10.

6tes Quadrat.

1/2 ist 6m. 1/12. 6m. 1/12 ſi. 6m. d. halbe Th. v. 2m. 1/12. 2m. 1/12 ſi. 2/12. 2/12 ſi. 1/6.
1/2 — 6 — 1/12. 6 — 1/12 — 6 — — 3te — — 3 — 1/12. 3 — 1/12 — 3/12. 3/12 — 1/4.
1/2 — 6 — 1/12. 6 — 1/12 — 6 — — 4te — — 4 — 1/12. 4 — 1/12 — 4/12. 4/12 — 1/3.
u. ſ. w. bis 6 mal der 10te Theil von 10 mal 1/12.

2/2 ſt 6m. 2/12. 6m. 2/12 ſt. 6m. d. halbe T. v. 2m. 2/12. 2m. 2/12 ſt. 4/12. 4/12 ſt. 1/3
2/2—6—2/12. 6—2/12—6—— 3te ——3—2/12. 3—2/12—6/12. 6/12—1/2
2/2—6—2/12. 6—2/12—6—— 4te ——4—2/12. 4—2/12—8/12. 8/12—2/3
u. ſ. w. bis 6mal der 10te Theil von 10mal 2/12.

7tes Quadrat.

1/2 iſt 7m. 1/14. 7m. 1/14 ſt. 7m. d. halbe T. v. 2m. 1/14. 2m. 1/14 ſt. 2/14. 2/14 ſt. 1/7.
1/2—7—1/14. 7—1/14—7—— 3te ——3—1/14. 3—1/14—3/14.
1/2—7—1/14. 7—1/14—7—— 4te ——4—1/14. 4—1/14—4/14. 4/14—2/7.
u. ſ. w. bis 7mal der 10te Theil von 10mal 1/14.

2/2 ſt. 7m. 2/14. 7m. 2/14 ſt. 7m. d. halbe T. v. 2m. 2/14. 2m. 2/14 ſt. 4/14. 4/14 ſt. 2/7
2/2—7—2/14. 7—2/14—7—— 3te ——3—2/14. 3—2/14—6/14. 6/14—3/7
2/2—7—2/14. 7—2/14—7—— 4te ——4—2/14. 4—2/14—8/14. 8/14—4/7
u. ſ. w. bis 7mal der 10te Theil von 10mal 2/14.

8tes Quadrat.

1/2 iſt 8m. 1/16. 8m. 1/16 ſt. 8m. d. halbe Th. v. 2m. 1/16. 2m. 1/16 ſt. 2/16. 2/16 ſt. 1/8.
1/2—8—1/16. 8—1/16—8—— 3te ——3—1/16. 3—1/16—3/16.
1/2—8—1/16. 8—1/16—8—— 4te ——4—1/16. 4—1/16—4/16. 4/16—1/4.
u. ſ. w. bis 8mal der 10te Theil von 10mal 1/16.

2/2 ſt. 8m. 2/16. 8m. 2/16 ſt. 8m. d. halbe T. v. 2m. 2/16. 2m. 2/16 ſt. 4/16. 4/16 ſt. 1/4
2/2—8—2/16. 8—2/16—8—— 3te ——3—2/16. 3—2/16—6/16. 6/16—3/8
2/2—8—2/16. 8—2/16—8—— 4te ——4—2/16. 4—2/16—8/16. 8/16—1/2
u. ſ. w. bis 8mal der 10te Theil von 10mal 2/16.

9tes Quadrat.

1/2 iſt 9m. 1/18. 9m. 1/18 ſt. 9m. d. halbe Th. v. 2m. 1/18. 2m. 1/18 ſt. 2/18. 2/18 ſt. 1/9.
1/2—9—1/18. 9—1/18—9—— 3te ——3—1/18. 3—1/18—3/18. 3/18—1/6.
1/2—9—1/18. 9—1/18—9—— 4te ——4—1/18. 4—1/18—4/18. 4/18—2/9
u. ſ. w. bis 9mal der 10te Theil von 10mal 1/18.

2/2 ſt. 9m. 2/18. 9m. 2/18 ſt. 9m. d. halbe T. v. 2m. 2/18. 2m. 2/18 ſt. 4/18. 4/18 ſt. 2/9
2/2—9—2/18. 9—2/18—9—— 3te ——3—2/18. 3—2/18—6/18. 6/18—1/3.
2/2—9—2/18. 9—2/18—9—— 4te ——4—2/18. 4—2/18—8/18. 8/18—4/9
u. ſ. w. bis 9mal der 10te Theil von 10mal 2/18.

10tes Quadrat.

1/2 ist 10 m 1/20. 10 m 1/20 ist 10 m. d. halbe T. v. 2 m. 1/20. 2 m 1/20 ist 2/20. 2/20 ist 1/10
1/2 — 10 — 1/20. 10 — 1/20 — 10 — — 3te — — 3 — 1/20. 3 — 1/20 — 3/20.
1/2 — 10 — 1/20. 10 — 1/20 — 10 — — 4te — — 4 — 1/20. 4 — 1/20 — 4/20. 4/20 — 1/5.
u. s. w. bis 10 mal der 10te Theil von 10 mal 1/20.

2/2 ist 10 m 2/20. 10 m 2/20 ist 10 m d. halbe T v. 2 m 2/20. 2 m 2/20 ist 4/20. 4/20 ist 1/5.
2/2 — 10 — 2/20. 10 — 2/20 — 10 — — 3te — — 3 — 2/20. 3 — 2/20 — 6/20. 6/20 — 3/10
2/2 — 10 — 2/20. 10 — 2/20 — 10 — — 4te — — 4 — 2/20. 4 — 2/20 — 8/20. 8/20 — 2/5
u. s. w. bis 10 mal der 10te Theil von 10 mal 2/20.

Auf gleiche Weise wird fortgefahren zu bestimmen, wovon

jede Anzahl 3tel der 3ten Reihe
— — 4tel — 4ten —
— — 5tel — 5ten —
— — 6tel — 6ten —
— — 7tel — 7ten —
— — 8tel — 8ten —
— — 9tel — 9ten — und
— — 10tel — 10ten —

2, 3, 4, 5, 6, 7, 8, 9, 10 mal den halben, 3ten, 4ten, 5ten, 6ten Theil u. s. w. ausmache.

Fragen:

Von wie viel Ganzen sind 2 Ganze und 1/2 2 mal der 3te Theil? Antw. 2 Ganze und 1/2 sind 2 mal der 3te Theil von 3 Ganzen und 3/4. Auflösung: 2 Ganze und 1/2 sind 5/2; 1/2 ist 2 mal 1/4; 5/2 sind 2 mal 5/4; 2 mal 5/4 sind 2 mal der 3te Theil von 3 mal 5/4; 3 mal 5/4 sind 15/4; 15/4 sind 3 Ganze und 3/4; folglich sind 2 Ganze und 1/2 2 mal der 3te Theil von 3 Ganzen und 3/4. (siehe 2te Reihe 2tes Quadrat.)

Was sind 7/9 für ein Theil von 1 Ganzen und 2/3. Antw. 7/9 sind 7 mal der 15te Theil von 1 Ganzen und 2/3.

Auflösung: 1 Ganzes und $\frac{2}{3}$ sind $\frac{5}{3}$; $\frac{1}{3}$ enthält $\frac{3}{9}$; $\frac{5}{3}$ enthalten 5 mal $\frac{3}{9}$ oder $\frac{15}{9}$; $\frac{7}{9}$ sind 7 mal der 15te Theil von $\frac{15}{9}$. (siehe 3te Reihe 3tes Quadrat.)

Von wie viel Ganzen sind 3 Ganze und $\frac{1}{4}$ 5 mal der 6te Theil? Antw. 3 Ganze und $\frac{1}{4}$ sind 5 mal der 6te Theil von 3 Ganzen und $\frac{9}{10}$. Auflösung: 3 Ganze und $\frac{1}{4}$ sind $\frac{13}{4}$; $\frac{1}{4}$ ist 5 mal $\frac{1}{20}$; $\frac{13}{4}$ sind 5 mal $\frac{13}{20}$; 5 mal $\frac{13}{20}$ sind 5 mal der 6te Theil von 6 mal $\frac{13}{20}$; 6 mal $\frac{13}{20}$ sind $\frac{78}{20}$, und $\frac{78}{20}$ sind 3 Ganze und $\frac{18}{20}$; oder 3 Ganze und $\frac{9}{10}$.

(siehe 4te Reihe 5tes Quadrat.)

Was hat für ein Verhältniß zwischen 2 Ganzen und $\frac{5}{8}$ und 3 Ganzen und $\frac{1}{2}$ statt? Antw. 2 Ganze und $\frac{5}{8}$ sind 3 mal der 4te Theil von 3 Ganzen und $\frac{1}{2}$. Auflösung: 2 Ganze und $\frac{5}{8}$ sind $\frac{21}{8}$; 3 Ganze und $\frac{1}{2}$ sind $\frac{7}{2}$; $\frac{1}{2}$ enthält $\frac{4}{8}$; $\frac{7}{2}$ enthalten $\frac{28}{8}$; $\frac{21}{8}$ sind 3 mal $\frac{7}{8}$; $\frac{28}{8}$ sind 4 mal $\frac{7}{8}$; 3 mal $\frac{7}{8}$ sind 3 mal der 4te Theil von 4 mal $\frac{7}{8}$.

(siehe 2te Reihe 4tes Quadrat.)

Von wie viel Ganzen sind 4 Ganze nnd $\frac{3}{4}$ 5 mal der 8te Theil? Antw. 4 Ganze und $\frac{3}{4}$ sind 5 mal der 8te Theil von 7 Ganzen und $\frac{3}{5}$. Auflösung: 4 Ganze und $\frac{3}{4}$ sind $\frac{19}{4}$; $\frac{1}{4}$ ist 5 mal $\frac{1}{20}$; $\frac{19}{4}$ sind 5 mal $\frac{19}{20}$; 5 mal $\frac{19}{20}$ sind 5 mal der 8te Theil von 8 mal $\frac{19}{20}$; 8 mal $\frac{19}{20}$ sind $\frac{152}{20}$, und $\frac{152}{20}$ sind 7 Ganze und $\frac{12}{20}$; oder 7 Ganze und $\frac{3}{5}$.

(siehe 4te Reihe 5tes Quadrat.)

Von welcher Zahl sind 2 Ganze und $\frac{5}{6}$ 5 mal der 7te Theil? Antw. 2 Ganze und $\frac{5}{6}$ sind 5 mal der 7te Theil von 3 Ganzen und $\frac{29}{30}$. Auflösung: 2 Ganze und $\frac{5}{6}$ sind $\frac{17}{6}$; $\frac{1}{6}$ ist 5 mal $\frac{1}{30}$; $\frac{17}{6}$ sind 5 mal $\frac{17}{30}$; 5 mal $\frac{17}{30}$ sind 5 mal der 7te Theil von 7 mal $\frac{17}{30}$; 7 mal $\frac{17}{30}$ sind $\frac{119}{30}$, und $\frac{119}{30}$ sind 3 Ganze und $\frac{29}{30}$. (siehe 6te Reihe 5tes Q.)

Was hat für ein Verhältniß zwischen 3 mal dem 5ten Theile von $\frac{7}{9}$; und 3 mal dem 5ten Theile von 1 Ganzen und

$^{2}/_{9}$ statt? Antw. 3 mal der 5te Theil von $^{7}/_{9}$ ist 7 mal der 11te Theil von 3 mal dem 5ten Theile von 1 Ganzen und $^{2}/_{9}$. Auflösung: Der 5te Theil von $^{1}/_{9}$ ist $^{1}/_{45}$; der 5te Theil von $^{7}/_{9}$ ist $^{7}/_{45}$; 3 mal der 5te Theil von $^{7}/_{9}$ ist 3 mal $^{7}/_{45}$ oder $^{21}/_{45}$. 1 Ganzes und $^{2}/_{9}$ sind $^{11}/_{9}$; der 5te Theil von $^{11}/_{9}$ ist $^{11}/_{45}$; 3 mal der 5te Theil von $^{11}/_{9}$ ist $^{33}/_{45}$; $^{21}/_{45}$ sind 7 mal $^{3}/_{45}$; und $^{33}/_{45}$ sind 11 mal $^{3}/_{45}$; und 7 mal $^{3}/_{45}$ sind 7 mal der 11te Theil von 11 mal $^{3}/_{45}$.

(siehe 9te Reihe 5tes Quadrat.)

Von wie viel Ganzen sind 9 Ganze und $^{7}/_{8}$ 8 mal der 9te Theil? Antw. 9 Ganze und $^{7}/_{8}$ sind 8 mal der 9te Theil von 11 Ganzen und $^{7}/_{64}$. Auflösung: 9 Ganze und $^{7}/_{8}$ sind $^{79}/_{8}$; $^{1}/_{8}$ ist 8 mal $^{1}/_{64}$; $^{79}/_{8}$ sind 8 mal $^{79}/_{64}$; 8 mal $^{79}/_{64}$ sind 8 mal der 9te Theil von 9 mal $^{79}/_{64}$; 9 mal $^{79}/_{64}$ sind $^{711}/_{64}$; $^{711}/_{64}$ sind 11 Ganze und $^{7}/_{64}$. (siehe 8te Reihe 8tes Quadrat.)

Von wie viel Ganzen sind 2 Ganze und $^{2}/_{9}$ 8 mal der 15te Theil? Antw. 2 Ganze und $^{2}/_{9}$ sind 8 mal der 15te Theil von 4 Ganzen und $^{1}/_{6}$. Auflösung: 2 Ganze und $^{2}/_{9}$ sind $^{20}/_{9}$; $^{1}/_{9}$ ist 8 mal $^{1}/_{72}$; $^{20}/_{9}$ sind 8 mal $^{20}/_{72}$; 8 mal $^{20}/_{72}$ sind 8 mal der 15te Theil von 15 mal $^{20}/_{72}$; 15 mal $^{20}/_{72}$ sind $^{300}/_{72}$; und $^{300}/_{72}$ sind 4 Ganze und $^{12}/_{72}$; oder 4 Ganze und $^{1}/_{6}$.

(siehe 9te Reihe 8tes Quadrat.)

Was hat für ein Verhältniß statt, zwischen der Summe von welcher 5 Ganze und $^{5}/_{14}$ 5 mal der 6te Theil, und derjenigen Summe, von welcher 3 Ganze und $^{3}/_{8}$ 3 mal der 4te Theil sind? Antw. Die Summe, von welcher 5 Ganze und $^{5}/_{14}$ 5 mal der 6te Theil sind, ist 10 mal der 7te Theil von derjenigen Summe, von welcher 3 Ganze und $^{3}/_{8}$ 3 mal der 4te Theil sind. Auflösung: 5 Ganze und $^{5}/_{14}$ sind $^{75}/_{14}$; $^{75}/_{14}$ sind 5 mal $^{15}/_{14}$; 5 mal $^{15}/_{14}$ sind 5 mal der 6te Theil von 6 mal $^{15}/_{14}$; 6 mal $^{15}/_{14}$ sind $^{90}/_{14}$. 3 Ganze und $^{3}/_{8}$ sind $^{27}/_{8}$; $^{27}/_{8}$ sind 3 mal $^{9}/_{8}$; 3 mal $^{9}/_{8}$ sind 3 mal der 4te Theil von 4 mal $^{9}/_{8}$; 4 mal $^{9}/_{8}$ sind $^{36}/_{8}$, $^{36}/_{8}$ sind $^{9}/_{2}$. $^{1}/_{2}$ ist $^{7}/_{14}$;

$\frac{9}{2}$ sind 9 mal $\frac{7}{14}$; 9 mal $\frac{7}{14}$ sind $\frac{63}{14}$; $\frac{90}{14}$ sind 10 mal $\frac{9}{14}$; $\frac{63}{14}$ sind 7 mal $\frac{9}{14}$; 10 mal $\frac{9}{14}$ sind 10 mal der 7te Theil von 7 mal $\frac{9}{14}$; folglich ist die Summe von welcher 5 Ganze und $\frac{6}{14}$ 5 mal der 6te Theil sind 10 mal der 7te Theil von derjenigen Summe, von welcher 3 Ganze und $\frac{3}{8}$ 3 mal der 4te Theil sind. (siehe 7te Reihe 2tes Quadrat.)

Was ist für ein Verhältniß zwischen 2 Zahlen, von denen die erste 5 mal der 7te Theil von 2 Ganzen und $\frac{1}{3}$ und die 2te 2 mal der 3te Theil von 6 Ganzen und $\frac{1}{2}$ ist? Antw. Die erste Zahl, welche 5 mal der 7te Theil von 2 Ganzen und $\frac{1}{3}$ ist — ist 5 mal der 13te Theil von der 2ten, welche 2 mal der 3te Theil von 6 Ganzen und $\frac{1}{2}$ ausmacht. Auflösung: 2 Ganze und $\frac{1}{3}$ sind $\frac{7}{3}$; der 7te Theil von $\frac{7}{3}$ ist $\frac{1}{3}$; 5 mal der 7te Theil von $\frac{7}{3}$ sind $\frac{5}{3}$; 6 Ganze und $\frac{1}{2}$ sind $\frac{13}{2}$; der 3te Theil von $\frac{1}{2}$ ist $\frac{1}{6}$; der 3te Theil von $\frac{13}{2}$ ist $\frac{13}{6}$; 2 mal der 3te Theil von $\frac{13}{2}$ ist 2 mal $\frac{13}{6}$; 2 mal $\frac{13}{6}$ sind $\frac{26}{6}$; und $\frac{26}{6}$ sind $\frac{13}{3}$; und $\frac{5}{3}$ sind nun 5 mal der 13te Theil von $\frac{13}{3}$. (siehe 3te Reihe 2tes Quadrat.)

Von wie viel Ganzen sind 2 Ganze, $\frac{2}{9}$, und der 4te Theil von $\frac{1}{9}$, 9 mal der 5te Theil? Antw. 2 Ganze, $\frac{2}{9}$ und der 4te Theil von $\frac{1}{9}$ sind 9 mal der 5te Theil von 1 Ganzen, $\frac{2}{9}$ und $\frac{1}{36}$. Auflösung: 2 Ganze und $\frac{2}{9}$ sind $\frac{20}{9}$; der 4te Theil von $\frac{1}{9}$ ist $\frac{1}{36}$; $\frac{20}{9}$ sind $\frac{80}{36}$; $\frac{80}{36}$ und $\frac{1}{36}$ sind $\frac{81}{36}$; $\frac{81}{36}$ sind 9 mal $\frac{9}{36}$; 9 mal $\frac{9}{36}$ sind 9 mal der 5te Theil von 5 mal $\frac{9}{36}$; 5 mal $\frac{9}{36}$ sind $\frac{45}{36}$; und $\frac{45}{36}$ sind 1 Ganzes, $\frac{2}{9}$ und $\frac{1}{36}$.

Wie kann also das Verhältniß von 2 Ganzen, $\frac{2}{9}$ und dem 4ten Theile von $\frac{1}{9}$ zu 1 Ganzen $\frac{2}{9}$ und $\frac{1}{36}$ angegeben werden? Antw. 2 Ganze, $\frac{2}{9}$ und der 4te Theil von $\frac{1}{9}$ sind 9 mal der 5te Theil von 1 Ganzen, $\frac{2}{9}$ und $\frac{1}{36}$. Auflösung: 2 Ganze, $\frac{2}{9}$ und der 4te Theil von $\frac{1}{9}$ sind $\frac{81}{36}$; 1 Ganzes, $\frac{2}{9}$ und $\frac{1}{36}$ sind $\frac{45}{36}$; $\frac{81}{36}$ sind 9 mal $\frac{9}{36}$; $\frac{45}{36}$ sind 5 mal $\frac{9}{36}$; und 9 mal $\frac{9}{36}$ sind 9 mal der 5te Theil von 5 mal $\frac{9}{36}$. (siehe 9te Reihe 4tes Quadrat.)

Von welcher Anzahl von Ganzen ist 3 mal der 5te Theil, 7 mal der 8te Theil von 4 Ganzen und $\frac{1}{2}$? Antw. 3 mal der 5te Theil von 6 Ganzen und $\frac{9}{16}$ ist 7 mal der 8te Theil von 4 Ganzen und $\frac{1}{2}$. Auflösung: 4 Ganze und $\frac{1}{2}$ sind $\frac{9}{2}$; der 8te Theil von $\frac{1}{2}$ ist $\frac{1}{16}$; der 8te Theil von $\frac{9}{2}$ ist $\frac{9}{16}$; 7 mal der 8te Theil von $\frac{9}{2}$ ist 7 mal $\frac{9}{16}$; 7 mal $\frac{9}{16}$ sind $\frac{63}{16}$; $\frac{63}{16}$ sind 3 mal $\frac{21}{16}$; 3 mal $\frac{21}{16}$ sind 3 mal der 5te Theil von 5 mal $\frac{21}{16}$; 5 mal $\frac{21}{16}$ sind $\frac{105}{16}$; und $\frac{105}{16}$ sind 6 Ganze und $\frac{9}{16}$.

Probe: 6 Ganze und $\frac{9}{16}$ sind $\frac{105}{16}$; der 5te Theil von $\frac{105}{16}$ ist $\frac{21}{16}$; 3 mal der 5te Theil von $\frac{105}{16}$ ist 3 mal $\frac{21}{16}$ oder $\frac{63}{16}$; 4 Ganze und $\frac{1}{2}$ sind $\frac{9}{2}$; der 8te Theil von $\frac{9}{2}$ ist $\frac{9}{16}$; 7 mal der 8te Theil von $\frac{9}{2}$ sind 7 mal $\frac{9}{16}$ oder $\frac{63}{16}$; folglich ist 3 mal der 5te Theil von 6 Ganzen und $\frac{9}{16}$, 7 mal der 8te Theil von 4 Ganzen und $\frac{1}{2}$.

(siehe 2te Reihe 8tes Quadrat.)

Zwey mal der 3te Theil einer unbekannten Zahl ist 5 mal der 8te Theil einer zweyten Zahl, von welcher nur bekannt ist, daß der 7te Theil derselben 4 mal der 5te Theil von $\frac{2}{9}$ ist; welches sind diese beyden Zahlen? Antw. Die 2te Zahl ist 1 Ganzes und $\frac{11}{45}$; und die 1ste ein Ganzes und $\frac{1}{6}$. Auflösung: Der 5te Theil von $\frac{1}{9}$ ist $\frac{1}{45}$; der 5te Theil von $\frac{2}{9}$ ist $\frac{2}{45}$; 4 mal der 5te Theil von $\frac{2}{9}$ ist 4 mal $\frac{2}{45}$; 4 mal $\frac{2}{45}$ sind $\frac{8}{45}$, $\frac{8}{45}$ sind der 7te Theil von 7 mal $\frac{8}{45}$ oder $\frac{56}{45}$, oder von 1 Ganzen und $\frac{11}{45}$. — Der 8te Theil von 1 Ganzen und $\frac{11}{45}$ oder von $\frac{56}{45}$ ist $\frac{7}{45}$; 5 mal der 8te Theil von $\frac{56}{45}$ sind 5 mal $\frac{7}{45}$; 5 mal $\frac{7}{45}$ sind $\frac{35}{45}$; — $\frac{35}{45}$ sind $\frac{7}{9}$. $\frac{1}{9}$ ist 2 mal $\frac{1}{18}$; $\frac{7}{9}$ sind 2 mal $\frac{7}{18}$; 2 mal $\frac{7}{18}$ sind 2 mal der 3te Theil von 3 mal $\frac{7}{18}$; 3 mal $\frac{7}{18}$ sind $\frac{21}{18}$; und $\frac{21}{18}$ sind 1 Ganzes und $\frac{1}{6}$.

Probe: 1 Ganzes und $\frac{1}{6}$ sind $\frac{7}{6}$; der 3te Theil von $\frac{1}{6}$ ist $\frac{1}{18}$; der 3te Theil von $\frac{7}{6}$ ist $\frac{7}{18}$; 2 mal der 3te Theil von $\frac{7}{6}$ ist 2 mal $\frac{7}{18}$; 2 mal $\frac{7}{18}$ sind $\frac{14}{18}$; $\frac{14}{18}$ sind $\frac{7}{9}$. — 4 mal der 5te Theil von $\frac{2}{9}$ ist $\frac{8}{45}$; und $\frac{8}{45}$ sind der 7te Theil von 56/45; 7/9 sind 35/45; 35/45 sind 5 mal 7/45, und 56/45 sind 8 mal 7/45; und 5 mal 7/45 sind 5 mal der 8te Theil von 8 mal 7/45.

Drey mal der 5te Theil einer unbekannten Zahl ist 9 mal der 10te Theil einer zweyten Zahl, von welcher nur bekannt ist, daß 1 Ganzes und 2/3 3 mal der 4te Theil derselben ist; welches sind diese beyden Zahlen, und von wie viel Ganzen wird die Summe von beyden 5 mal der 8te Theil seyn? Antw. Die 2te Zahl, d. i. diejenige Zahl, von welcher 1 Ganzes und 2/3 3 mal der 4te Theil sind, ist 2 Ganze und 2/9; und die 1ste Zahl, d. i. diejenige, von welcher 3 mal der 4te Theil, 9 mal der 10te Theil der eben bestimmten zweiten (2 Ganze und 2/9) ist — ist 3 Ganze und 1/3; und die Summe von beyden ist 5 mal der 8te Theil von 8 Ganzen und 8/9. Auflösung: 1 Ganzes und 2/3 sind 5/3, 1/3 ist 3 mal 1/9; 5/3 sind 3 mal 5/9; 3 mal 5/9 sind 3 mal der 4te Theil von 4 mal 5/9; 4 mal 5/9 sind 20/9; der 10te Theil von 20/9 ist 2/9; 9 mal der 10te Theil von 20/9 ist 9 mal 2/9; 9 mal 2/9 sind 18/9; 18/9 sind 3 mal 6/9; 3 mal 6/9 sind 3 mal der 5te Theil von 5 mal 6/9; 5 mal 6/9 sind 30/9; 30/9 sind 3 Ganze und 1/3. Die 2te Zahl ist 20/9; 20/9 und 30/9 sind 50/9; 50/9 sind 5 mal 10/9; und 5 mal 10/9 sind 5 mal der 8te Theil von 8 mal 10/9, 8 mal 10/9 sind 80/9, und 80/9 sind 8 Ganze und 8/9.

Von welcher Zahl muß ich 2 mal den 3ten und 1 mal den 4ten Theil zusammennehmen um 1 Ganzes und 3/4 zu bekommen? Antw. Ich muß 2 mal den 3ten und 1 mal den 4ten Theil von 1 Ganzen und 10/11 zusammennehmen um 1 Ganzes und 3/4 zu bekommen. Auflösung: Wenn 1/3 einer Zahl 4 gleiche Theile hat, so hat der 4te Theil derselben 3; und die ganze Zahl 12 gleiche Theile oder 12/12. — 2/3 dieser Zahl sind 8/12, und 1/4 ist 3/12; 8/12 und 3/12 sind 11/12; nun ist mir von der Zahl die ich suche, nichts bekannt, als daß 11/12 derselben 1 Ganzes und 3/4 ausmachen. Es fragt sich also, von welcher Zahl ist 1 Ganzes und 3/4 11 mal der 12te Theil?

Nun ist 1 Ganzes und 3/4 = 7/4; und 1/4 ist 11 mal 1/44; 7/4 sind 11 mal 7/44; 11 mal 7/44 sind 11 mal der 12te Theil von 12 mal 7/44; 12 mal 7/44 sind 84/44 und 84/44 sind 1 Ganzes und 40/44 oder 1 Ganzes und 10/11; folglich muß ich 2 mal den 3ten und 1 mal den 4ten Theil von 1 Ganzen und 10/11 zusammennehmen um 1 Ganzes und 3/4 zu bekommen.

Probe: 1 Ganzes und 10/11 sind 84/44; der 3te Theil von 84/44 ist 28/44; 2 mal der 3te Theil von 84/44 ist 2 mal 28/44; 2 mal 28/44 sind 56/44; der 4te Theil von 84/44 ist 21/44; 56/44 und 21/44 sind 77/44; 77/44 sind 1 Ganzes und 33/44, oder 1 Ganzes und 3/4.

Achte Uebung.

Auf das Fundament aller vorhergehenden Uebungen gebaut, erhebt sich hier das Kind zu der Kraft 1stens, in den verschiedensten Zusammenstellungen ungleichartiger Theile von Ganzen, das Verhältniß einer gegebenen Anzahl derselben zu einer andern ebenfalls gegebenen zu bestimmen; 2tens, aus dem ganzen Umfange der Zahlen diejenigen aufzufinden, deren Verhältniß zu einander einem bestimmten und als Maasstab gegeben gleich ist.

Ihr Inhalt zerfällt in 6 Abtheilungen.

Erste Abtheilung.

Das erste Glied eines jeden Verhältnisses, welches das Kind in dieser Abtheilung bestimmen, und als Grundlage von Proportionen gebrauchen lernt, besteht aus einer Zahl, die ein einfacher Theil des 2ten Gliedes desselben, oder derjenigen Zahl ist, mit welcher sie verglichen werden soll; auch enthalten das erste Glied des ersten und das erste Glied des zweyten Verhältnisses einer jeden zu dieser und den zwey folgenden

Abtheilungen gehörenden Aufgaben, gleichnamige Theile von Ganzen, bey deren Auflösung daher immer nur ein Quadrat ins Auge gefaßt werden kann.

Zweyte Reihe.

2tes Quadrat.

(1/2 ist 2 mal 1/4.)

Das Verhältniß von 1/4 zu 2 mal 1/4

ist gleich:

a) dem Verhältniß von 2/4 zu 2 mal 2/4.
b) — — — 3/4 — 2 — 3/4.
c) — — — 4/4 — 2 — 4/4.
d) — — — 5/4 — 2 — 5/4.
e) — — — 6/4 — 2 — 6/4.
f) — — — 7/4 — 2 — 7/4.
g) — — — 8/4 — 2 — 8/4.
h) — — — 9/4 — 2 — 9/4.
i) — — — 10/4 — 2 — 10/4.

(2 mal 2/4 sind 4/4. 4/4 sind 2/2. 2/2 sind 1 Ganzes.
2 — 3/4 — 6/4. 6/4 — 3/2. 3/2 — 1 — und 1/2.
2 — 4/4 — 8/4. 8/4 — 4/2. 4/2 — 2 Ganze.
2 — 5/4 — 10/4. 10/4 — 5/2. 5/2 — 2 — und 1/2.
2 — 6/4 — 12/4. 12/4 — 6/2. 6/2 — 3 —
2 — 7/4 — 14/4. 14/4 — 7/2. 7/2 — 3 — und 1/2.
2 — 8/4 — 16/4. 16/4 — 8/2. 8/2 — 4 —
2 — 9/4 — 18/4. 18/4 — 9/2. 9/2 — 4 — und 1/2.
2 — 10/4 — 20/4. 20/4 — 10/2. 10/2 — 5 —)

Folglich ist das Verhältniß von 1/4 zu 1/2

gleich:

a) dem Verhältniß von 2/4 oder 1/2 zu 1 Gzn.
b) — — — 3/4 — 1 — u. 1/2.
c) — — — 4/4 oder 2/2 od. 1 Gzn. — 2 —

d) dem Verhältniß von 5/4 zu 2 Gzn. u. ½.
e) — — — 6/4 od. 3/2 od. 1 Gzn. ½ — 3 —
f) — — — 7/4 — 3 — u. ½.
g) — — — 8/4 od. 4/2 od. 2 Gzn. — 4 —
h) — — — 9/4 — 4 — u. ½.
i) — — — 10/4 od. 5/2 od. 2 Gzn. ½ — 5 —

3tes Quadrat.

(½ ist 3 mal 1/6.)

Das Verhältniß von 1/6 zu 3 mal 1/6

ist gleich:

a) dem Verhältniß von 2/6 zu 3 mal 2/6.
b) — — — 3/6 — 3 — 3/6.
c) — — — 4/6 — 3 — 4/6. u. s. w.

(3 mal 2/6 sind 6/6. 6/6 sind 2/2. 2/2 sind 1 Ganzes.
3 — 3/6 — 9/6. 9/6 — 3/2. 3/2 — 1 — und ½.
3 — 4/6 — 12/6. 12/6 — 4/2. 4/2 — 2 — u. s. w.)

Folglich ist das Verhältniß von 1/6 zu ½

gleich:

a) dem Verhältniß von 2/6 oder 1/3 zu 1 Ganzen
b) — — — 3/6 — ½ — 1 — u. ½.
c) — — — 4/6 — 2/3 — 2 — u. s. w.

4tes Quadrat.

(½ ist 4 mal 1/8.)

Das Verhältniß von 1/8 zu 4 mal 1/8

ist gleich:

a) dem Verhältniß von 2/8 zu 4 mal 2/8.
b) — — — 3/8 — 4 — 3/8.
c) — — — 4/8 — 4 — 4/8. u. s. w.

(4 mal 2/8 sind 8/8. 8/8 sind 2/2. 2/2 sind 1 Gzs.
4 — 3/8 — 12/8. 12/8 — 3/2. 3/2 — 1 — u. ½.
4 — 4/8 — 16/8. 16/8 — 4/2. 4/2 — 2 Gzn. u. s. w.)

Folglich ist das Verhältniß von $\frac{1}{8}$ zu $\frac{1}{2}$

gleich:

a) dem Verhältniß von $\frac{2}{8}$ oder $\frac{1}{4}$ zu 1 Ganzen
b) — — — $\frac{3}{8}$ — 1 — und $\frac{1}{2}$.
c) — — — $\frac{4}{8}$ oder $\frac{1}{2}$ — 2 — u. s. w.

5tes Quadrat.

($\frac{1}{2}$ ist 5 mal $\frac{1}{10}$.)

Das Verhältniß von $\frac{1}{10}$ zu 5 mal $\frac{1}{10}$

ist gleich:

a) dem Verhältniß von $\frac{2}{10}$ zu 5 mal $\frac{2}{10}$.
b) — — — $\frac{3}{10}$ — 5 — $\frac{3}{10}$.
c) — — — $\frac{4}{10}$ — 5 — $\frac{4}{10}$. u. s. w.

(5 mal $\frac{2}{10}$ sind $\frac{10}{10}$. $\frac{10}{10}$ sind $\frac{2}{2}$. $\frac{2}{2}$ sind 1 Gzs.
5 — $\frac{3}{10}$ — $\frac{15}{10}$. $\frac{15}{10}$ — $\frac{3}{2}$. $\frac{3}{2}$ — 1 — u. $\frac{1}{2}$.
5 — $\frac{4}{10}$ — $\frac{20}{10}$. $\frac{20}{10}$ — $\frac{4}{2}$. $\frac{4}{2}$ — 2 Gze. u. s. w.

Folglich ist das Verhältniß von $\frac{1}{10}$ zu $\frac{1}{2}$

gleich:

a) dem Verhältniß von $\frac{2}{10}$ oder $\frac{1}{5}$ zu 1 Ganzen
b) — — — $\frac{3}{10}$ — 1 — und $\frac{1}{2}$.
c) — — — $\frac{4}{10}$ oder $\frac{2}{5}$ — 2 Ganzen u. s. w.

6tes Quadrat.

($\frac{1}{12}$ ist der 6te Theil von 6 mal $\frac{1}{12}$. 6 mal $\frac{1}{12}$ sind $\frac{6}{12}$. $\frac{6}{12}$ sind $\frac{1}{2}$)

Das Verhältniß von $\frac{1}{12}$ zu einer Zahl von welcher $\frac{1}{12}$ der 6te Theil ist;

ist gleich:

a) dem Verhältniß v. $\frac{2}{12}$ zu einer Zahl v. welcher $\frac{2}{12}$ d. 6te Th. sind
b) — — — $\frac{3}{12}$ — — — — — $\frac{3}{12}$ — 6te — —
c) — — — $\frac{4}{12}$ — — — — — $\frac{4}{12}$ — 6te — —
d) — — — $\frac{5}{12}$ — — — — — $\frac{5}{12}$ — 6te — —
e) — — — $\frac{6}{12}$ — — — — — $\frac{6}{12}$ — 6te — —
f) — — — $\frac{7}{12}$ — — — — — $\frac{7}{12}$ — 6te — —

g) dem

g) dem Verhältniß v. 8/12 zu einer Zahl v. welcher 8/12 d. 6te Th. sind.
h) — — — 9/12 — — — — — 9/12 — 6te — —
i) — — — 10/12 — — — — — 10/12 — 6te — —

(2/12 sd. d. 6te Th. v. 6m. 2/12. 6m. 2/12 sd. 12/12. 12/12 sd. 2/2. 2/2 sd. 1 G.
3/12 — — 6te — — 6 — 3/12. 6 — 3/12 — 18/12. 18/12 — 3/2. 3/2 — 1 — 1/2.
4/12 — — 6te — — 6 — 4/12. 6 — 4/12 — 24/12. 24/12 — 4/2. 4/2 — 2 —
5/12 — — 6te — — 6 — 5/12. 6 — 5/12 — 30/12. 30/12 — 5/2. 5/2 — 2 — 1/2.
6/12 — — 6te — — 6 — 6/12. 6 — 6/12 — 36/12. 36/12 — 6/2. 6/2 — 3 —
7/12 — — 6te — — 6 — 7/12. 6 — 7/12 — 42/12. 42/12 — 7/2. 7/2 — 3 — 1/2.
8/12 — — 6te — — 6 — 8/12. 6 — 8/12 — 48/12. 48/12 — 8/2. 8/2 — 4 —
9/12 — — 6te — — 6 — 9/12. 6 — 9/12 — 54/12. 54/12 — 9/2. 9/2 — 4 — 1/2.
10/12 — — 6te — — 6 — 10/12. 6 — 10/12 — 60/12. 60/12 — 10/2. 10/2 — 5 —)

Folglich ist das Verhältniß von 1/12 zu 1/2

gleich:

a) dem Verhältniß von 2/12 oder 1/6 zu 1 Ganzen.
b) — — — 3/12 — 1/4 — 1 — u. 1/2.
c) — — — 4/12 — 1/3 — 2 —
d) — — — 5/12 — 2 — u. 1/2.
e) — — — 6/12 — 1/2 — 3 —
f) — — — 7/12 — 3 — u. 1/2.
g) — — — 8/12 — 2/3 — 4 —
h) — — — 9/12 — 3/4 — 4 — u. 1/2.
i) — — — 10/12 — 5/6 — 5 —

7tes Quadrat.

(1/14 ist der 7te Theil von 7 mal 1/14; 7 mal 1/14 sind 7/14; 7/14 sind 1/2.)
Das Verhältniß v. 1/14 zu einer Zahl v. welcher 1/14 der 7te Theil ist,

ist gleich:

a) dem Verhältniß v. 2/14 zu einer Zahl v. welcher 2/14 d. 7te Theil sind
b) — — — 3/14 — — — — — 3/14 — 7te — —
c) — — — 4/14 — — — — — 4/14 — 7te — —

und so weiter.

($\frac{2}{14}$ sd. d. 7te Th. v. 7m. $\frac{2}{14}$. 7m. $\frac{2}{14}$ sd. $\frac{14}{14}$. $\frac{14}{14}$ sd. $\frac{2}{2}$. $\frac{2}{2}$ sd. 1 Gzs.
$\frac{3}{14}$ — — 7te — — 7 — $\frac{3}{14}$. 7 — $\frac{3}{14}$ — $\frac{21}{14}$. $\frac{21}{14}$ — $\frac{3}{2}$. $\frac{3}{2}$ — 1 — $\frac{1}{2}$.
$\frac{4}{14}$ — — 7te — — 7 — $\frac{4}{14}$. 7 — $\frac{4}{14}$ — $\frac{28}{14}$. $\frac{28}{14}$ — $\frac{4}{2}$. $\frac{4}{2}$ — 2 Gze.)
und so weiter.)

Folglich ist das Verhältniß von $\frac{1}{14}$ zu $\frac{1}{2}$

gleich:

a) dem Verhältniß von $\frac{2}{14}$ oder $\frac{1}{7}$ zu 1 Ganzen
b) — — — $\frac{3}{14}$ — 1 — und $\frac{1}{2}$.
c) — — — $\frac{4}{14}$ — $\frac{2}{7}$ — 2 —

8tes Quadrat.

($\frac{1}{16}$ ist der 8te Theil von 8 mal $\frac{1}{16}$; 8 mal $\frac{1}{16}$ sind $\frac{8}{16}$; $\frac{8}{16}$ sind $\frac{1}{2}$.)
Das Verhältniß v. $\frac{1}{16}$ zu einer Zahl von welcher $\frac{1}{16}$ d. 8te Th. ist,

ist gleich:

a) dem Verhältniß v. $\frac{2}{16}$ zu einer Zahl v. welcher $\frac{2}{16}$ d. 8te Th. sind
b) — — — $\frac{3}{16}$ — — — — — $\frac{3}{16}$ — 8te — —
c) — — — $\frac{4}{16}$ — — — — — $\frac{4}{16}$ — 8te — —
und so weiter.

($\frac{2}{16}$ sd. d. 8te Th. v. 8m. $\frac{2}{16}$. 8m. $\frac{2}{16}$ sd. $\frac{16}{16}$. $\frac{16}{16}$ sd. $\frac{2}{2}$. $\frac{2}{2}$ sd. 1 Gzs.
$\frac{3}{16}$ — — 8te — — 8 — $\frac{3}{16}$. 8 — $\frac{3}{16}$ — $\frac{24}{16}$. $\frac{24}{16}$ — $\frac{3}{2}$. $\frac{3}{2}$ — 1 — $\frac{1}{2}$.
$\frac{4}{16}$ — — 8te — — 8 — $\frac{4}{16}$. 8 — $\frac{4}{16}$ — $\frac{32}{16}$. $\frac{32}{16}$ — $\frac{4}{2}$. $\frac{4}{2}$ — 2 Gze.
und so weiter.

Folglich ist das Verhältniß von $\frac{1}{16}$ zu $\frac{1}{2}$

gleich:

a) dem Verhältniß von $\frac{2}{16}$ oder $\frac{1}{8}$ zu 1 Ganzen
b) — — — $\frac{3}{16}$ — 1 — und $\frac{1}{2}$.
c) — — — $\frac{4}{16}$ oder $\frac{1}{4}$ — 2 Ganzen u. s. w.

9tes Quadrat.

($\frac{1}{18}$ ist der 9te Theil von 9 mal $\frac{1}{18}$; 9 mal $\frac{1}{18}$ sind $\frac{9}{18}$; $\frac{9}{18}$ sind $\frac{1}{2}$.)
Das Verhältniß v. $\frac{1}{18}$ zu einer Zahl v. welcher $\frac{1}{18}$ der 9te Theil ist,

ist gleich:

a) dem Verhältniß v. $\frac{2}{18}$ zu einer Zahl v. welcher $\frac{2}{18}$ d. 9te Th. sind
b) — —— — $\frac{3}{18}$ — — —— — $\frac{3}{18}$ — 9te — —
c) — —— — $\frac{4}{18}$ — — —— — $\frac{4}{18}$ — 9te — —

und so weiter.

($\frac{2}{18}$ sd. d. 9te Th. v. 9m. $\frac{2}{18}$. 9m. $\frac{2}{18}$ sd. $\frac{18}{18}$. $\frac{18}{18}$ sd. $\frac{2}{2}$. $\frac{2}{2}$ sd. 1 Gzs.
$\frac{3}{18}$ — — 9te — — 9 — $\frac{3}{18}$. 9 — $\frac{3}{18}$ — $\frac{27}{18}$. $\frac{27}{18}$ — $\frac{3}{2}$. $\frac{3}{2}$ — 1 — $\frac{1}{2}$.
$\frac{4}{18}$ — — 9te — — 9 — $\frac{4}{18}$. 9 — $\frac{4}{18}$ — $\frac{36}{18}$. $\frac{36}{18}$ — $\frac{4}{2}$. $\frac{4}{2}$ — 2 Gze.

und so weiter.

Folglich ist das Verhältniß von $\frac{1}{18}$ zu $\frac{1}{2}$

gleich:

a) dem Verhältniß von $\frac{2}{18}$ oder $\frac{1}{9}$ zu 1 Ganzen.
b) — —— — $\frac{3}{18}$ — $\frac{1}{6}$ — 1 — u. $\frac{1}{2}$.
c) — —— — $\frac{4}{18}$ — $\frac{2}{9}$ — 2 — u. s. w.

10tes Quadrat.

($\frac{1}{20}$ ist der 10te Theil von 10 mal $\frac{1}{20}$. 10 mal $\frac{1}{20}$ sd. $\frac{10}{20}$. $\frac{10}{20}$ sd. $\frac{1}{2}$.)
Das Verhältniß v. $\frac{1}{20}$ zu einer Zahl v. welcher $\frac{1}{20}$ der 10te Theil ist,

ist gleich:

a) dem Verhältniß v. $\frac{2}{20}$ zu einer Zahl v. welcher $\frac{2}{20}$ d. 10te Th. sind
b) — —— — $\frac{3}{20}$ — — — — — $\frac{3}{20}$ — 10te — —
c) — —— — $\frac{4}{20}$ — — — — — $\frac{4}{20}$ — 10te — —

und so weiter.

($\frac{2}{20}$ sd. d. 10te Th. v. 10m. $\frac{2}{20}$. 10m. $\frac{2}{20}$ sd. $\frac{20}{20}$. $\frac{20}{20}$ sd. $\frac{2}{2}$. $\frac{2}{2}$ sd. 1 G.
$\frac{3}{20}$ — — 10te — — 10 — $\frac{3}{20}$. 10 — $\frac{3}{20}$ — $\frac{30}{20}$. $\frac{30}{20}$ — $\frac{3}{2}$. $\frac{3}{2}$ — 1 — $\frac{1}{2}$
$\frac{4}{20}$ — — 10te — — 10 — $\frac{4}{20}$. 10 — $\frac{4}{20}$ — $\frac{40}{20}$. $\frac{40}{20}$ — $\frac{4}{2}$. $\frac{4}{2}$ — 2 Gze.

und so weiter.

Folglich ist das Verhältniß von $\frac{1}{20}$ zu $\frac{1}{2}$

gleich:

a) dem Verhältniß von $\frac{2}{20}$ oder $\frac{1}{10}$ zu 1 Ganzen.
b) — —— — $\frac{3}{20}$ — 1 — und $\frac{1}{2}$.
c) — —— — $\frac{4}{20}$ oder $\frac{1}{5}$ — 2 — u. s. w.

Dritte Reihe.

2tes Quadrat.

($\frac{1}{3}$ ist 2 mal $\frac{1}{6}$.)

Das Verhältniß von $\frac{1}{6}$ zu 2 mal $\frac{1}{6}$

ist gleich:

a) dem Verhältniß von $\frac{2}{6}$ zu 2 mal $\frac{2}{6}$.
b) — —— — $\frac{3}{6}$ — 2 — $\frac{3}{6}$.
c) — —— — $\frac{4}{6}$ — 2 — $\frac{4}{6}$. u. s. w.

(2 mal $\frac{2}{6}$ sind $\frac{4}{6}$. $\frac{4}{6}$ sind $\frac{2}{3}$.
2 — $\frac{3}{6}$ — $\frac{6}{6}$. $\frac{6}{6}$ — $\frac{3}{3}$. $\frac{3}{3}$ sind 1 Ganzes.
2 — $\frac{4}{6}$ — $\frac{8}{6}$. $\frac{8}{6}$ — $\frac{4}{3}$. $\frac{4}{3}$ — 1 — u. $\frac{1}{3}$ u. s. w.)

Folglich ist das Verhältniß von $\frac{1}{6}$ zu $\frac{1}{3}$

gleich:

a) dem Verhältniß von $\frac{2}{6}$ oder $\frac{1}{3}$ zu $\frac{2}{3}$.
b) — —— — $\frac{3}{6}$ — $\frac{1}{2}$ — 1 Gzn.
c) — —— — $\frac{4}{6}$ — $\frac{2}{3}$ — 1 — u. $\frac{1}{3}$. u. s. w.

3tes Quadrat.

($\frac{1}{9}$ ist der 3te Theil von 3 mal $\frac{1}{9}$; 3 mal $\frac{1}{9}$ sind $\frac{3}{9}$; $\frac{3}{9}$ sind $\frac{1}{3}$.)
Das Verhältniß von $\frac{1}{9}$ zu einer Zahl v. welcher $\frac{1}{9}$ der 3te Theil ist,

ist gleich:

a) dem Verhältniß v. $\frac{2}{9}$ zu einer Zahl v. welcher $\frac{2}{9}$ d. 3te Theil sind
b) — —— — $\frac{3}{9}$ — — —— — $\frac{3}{9}$ — 3te — —
c) — —— — $\frac{4}{9}$ — — —— — $\frac{4}{9}$ — 3te — —

und so weiter.

($\frac{2}{9}$ sd. d. 3te Th. v. 3m. $\frac{2}{9}$. 3m. $\frac{2}{9}$ sd. $\frac{6}{9}$. $\frac{6}{9}$ sd. $\frac{2}{3}$.
$\frac{3}{9}$ — — 3te — — 3 — $\frac{3}{9}$. 3 — $\frac{3}{9}$ — $\frac{9}{9}$. $\frac{9}{9}$ — $\frac{3}{3}$. $\frac{3}{3}$ sd. 1 Gzs.
$\frac{4}{9}$ — — 3te — — 3 — $\frac{4}{9}$. 3 — $\frac{4}{9}$ — $\frac{12}{9}$. $\frac{12}{9}$ — $\frac{4}{3}$. $\frac{4}{3}$ — 1 — u. $\frac{1}{3}$

und so weiter.

Folglich ist das Verhältniß von $\frac{1}{9}$ zu $\frac{1}{3}$

gleich:

a) dem Verhältniß von $\frac{2}{9}$ zu $\frac{2}{3}$
b) — —— — $\frac{3}{9}$ oder $\frac{1}{3}$ — 1 Gzn.
c) — —— — $\frac{4}{9}$ — 1 — $\frac{1}{3}$ u. s. w.

Auf diese Art wird bey allen Quadraten dieser und aller folgenden Reihen fortgefahren.

Fragen:

Das Verhältniß von 3/4 zu 1 Ganzen und 1/2 ist gleich dem Verhältniß von 1 Ganzen und 1/4 zu einer unbekannten Zahl; es frägt sich, welches diese unbekannte Zahl sey? Antwort: Das Verhältniß von 3/4 zu 1 Ganzen und 1/2 ist gleich dem Verhältniß von 1 Ganzen und 1/4 zu 2 Ganzen und 1/2.

Erste Art der Auflösung.

1 Ganzes und 1/2 sind 3/2; 3/2 sind 6/4; 6/4 sind 2 mal 3/4; das Verhältniß von 3/4 zu 2 mal 3/4 ist gleich dem Verhältniß von 1 Ganzen und 1/4 zu 2 mal 1 Ganzen und 1/4. 1 Ganzes und 1/4 ist 5/4; 2 mal 1 Ganzes und 1/4 sind 2 mal 5/4; 2 mal 5/4 sind 10/4; und 10/4 sind 2 Ganze und 1/2; folglich ist das Verhältniß von 3/4 zu 1 Ganzen und 1/2 gleich dem Verhältniß von 1 Ganzen und 1/4 zu 2 Ganzen und 1/2.

Zweyte Art der Auflösung.

1 Ganzes und 1/2 sind 3/2; 3/2 sind 6/4; 3/4 sind der halbe Theil von 6/4; das Verhältniß von 3/4 zu einer Zahl von welcher 3/4 der halbe Theil sind, ist gleich dem Verhältniß von 1 Ganzen und 1/4 zu einer Zahl von welcher 1 Ganzes und 1/4 der halbe Theil sind. 1 Ganzes und 1/4 sind 5/4; 5/4 sind der halbe Theil von 2 mal 5/4; 2 mal 5/4 sind 10/4; 10/4 sind 2 Ganze und 1/2. (siehe 2te Reihe 2tes Quadrat.) *).

Das Verhältniß von 5/6 zu 2 Ganzen und 1/2 ist gleich dem Verhältniß von 3 Ganzen und 1/6 zu einer unbekannten Zahl; welches ist nun diese unbekannte Zahl? Antw. Diese unbekannte Zahl ist 9 Ganze und 1/2. Auflösung: 2 Ganze und 1/2 sind 5/2; 5/2 sind 15/6; 15/6 sind 3 mal 5/6; das Verhältniß von 5/6 zu 3 mal 5/6 ist gleich dem Verhältniß von 3 Ganzen

*) So können alle Aufgaben auf diese zweyte Art aufgelößt werden.

und $\frac{1}{6}$ zu 3 mal 3 Ganzen und $\frac{1}{6}$; 3 Ganze und $\frac{1}{6}$ sind $\frac{19}{6}$; 3 mal $\frac{19}{6}$ sind $\frac{57}{6}$ und $\frac{57}{6}$ sind 9 Ganze und $\frac{1}{2}$.
(siehe 2te Reihe 3tes Quadrat.)

Das Verhältniß von $\frac{7}{10}$ zu 3 Ganzen und $\frac{1}{2}$ ist gleich dem Verhältniß von 7 Ganzen und $\frac{3}{10}$ zu einer unbekannten Zahl; welches ist diese unbekannte Zahl? Antw. Das Verhältniß von $\frac{7}{10}$ zu 3 Ganzen und $\frac{1}{2}$ ist gleich dem Verhältniß von 7 Ganzen und $\frac{3}{10}$ zu 36 Ganzen und $\frac{1}{2}$. Auflösung: 3 Ganze und $\frac{1}{2}$ sind $\frac{7}{2}$; $\frac{7}{2}$ sind $\frac{35}{10}$; $\frac{7}{10}$ sind der 5te Theil von $\frac{35}{10}$; das Verhältniß von $\frac{7}{10}$ zu einer Zahl von welcher $\frac{7}{10}$ der 5te Theil sind, ist gleich dem Verhältniß von 7 Ganzen und $\frac{3}{10}$ zu einer Zahl von welcher 7 Ganze und $\frac{3}{10}$ der 5te Theil sind; $\frac{3}{10}$ sind der 5te Theil von 5 mal $\frac{3}{10}$; 5 mal $\frac{3}{10}$ sind $\frac{15}{10}$; $\frac{15}{10}$ sind 1 Ganzes und $\frac{1}{2}$; — 7 Ganze sind der 5te Theil von 35 Ganzen, 35 Ganze und 1 Ganzes und $\frac{1}{2}$ sind 36 Ganze und $\frac{1}{2}$. (siehe 2te Reihe 5tes Quadrat.)

Zu wie viel Ganzen verhalten sich 2 Ganze und $\frac{5}{12}$ wie sich $\frac{11}{12}$ zu 3 Ganzen und $\frac{2}{3}$ verhalten? Antw. 2 Ganze und $\frac{5}{12}$ verhalten sich zu 9 Ganzen und $\frac{2}{3}$ — wie sich $\frac{11}{12}$ zu 3 Ganzen und $\frac{2}{3}$ verhalten. Auflösung: 3 Ganze und $\frac{2}{3}$ sind $\frac{11}{3}$; $\frac{1}{3}$ ist $\frac{4}{12}$ und $\frac{11}{3}$ sind 11 mal $\frac{4}{12}$; 11 mal $\frac{4}{12}$ sind $\frac{44}{12}$; $\frac{44}{12}$ sind 4 mal $\frac{11}{12}$; $\frac{11}{12}$ verhalten sich nun zu 4 mal $\frac{11}{12}$ wie sich 2 Ganze und $\frac{5}{12}$ zu 4 mal 2 Ganzen und $\frac{5}{12}$ verhalten. 2 Ganze und $\frac{5}{12}$ sind $\frac{29}{12}$; 4 mal 2 Ganze und $\frac{5}{12}$ sind 4 mal $\frac{29}{12}$; 4 mal $\frac{29}{12}$ sind $\frac{116}{12}$; $\frac{116}{12}$ sind $\frac{58}{6}$, und $\frac{58}{6}$ sind 9 Ganze und $\frac{2}{3}$; folglich verhalten sich 2 Ganze und $\frac{5}{12}$ wie sich $\frac{11}{12}$ zu 3 Ganzen und $\frac{2}{3}$ verhalten. (siehe 3te Reihe 4tes Quadrat.)

Zu welcher Anzahl von Ganzen verhalten sich 5 Ganze und $\frac{7}{24}$ wie sich $\frac{9}{24}$ zu 1 Ganzen und $\frac{1}{8}$ verhalten? Antw. 5 Ganze und $\frac{7}{24}$ verhalten sich zu 15 Ganzen und $\frac{7}{8}$ wie sich $\frac{9}{24}$ zu 1 Ganzen und $\frac{1}{8}$ verhalten. Auflösung: 1 Ganzes und $\frac{1}{8}$ sind $\frac{9}{8}$; $\frac{9}{8}$ sind $\frac{27}{24}$; $\frac{9}{24}$ sind der 3te Theil von $\frac{27}{24}$. Das Verhältniß von $\frac{9}{24}$ zu einer Zahl von welcher $\frac{9}{24}$

der 3te Theil sind, ist gleich dem Verhältniß von 5 Ganzen und 7/24 zu einer Zahl von welcher 5 Ganze und 7/24 der 3te Theil sind; 5 Ganze und 7/24 sind nun der 3te Theil von 3 mal 5 Ganzen und 7/24; und 3 mal 5 Ganze und 7/24 sind 15 Ganze und 7/8. (siehe 8te Reihe 3tes Quadrat.)

Der 4te Theil von 1 Ganzen und 1/2 verhält sich zum 5ten Theile von 9 Ganzen und 3/8, wie sich der 3te Theil von 3 Ganzen und 3/8 zu einer unbekannten Zahl verhält; welches wird nun diese Zahl seyn? Antw. Der 4te Theil von 1 Ganzen und 1/2 verhält sich zum 5ten Theile von 9 Ganzen und 3/8 wie sich der 3te Theil von 3 Ganzen und 3/8 zu 5 Ganzen und 5/8 verhält. Auflösung: 1 Ganzes und 1/2 sind 3/2; der 4te Theil von 1/2 ist 1/8; der 4te Theil von 3/2 ist 3/8. — 9 Ganze und 3/8 sind 75/8; der 5te Theil von 75/8 ist 15/8; 15/8 sind 5 mal 3/8. Das Verhältniß von 3/8 zu 5 mal 3/8 ist gleich dem Verhältniß vom 3ten Theile von 3 Ganzen und 3/8 zu 5 mal dem 3ten Theile von 3 Ganzen und 3/8. 3 Ganze und 3/8 sind 27/8; der 3te Theil von 27/8 ist 9/8; 5 mal der 3te Theil von 27/8 sind 5 mal 9/8; 5 mal 9/8 sind 45/8, und 45/8 sind 5 Ganze und 5/8. (siehe 4te Reihe 2tes Quadrat.)

Zweyte Abtheilung.

Anstatt daß in der vorhergehenden Abtheilung das erste Glied einer jeden Proportion als ein einfacher Theil der 2ten ins Auge fiel, und folglich das 3te der nemliche einfache Theil vom 4ten seyn mußte, den das erste von dem zweyten war; so fällt umgekehrt in dieser Abtheilung das 2te Glied einer jeden Proportion als ein einfacher Theil des ersten ins Auge, und das 4te Glied derselben muß folglich der nemliche einfache Theil des 3ten seyn, den das 2te von dem ersten ist.

Zweyte Reihe.

2tes Quadrat.

1/4 ist der halbe Theil von 1/2.

Das Verhältniß von 1/2 zum halben Theile von 1/2

ist gleich:

a) dem Verhältniß v.	2/2	oder 1 Gzn.		zum halben Theile v.		2/2.
b) — ——	— 3/2	— 1 —	u. 1/2	— halben	—	— 3/2.
c) — ——	— 4/2	— 2 —		— halben	—	— 4/2.
d) — ——	— 5/2	— 2 —	u. 1/2	— halben	—	— 5/2.
e) — ——	— 6/2	— 3 —		— halben	—	— 6/2.
f) — ——	— 7/2	— 3 —	u. 1/2	— halben	—	— 7/2.
g) — ——	— 8/2	— 4 —		— halben	—	— 8/2.
h) — ——	— 9/2	— 4 —	u. 1/2	— halben	—	— 9/2.
i) — ——	— 10/2	— 5 —		— halben	—	— 10/2.

Der halbe Theil von	2/2 ist 2/4.	2/4 sind		1/2.
— halbe — —	3/2 — 3/4.			
— halbe — —	4/2 — 4/4.	4/4 — 1 Ganzes.		
— halbe — —	5/2 — 5/4.	5/4 — 1	— und	1/4.
— halbe — —	6/2 — 6/4.	6/4 — 1	— —	1/2.
— halbe — —	7/2 — 7/4.	7/4 — 1	— —	3/4.
— halbe — —	8/2 — 8/4.	8/4 — 2 Ganze.		
— halbe — —	9/2 — 9/4.	9/4 — 2	— und	1/4.
— halbe — —	10/2 — 10/4.	10/4 — 2	— und	1/2.

Folglich ist das Verhältniß von 1/2 zu 1/4

gleich:

a) dem Verhältniß von	2/2	oder 1 Ganzen		zu 1/2.
b) — ——	— 3/2	— 1 —	u. 1/2 —	3/4.
c) — ——	— 4/2	— 2 —		— 1 Gzn.
d) — ——	— 5/2	— 2 —	u. 1/2 —	1 — u. 1/4.
e) — ——	— 6/2	— 3 —		— 1 — u. 1/2.
f) — ——	— 7/2	— 3 —	u. 1/2 —	1 — u. 3/4.
g) — ——	— 8/2	— 4 —		— 2 —
h) — ——	— 9/2	— 4 —	u. 1/2 —	2 — u. 1/4.
i) — ——	— 10/2	— 5 —		— 2 — u. 1/2.

3tes Quadrat.

(1/6 ist der dritte Theil von 1/2.)

Das Verhältniß von 1/2 zum 3ten Theile von 1/2
ist gleich:

a) dem Verhältniß v. 2/2 od. 1 Gzn. zum 3ten Th. v. 2/2.
b) — —— — 3/2 — 1 — u. 1/2 — 3ten — — 3/2.
c) — —— — 4/2 — 2 — — 3ten — — 4/2. u. s. w.

der 3te Theil von 2/2 ist 2/6. 2/6 sind 1/3.
— 3te — — 3/2 — 3/6. 3/6 — 1/2.
— 3te — — 4/2 — 4/6. 4/6 — 2/3. u. s. w.

Folglich ist das Verhältniß von 1/2 zu 1/6
gleich:

a) dem Verhältniß von 2/2 oder 1 Ganzen zu 1/3.
b) — —— — 3/2 — 1 — und 1/2 — 1/2.
c) — —— — 4/2 — 2 — — 2/3. u. s. w.

4tes Quadrat.

(1/8 ist der 4te Theil von 1/2.)

Das Verhältniß von 1/2 zum 4ten Theile von 1/2
ist gleich:

a) dem Verhältniß von 2/2 oder 1 Gzn. zum 4ten Theile v. 2/2.
b) — —— — 3/2 — 1 — u. 1/2 — 4ten — — 3/2.
c) — —— — 4/2 — 2 — — 4ten — — 4/2.
und so weiter.

Der 4te Theile v. 2/2 ist 2/8. 2/8 sind 1/4.
— 4te — — 3/2 — 3/8.
— 4te — — 4/2 — 4/8. 4/8 — 2/4. 2/4 sind 1/2 u. s. w.

Folglich ist das Verhältniß von 1/2 zu 1/8.
gleich:

a) dem Verhältniß von 2/2 oder 1 Ganzen zu 1/4.
b) — —— — 3/2 — 1 — und 1/2 — 3/8.
c) — —— — 4/2 — 2 — — 1/2. u. s. w.

5tes Quadrat.

($^1/_{10}$ ist der fünfte Theil von $^1/_2$.)

Das Verhältniß von $^1/_2$ zum 5ten Theile von $^1/_2$
ist gleich:

a) dem Verhältniß v. $^2/_2$ od. 1 Ganzen zum 5ten Theile v. $^2/_2$.
b) — — — $^3/_2$ — 1 — und $^1/_2$ — 5ten — — $^3/_2$.
c) — — — $^4/_2$ — 2 — — 5ten — — $^4/_2$.

und so weiter.

der 5te Theil von $^2/_2$ ist $^2/_{10}$. $^2/_{10}$ sind $^1/_5$.
— 5te — — $^3/_2$ — $^3/_{10}$.
— 5te — — $^4/_2$ — $^4/_{10}$. $^4/_{10}$ — $^2/_5$. u. s. w.

Folglich ist das Verhältniß von $^1/_2$ zu $^1/_{10}$
gleich:

a) dem Verhältniß von $^2/_2$ oder 1 Ganzen zu $^1/_5$.
b) — — — $^3/_2$ — 1 — u. $^1/_2$ — $^3/_{10}$.
c) — — — $^4/_2$ — 2 — — $^2/_5$ u. s. w.

Auf diese Art wird mit allen Quadraten dieser und der folgenden Reihen verfahren.

Fragen:

Das Verhältniß von 2 Ganzen und $^1/_2$ zu 1 Ganzen und $^1/_4$ ist gleich dem Verhältniß von 3 Ganzen und $^1/_2$ zu einer unbekannten Zahl; es fragt sich nun, welches wird diese unbekannte Zahl seyn? Antw. Das Verhältniß von 2 Ganzen und $^1/_2$ zu 1 Ganzen und $^1/_4$ ist gleich dem Verhältniß von 3 Ganzen und $^1/_2$ zu 1 Ganzen und $^3/_4$. Auflösung: 2 Ganze und $^1/_2$ sind $^5/_2$; 1 Ganzes und $^1/_4$ sind $^5/_4$; $^1/_4$ ist der halbe Theil von $^1/_2$; $^5/_4$ sind der halbe Theil von $^5/_2$. Das Verhältniß von $^5/_2$ zum halben Theile von $^5/_2$ ist gleich dem Verhältniß von 3 Ganzen und $^1/_2$ zum halben Theile von 3 Ganzen und $^1/_2$; 3 Ganze und $^1/_2$ sind $^7/_2$; der halbe Theil von $^7/_2$ ist $^7/_4$; $^7/_4$ sind 1 Ganzes und $^3/_4$.

(siehe 2te Reihe 2tes Quadrat.)

Zu wie viel Ganzen verhalten sich 9 Ganze und 1/2 wie sich 6 Ganze und 1/2 zu 1 Ganzen und 3/10 verhalten? Antw. 9 Ganze und 1/2 verhalten sich zu 1 Ganzen und 9/10 wie sich 6 Ganze und 1/2 zu 1 Ganzen und 3/10 verhalten. Auflösung: 6 Ganze und 1/2 sind 13/2; 13/2 sind 65/10; 1 Ganzes und 3/10 sind 13/10; 13/10 sind der 5te Theil von 65/10; es verhalten sich nun 65/10 zum 5ten Theile von 65/10 wie sich 9 Ganze und 1/2 zum 3ten Theile von 9 Ganzen und 1/2 verhalten. 9 Ganze und 1/2 sind 19/2; der 5te Theil von 1/2 ist 1/10, der 5te Theil von 19/2 ist 19/10; 19/10 sind 1 Ganzes und 9/10; folglich verhalten sich 9 Ganze und 1/2 zu 1 Ganzen und 9/10 wie sich 6 Ganze und 1/2 zu 1 Ganzen und 3/10 verhalten.
(siehe 2te Reihe 5tes Quadrat.)

Zu welcher Anzahl von Ganzen verhalten sich 9 Ganze und 1/7 wie sich der 3te Theil von 12 Ganzen und 3/7 zu 1 Ganzen und 8/21 verhalten? Antw. 9 Ganze und 1/7 verhalten sich zu 3 Ganzen und 1/21 wie sich der 3te Theil von 12 Ganzen und 3/7 zu 1 Ganzen und 8/21 verhält. Auflösung: Der 3te Theil von 12 Ganzen und 3/7 ist 4 Ganze und 1/7; 4 Ganze und 1/7 sind 29/7; 1 Ganzes und 8/21 sind 29/21; 1/21 ist der 3te Theil von 1/7; 29/21 sind der 3te Theil von 29/7; nun verhalten sich 29/7 zum 3ten Theile von 29/7, wie sich 9 Ganze und 1/7 zum 3ten Theile von 9 Ganzen und 1/7 verhalten; der 3te Theil von 9 Ganzen und 1/7 ist 3 Ganze und 1/21; folglich verhalten sich 9 Ganze und 1/7 zu 3 Ganzen und 1/21 wie sich der 3te Theil von 12 Ganzen und 3/7 zu 1 Ganzen und 8/21 verhält. (siehe 7te Reihe 3tes Quadrat.)

Das Verhältniß von 11 Ganzen und 3/8 zu 1 Ganzen und 27/64 ist gleich dem Verhältniß von 9 Ganzen und 5/8 zu einer unbekannten Zahl; welches ist nun diese unbekannte Zahl? Antw. Das Verhältniß von 11 Ganzen und 3/8 zu 1 Ganzen und 27/64 ist gleich dem Verhältniß von 9 Ganzen und 5/8 zu 1 Ganzen und 13/64. Auflösung: 11 Ganze und 3/8 sind 91/8; 1 Ganzes und 27/64 sind 91/64; 1/64 ist der 8te Theil von

⅛; 9/64 sind der 8te Theil von 9/8; nun ist das Verhältniß von 9/8 zum 8ten Theile von 9/8 gleich dem Verhältniß von 9 Ganzen und 5/8 zum 8ten Theile von 9 Ganzen und 5/8; 9 Ganze und 5/8 sind 77/8; der 8te Theil von ⅛ ist 1/64; der 8te Theil 77/8 ist 77/64 und 77/64 sind 1 Ganzes und 13/64; folglich ist das Verhältniß von 11 Ganzen und 3/8 zu 1 Ganzen und 27/64 gleich dem Verhältniß von 9 Ganzen und 5/8 zu 1 Ganzen und 13/64. (siehe 8te Reihe 8tes Quadrat.)

Dritte Abtheilung.

In dieser Abtheilung ist folgendes zu merken:

1stens Bey jeder Proportion derselben müssen die ersten zwey Glieder, von denen keines ein einfacher Theil des andern ist, beyderseits so abgetheilt werden, daß jeder einzelne Theil des ersten gleich ist jedem einzelnen Theile des zweyten.

2tens. Das dritte Glied der Proportion muß in eben so viele Theile zerlegt werden, als das erste enthält.

3tens. Jeder einzelne Theil des 3ten Gliedes muß gleich seyn jedem einzelnen Theile des vierten.

4tens die Anzahl der Theile des vierten Gliedes muß gleich seyn der Anzahl der Theile des zweyten.

Erste Art der Uebung dieser Abtheilung.

Zweyte Reihe.

2tes Quadrat.

(½ ist 2/4; der halbe Theil von ½ ist ¼)

3 m. der halbe Theil v. ½ ist 3 m. ¼. 3 m. ¼ sd. ¾.
3 — — halbe — — 2/2 — 3 — 2/4. 3 — 2/4 — 6/4. 6/4 sd. 1 ½.
3 — — halbe — — 3/2 — 3 — ¾. 3 — ¾ — 9/4. 9/4 — 2 ¼.
3 — — halbe — — 4/2 — 3 — 4/4. 3 — 4/4 — 12/4. 12/4 — 3.
3 — — halbe — — 5/2 — 3 — 5/4. 3 — 5/4 — 15/4. 15/4 — 3¾.
3 — — halbe — — 6/2 — 3 — 6/4. 3 — 6/4 — 18/4. 18/4 — 4½.

3 m. der halbe Theil v. 7/2 ist 3 m. 7/4. 3 m. 7/4 sd. 21/4. 21/4 sd. 5 1/4.
3 — — halbe — — 8/2 — 3 — 8/4. 3 — 8/4 — 24/4. 24/4 — 6.
3 — — halbe — — 9/2 — 3 — 9/4. 3 — 9/4 — 27/4. 27/4 — 6 3/4.
3 — — halbe — — 10/2 — 3 — 10/4. 3 — 10/4 — 30/4. 30/4 — 7 1/2.

Das Verhältniß von 1/2 zu 3 mal dem halben Theil von 1/2 ist gleich:

a) dem Verhältniß von 2/2 zu 3 mal dem halben Theil von 2/2.
b) — — — 3/2 — 3 — — halben — — 3/2.
c) — — — 4/2 — 3 — — halben — — 4/2.
d) — — — 5/2 — 3 — — halben — — 5/2.
e) — — — 6/2 — 3 — — halben — — 6/2.
f) — — — 7/2 — 3 — — halben — — 7/2.
g) — — — 8/2 — 3 — — halben — — 8/2.
h) — — — 9/2 — 3 — — halben — — 9/2.
i) — — — 10/2 — 3 — — halben — — 10/2.

Folglich ist das Verhältniß von 1/2 zu 3/4 gleich:

a) dem Verhältniß von 2/2 oder 1 Ganzen zu 1 Ganzen u. 1/2.
b) — — — 3/2 — 1 — u. 1/2 — 2 — u. 1/4.
c) — — — 4/2 — 2 — — 3 —
d) — — — 5/2 — 2 — u. 1/2 — 3 — u. 3/4.
e) — — — 6/2 — 3 — — 4 — u. 1/2.
f) — — — 7/2 — 3 — u. 1/2 — 5 — u. 1/4.
g) — — — 8/2 — 4 — — 6 —
h) — — — 9/2 — 4 — u. 1/2 — 6 — u. 3/4.
i) — — — 10/2 — 5 — — 7 — u. 1/2.

3tes Quadrat.

(1/2 ist 3/6; der dritte Theil von 1/2 ist 1/6.)

4 mal der 3te Th. v. 1/2 ist 4 mal 1/6. 4 mal 1/6 sind 4/6. 4/6 sd. 2/3.
4 — — 3te — — 2/2 — 4 — 2/6. 4 — 2/6 — 8/6. 8/6 — 1 1/3.
4 — — 3te — — 3/2 — 4 — 3/6. 4 — 3/6 — 12/6. 12/6 — 2.
4 — — 3te — — 4/2 — 4 — 4/6. 4 — 4/6 — 16/6. 16/6 — 2 2/3.
4 — — 3te — — 5/2 u. s. w.

Das Verhältniß von 1/2 zu 4mal dem 5ten Theile von 1/2

ist gleich:

a) dem Verhältniß von 2/2 zu 4mal dem 3ten Theile von 2/2.
b) — — — 3/2 — 4 — — 3ten — — 3/2.
c) — — — 4/2 — 4 — — 3ten — — 4/2.
d) — — — 5/2 u. s. w.

Folglich ist das Verhältniß von 1/2 zu 2/3

gleich:

a) dem Verhältniß von 2/2 oder 1 Ganzen zu 1 Ganzen u. 1/3.
b) — — — 3/2 — 1 — u. 1/2 — 2 —
c) — — — 4/2 — 2 — — 2 — u. 2/3.
d) — — — 5/2 — 2 — u. 1/2 u. s. w.

Auf diese Art wird durch die ganze Tabelle fortgefahren.

Zweyte Art der Uebung dieser Abtheilung.

Zweyte Reihe.

2tes Quadrat.

1/2 ist 2m. 1/4. 2m. 1/4 sd. 2m. d. 3te Th. v. 3m. 1/4. 3m. 1/4 sd. 3/4.
2/2 ist. 2—2/4. 2—2/4—2——3te——3—2/4. 3—2/4—6/4. 6/4 sd. 1 1/2.
3/2—2—3/4. 2—3/4—2——3te——3—3/4. 3—3/4—9/4. 9/4—2 1/4.
4/2—2—4/4. 2—4/4—2——3te——3—4/4. 3—4/4—12/4. 12/4—3.
5/2—2—5/4. 2—5/4—2——3te——3—5/4. 3—5/4—15/4. 15/4—3 3/4.
6/2—2—6/4. 2—6/4—2——3te——3—6/4. 3—6/4—18/4. 18/4—4 1/2.
7/2—2—7/4. 2—7/4—2——3te——3—7/4. 3—7/4—21/4. 21/4—5 1/4.
8/2—2—8/4. 2—8/4—2——3te——3—8/4. 3—8/4—24/4. 24/4—6.
9/2—2—9/4. 2—9/4—2——3te——3—9/4. 3—9/4—27/4. 27/4—6 3/4.
10/2—2—10/4. 2—10/4—2——3te——3—10/4. 3—10/4—30/4. 30/4—7 1/2.

Das Verhältniß v. 1/2 zu einer Zahl v. welcher 1/2 2m. d. 3te Th. ist

ist gleich:

a) d. Verhältniß v. 2/2 zu einer Zahl v. welcher 2/2 2m. d. 3te Th. sd.
b) — — — 3/2 — — — — — 3/2 2 — — 3te — —
c) — — — 4/2 — — — — — 4/2 2 — — 3te — —
d) — — — 5/2 — — — — — 5/2 2 — — 3te — —

und so weiter.

Folglich ist das Verhältniß von 1/2 zu 3/4

gleich:

a) dem Verhältniß von 2/2 oder 1 Ganzen zu 1 Ganzen u. 1/2.
b) — —— — 3/2 — 1 — u. 1/2 — 2 — u. 1/4.
c) — —— — 4/2 — 2 — — 3 —
d) — —— — 5/2 — 2 — u. 1/2 — 3 — u. 3/4.

und so weiter.

3tes Quadrat.

1/2 ist 3m. 1/6. 3m. 1/6 sd. 3m. d. 4te Th. v. 4m. 1/6. 4m. 1/6 sd. 4/6. 4/6 sd. 2/3
2/2 ist. 3 — 2/6. 3 — 2/6 — 3 — — 4te — — 4 — 2/6. 4 — 2/6 — 8/6. 8/6 — 1 1/3.
3/2 — 3 — 3/6. 3 — 3/6 — 3 — — 4te — — 4 — 3/6. 4 — 3/6 — 12/6. 12/6 — 2.
4/2 — 3 — 4/6. 3 — 4/6 — 3 — — 4te — — 4 — 4/6. 4 — 4/6 — 16/6. 16/6 — 2 2/3.

und so weiter.

Das Verhältniß von 1/2 zu einer Zahl von welcher 1/2 3mal der 4te Theil ist,

ist gleich:

a) d. Verhältniß v. 2/2 zu einer Zahl v. welcher 2/2 3m. d. 4te Th. sd.
b) — —— — 3/2 — — — — — 3/2 3 — — 4te — —
c) — —— — 4/2 — — — — — 4/2 3 — — 4te — —

und so weiter.

Folglich ist das Verhältniß von 1/2 zu 2/3

gleich:

a) dem Verhältniß von 2/2 oder 1 Ganzen zu 1 Ganzen und 1/3.
b) — —— — 3/2 — 1 — u. 1/2 — 2 —
c) — —— — 4/2 — 2 — — 2 — und 2/3.

und so weiter.

Auf diese Art können alle Quadrate der Tabelle durchgegangen werden.

Fragen:

Das Verhältniß von 2/3 zu 8/9 ist gleich dem Verhältniß von 1 Ganzen und 2/3 zu einer unbekannten Zahl; welches ist nun diese unbekannte Zahl? Antw. Das Verhältniß von 2/3 zu 8/9 ist gleich dem Verhältniß von 1 Ganzen und 2/3 zu 2 Ganzen und 2/9.

Erste Art der Auflösung:

1/3 enthält 3/9; 2/3 enthalten 6/9; 6/9 sind 3 mal 2/9; 8/9 sind 4 mal 2/9; 4 mal 2/9 sind 4 mal der 3te Theil von 3 mal 2/9. Das Verhältniß von 2/3 zu 4 mal dem 3ten Theile von 2/3 ist gleich dem Verhältniß von 1 Ganzen und 2/3 zu 4 mal dem 3ten Theile von 1 Ganzen und 2/3. — 1 Ganzes und 2/3 sind 5/3; der 3te Theil von 1/3 ist 1/9; der 3te Theil von 5/3 ist 5/9; 4 mal der 3te Theil von 5/3 ist 4 mal 5/9; 4 mal 5/9 sind 20/9; 20/9 sind 2 Ganze und 2/9; folglich ist das Verhältniß von 2/3 zu 8/9 gleich dem Verhältniß von 1 Ganzen und 2/3 zu 2 Ganzen und 2/9.

Zweyte Art der Auflösung:

2/3 sind 6/9; 6/9 sind 3 mal 2/9; 8/9 sind 4 mal 2/9; 3 mal 2/9 sind 3 mal der 4te Theil von 4 mal 2/9; das Verhältniß von 6/9 zu einer Zahl von welcher 6/9 3 mal der 4te Theil sind, ist gleich dem Verhältniß von 1 Ganzen und 2/3 zu einer Zahl von welcher 1 Ganzes und 2/3 3 mal der 4te Theil sind. 1 Ganzes und 2/3 sind 5/3; 1/3 ist 3 mal 1/9; 5/3 sind 3 mal 5/9; 3 mal 5/9 sind 3 mal der 4te Theil von 4 mal 5/9; 4 mal 5/9 sind 20/9; 20/9 sind 2 Ganze und 2/9; folglich ist das Verhältniß von 2/3 zu 8/9 gleich dem Verhältniß von 1 Ganzen und 2/3 zu 2 Ganzen und 2/9.

Dritte Art der Auflösung:

2/3 sind 6/9; der 3te Theil von 6/9 sind 2/9, und diese sind in 8/9 4 mal enthalten. — 2/3 verhalten sich zu einer Zahl in welcher der 3te Theil von 2/3 — 4 mal enthalten ist, wie sich 1 Ganzes und 2/3 zu einer Zahl verhalten in welcher der 3te Theil von 1 Ganzen und 2/3 4 mal enthalten ist. 1 Ganzes und 2/3 sind 5/3; der 3te Theil von 5/3 ist 5/9 und die Zahl in welcher 5/9 4 mal enthalten sind — ist 4 mal 5/9; 4 mal 5/9 sind 20/9; 20/9 sind 2 Ganze und 2/9; folglich verhalten sich 2/3 zu

8/9

8/9 wie sich 1 Ganzes und 2/3 zu 2 Ganzen und 2/9 verhalten. (siehe 3tes Quadrat der 3ten Reihe.)

Zu wie viel Ganzen verhalten sich 4 Ganze und 1/2 wie sich 2 Ganze und 1/2 zu 3 Ganzen und 3/4 verhalten? Antw. 4 Ganze und 1/2 verhalten sich zu 6 Ganzen und 3/4 wie sich 2 Ganze und 1/2 zu 3 Ganzen und 3/4 verhalten. Auflösung: 2 Ganze und 1/2 sind 5/2; 5/2 sind 10/4; 3 Ganze und 3/4 sind 15/4; 10/4 sind 2 mal 5/4; 15/4 sind 3 mal 5/4; 3 mal 5/4 sind 3 mal der halbe Theil von 2 mal 5/4; — 10/5 verhalten sich zu 3 mal dem halben Theile von 10/5 wie sich 4 Ganze und 1/2 zu 3 mal dem halben Theile von 4 Ganzen und 1/2 verhalten — 4 Ganze und 1/2 sind 9/2; der halbe Theil von 9/2 ist 9/4; 3 mal der halbe Theil von 9/2 ist 3 mal 9/4; 3 mal 9/4 sind 27/4; 27/4 sind 6 Ganze und 3/4.

(siehe 2te Reihe 2tes Quadrat.)

Das Verhältniß von 5 Ganzen und 1/6 zu 6 Ganzen und 1/5 ist gleich dem Verhältniß von 10 Ganzen und 5/6 zu einer unbekannten Zahl; welches ist diese unbekannte Zahl? Antw. Diese unbekannte Zahl ist 13 Ganze. Auflösung: 5 Ganze und 1/6 sind 31/6; 6 Ganze und 1/5 sind 31/5; 1/5 ist 6/30; 1/6 ist 5/30; 1/5 ist also 6 mal der 5te Theil von 1/6, und 31/5 sind 6 mal der 5te Theil von 31/6; das Verhältniß von 31/6 zu 6 mal dem 5ten Theile von 31/6 ist gleich dem Verhältniß von 10 Ganzen und 5/6 zu 6 mal dem 5ten Theile von 10 Ganzen und 5/6. 10 Ganze und 5/6 sind 65/6; der 5te Theil von 65/6 ist 13/6; 6 mal der 5te Theil von 65/6 ist 6 mal 13/6; 6 mal 13/6 sind 78/6; 78/6 sind 13 Ganze; folglich ist das Verhältniß von 5 Ganzen und 1/6 zu 6 Ganzen und 1/5 gleich dem Verhältniß von 10 Ganzen und 5/6 zu 13 Ganzen.

(siehe 6te Reihe 5tes Quadrat.)

Vierte Abtheilung.

Diese enthält, so wie die erste, Proportionen, die aus Verhältnissen bestehen, von welcher das erste Glied ein einfacher Theil des 2ten ist; aber anstatt daß in der ersten Abtheilung das erste Glied des 2ten Verhältnisses einer jeden Proportion Theile von Ganzen enthielt, die mit denjenigen, welche das erste Glied des ersten Verhältnisses ausmachten, in dem nemlichen Quadrate aufgefunden werden konnten, enthält in dieser Abtheilung das erste Glied des 2ten Verhältnisses einer jeden Proportion, Theile von Ganzen, zu deren Auffindung das Kind ein anderes Quadrat ins Auge fassen muß, als dasjenige ist, in welchem es die Theile von Ganzen, die das erste Glied des ersten Verhältnisses ausmachen, aufgefunden hat.

2tes Quadrat der 2ten und 2tes Quadrat der 3ten Reihe.

1/2 ist 2mal 1/4.	1/3 ist 2mal 1/6.
1 Gzs. ist 2/2. 2/2 sd. 2 — 2/4.	2/3 sd. 2 — 2/6.
1 — u. 1/2 — 3/2. 3/2 — 2 — 3/4.	1 Gzs. ist 3/3. 3/3 — 2 — 3/6.
2 Gze. sd. 4/2. 4/2 — 2 — 4/4.	1 — u. 1/3 sd. 4/3. 4/3 — 2 — 4/6.
2 — u. 1/2 — 5/2. 5/2 — 2 — 5/4.	1 — u. 2/3 — 5/3. 5/3 — 2 — 5/6.
3 — — 6/2. 6/2 — 2 — 6/4.	2 Gze. — 6/3. 6/3 — 2 — 6/6.
3 — u. 1/2 — 7/2. 7/2 — 2 — 7/4.	2 — u. 1/3 — 7/3. 7/3 — 2 — 7/6.
4 — — 8/2. 8/2 — 2 — 8/4.	2 — u. 2/3 — 8/3. 8/3 — 2 — 8/6.
4 — u. 1/2 — 9/2. 9/2 — 2 — 9/4.	3 — — 9/3. 9/3 — 2 — 9/6.
5 — — 10/2. 10/2 — 2 — 10/4.	3 — u. 1/3 — 10/3. 10/3 — 2 — 10/6.

Folgenden Verhältnissen, nemlich:

a) demjenigen von 1/4 zu 2 mal 1/4 oder von 1/4 zu 1/2.
b) — — 2/4 — 2 — 2/4 — — 1/2 — 1 Gzn.
c) — — 3/4 — 2 — 3/4 — — 3/4 — 1 — u. 1/2.
d) — — 4/4 — 2 — 4/4 — — 1 G. — 2 —
e) — — 5/4 — 2 — 5/4 — — 1 — u. 1/4 — 2 — u. 1/2.
f) — — 6/4 — 2 — 6/4 — — 1 — u. 1/2 — 3 —
g) — — 7/4 — 2 — 7/4 — — 1 — u. 3/4 — 3 — u. 1/2.
h) — — 8/4 — 2 — 8/4 — — 2 — — 4 —
i) — — 9/4 — 2 — 9/4 — — 2 — u. 1/4 — 4 — u. 1/2.
k) — — 10/4 — 2 — 10/4 — — 2 — u. 1/2 — 5 —

sind gleich:

a) das Verh. v. 1/6 zu 2 m. 1/6. folglich d. Verh. v. 1/6 zu 1/3.
b) — — — 2/6 — 2 — 2/6. — — — — 1/3 — 2/3.
c) — — — 3/6 — 2 — 3/6. — — — — 1/2 — 1 G.
d) — — — 4/6 — 2 — 4/6. — — — — 2/3 — 1 — u. 1/3.
e) — — — 5/6 — 2 — 5/6. — — — — 5/6 — 1 — u. 2/3
f) — — — 6/6 — 2 — 6/6. — — — — 1 G. — 2 —
g) — — — 7/6 — 2 — 7/6. — — — — 1 — 1/6 — 2 — u. 1/3.
h) — — — 8/6 — 2 — 8/6. — — — — 1 — 1/3 — 2 — u. 2/3.
i) — — — 9/6 — 2 — 9/6. — — — — 1 — 1/2 — 3 —
k) — — — 10/6 — 2 — 10/6. — — — — 1 — 2/3 — 3 — u. 1/3.

3tes Quadrat der 2ten und 3tes Quadrat der 3ten Reihe.

1/2 ist 3 mal 1/6.	1/3 ist 3 mal 1/9.
1 Gzs. ist 2/2. 2/2 sd. 3 — 2/6.	2/3 sd. 3 — 2/9.
1 — u. 1/2 — 3/2. 3/2 — 3 — 3/6.	1 Gzs. ist 3/3. 3/3 — 3 — 3/9.
2 — sd. 4/2. 4/2 — 3 — 4/6.	1 — u. 1/3 — 4/3. 4/3 — 3 — 4/9.
und so weiter.	und so weiter.

Folgenden Verhältnissen, nemlich:

a) demjenigen von 1/6 zu 3 mal 1/6 oder von 1/6 zu 1/2.
b) — — 2/6 — 3 — 2/6 — — 1/3 — 1 Gzn.
c) — — 3/6 — 3 — 3/6 — — 1/2 — 1 — u. 1/2.
d) — — 4/6 — 3 — 4/6 — — 2/3 — 2 — u. s. w.

sind gleich:

a) das Verh. v. 1/9 zu 3 m. 1/9; folglich d. Verh. v. 1/9 zu 1/3.
b) — — — 2/9 — 3 — 2/9. — — — — 2/9 — 2/3.
c) — — — 3/9 — 3 — 3/9. — — — — 1/3 — 1 Gzn.
d) — — — 4/9 — 3 — 4/9. — — — — 4/9 — 1 — u. 1/3

und so weiter.

4tes Quadrat der 2ten und 4tes Quadrat der 3ten Reihe.

1/2 ist 4 mal 1/8. 1/3 ist 4 mal 1/12.

1 Gzs. ist 2/2. 2/2 sd. 4 — 2/8. 2/3 sd. 4 — 2/12.

1 Gzs. u. ½ ist 3/2. 3/2 sd. 4m. 3/8. 1 Gzs. ist 3/3. 3/3 sd. 4m. 3/12.
2 Gze. sind 4/2. 4/2 — 4 — 4/8. 1 — u. 1/3 — 4/3. 4/3 — 4 — 4/12.
und so weiter. und so weiter.

Folgenden Verhältnissen, nemlich:

a) demjenigen von 1/8 zu 4 mal 1/8 oder von 1/8 zu ½.
b) — — 2/8 — 4 — 2/8 — — 1/4 — 1 Gzn.
c) — — 3/8 — 4 — 3/8 — — 3/8 — 1 — u. ½.
d) — — 4/8 — 4 — 4/8 — — ½ — 2 — u. s. w.

sind gleich:

a) das Verh. v. 1/12 zu 4 m. 1/12; folglich d. Verh. v. 1/12 zu 1/3.
b) — — — 2/12 — 4 — 2/12. — — — — 1/6 — 2/3.
c) — — — 3/12 — 4 — 3/12. — — — — 1/4 — 1 Gzn.
d) — — — 4/12 — 4 — 4/12. — — — — 1/3 — 1 — 1/3.

und so weiter.

Auf diese Art wird durch die ganze Tabelle fortgefahren.

Fragen:

1 Ganzes und 4/9 verhält sich zu 4 Ganzen und 1/3 wie sich 2 Ganze und 5/6 zu einer unbekannten Zahl verhalten; welches ist diese unbekannte Zahl? Antw. 1 Ganzes und 4/9 verhält sich zu 4 Ganzen und 1/3 wie sich 2 Ganze und 5/6 zu 8 Ganzen und ½ verhalten. Auflösung: 1 Ganzes und 4/9 ist 13/9; 4 Ganze und 1/3 sind 13/3; 1/3 ist 3 mal 1/9 und 13/3 sind 3 mal 13/9. — Das Verhältniß von 13/9 zu 3 mal 13/9 ist gleich dem Verhältniß von 2 Ganzen und 5/6 zu 3 mal 2 Ganzen und 5/6; 2 Ganze und 5/6 sind 17/6; 3 mal 2 Ganze und 5/6 sind 3 mal 17/6; 3 mal 17/6 sind 51/6 und 51/6 sind 8 Ganze und ½. (siehe 2te Reihe 3tes und 3te Reihe 3tes Quadrat.)

Das Verhältniß von 1 Ganzen und 3/4 zu 3 Ganzen und ½ ist gleich dem Verhältniß von einer unbekannten Zahl zu 4 Ganzen und 3/5; welches ist diese unbekannte Zahl? Antw. Diese unbekannte Zahl ist 2 Ganze und 3/10. Auflösung: 1 Ganzes und 3/4 sind 7/4; 3 Ganze und ½ sind 7/2; 7/2 sind

$^{14}/_4$; $^7/_4$ sind der halbe Theil von $^{14}/_4$; nun verhält sich der halbe Theil von $^{14}/_4$ zu $^{14}/_4$, wie sich der halbe Theil von 4 Ganzen und $^3/_5$ zu 4 Ganzen und $^3/_5$ verhalten. 4 Ganze und $^3/_5$ sind $^{23}/_5$, der halbe Theil von $^1/_5$ ist $^1/_{10}$; der halbe Theil von $^{23}/_5$ ist $^{23}/_{10}$ und $^{23}/_{10}$ sind 2 Ganze und $^3/_{10}$; folglich das Verhaltniß von 1 Ganzen und $^3/_4$ zu 3 Ganzen und $^1/_2$ ist gleich dem Verhältniß von 2 Ganzen und $^3/_{10}$ zu 4 Ganzen und $^3/_5$. (siehe 2te Reihe 2tes und 3te Reihe 2tes Quadrat.)

2 Ganze und $^1/_5$ verhalten sich zu einer unbekannten Zahl, wie sich 3 Ganze und $^3/_8$ zu 13 Ganzen und $^1/_2$ verhalten; welches wird diese unbekannte Zahl seyn? Antw. Sie ist 8 Ganze und $^4/_5$. Auflösung: 3 Ganze und $^3/_8$ sind $^{27}/_8$; 13 Ganze und $^1/_2$ sind $^{27}/_2$; $^1/_2$ ist 4 mal $^1/_8$; $^{27}/_2$ sind 4 mal $^{27}/_8$; $^{27}/_8$ verhalten sich zu 4 mal $^{27}/_8$ wie sich 2 Ganze und $^1/_5$ zu 4 mal 2 Ganzen und $^1/_5$ verhalten; 4 mal 2 Ganze sind 8 Ganze und 4 mal $^1/_5$ sind $^4/_5$; folglich verhalten sich 2 Ganze und $^1/_5$ zu 8 Ganzen und $^4/_5$ wie sich 3 Ganze und $^3/_8$ zu 13 Ganzen und $^1/_2$ verhalten. (siehe 2te Reihe 4tes, und 5te Reihe 4tes Quadrat.)

Eine unbekannte Zahl verhält sich zu 1 Ganzen und $^3/_7$ wie sich $^7/_9$ zu 1 Ganzen und $^5/_9$ verhalten; welches wird diese unbekannte Zahl seyn? Antw. Diese unbekannte Zahl ist $^5/_7$. Auflösung: 1 Ganzes und $^5/_9$ sind $^{14}/_9$; $^{14}/_9$ sind 2 mal $^7/_9$; $^7/_9$ verhalten sich zu 2 mal $^7/_9$ wie sich die unbekannte Zahl zu 2 mal der unbekannten Zahl verhält — 1 Ganzes und $^3/_7$ sind also 2 mal die unbekannte Zahl — 1 Ganzes und $^3/_7$ sind $^{10}/_7$, und $^{10}/_7$ sind 2 mal $^5/_7$; $^5/_7$ sind also die unbekannte Zahl, folglich verhalten sich $^5/_7$ zu 1 Ganzen und $^3/_7$ wie sich $^7/_9$ zu 1 Ganzen und $^5/_9$ verhalten. (siehe 2tes Quadrat der 7ten, und 2tes Quadrat der 9ten Reihe.)

Fünfte Abtheilung.

Sie enthält, so wie die 2te, Proportionen, welche aus Verhältnissen bestehen, von denen das 2te Glied ein einfacher

Theil des ersten ist, unterscheidet sich aber von derselben eben dadurch, wodurch sich die vorhergehende von der ersten unterscheidet.

2te Reihe 2tes, und 3te Reihe 2tes Quadrat.

1/4 ist d. hal. T. v. 1/2.	1/6 ist d. hal. T. v. 1/3.
2/4 ist. — hal. — — 2/2.	2/6 ist. — hal. — — 2/3.
3/4 — — hal. — — 3/2.	3/6 — — hal. — — 3/3.
1 G. ist 4/4. 4/4 — — hal. — — 4/2.	4/6 — — hal. — — 4/3.
1 — 1/4 ist. 5/4. 5/4 — — hal. — — 5/2.	5/6 — — hal. — — 5/3.
1 — 1/2 — 6/4. 6/4 — — hal. — — 6/2.	1 G. ist 6/6. 6/6 — — hal. — — 6/3.
1 — 3/4 — 7/4. 7/4 — — hal. — — 7/2.	1 — 1/6 — 7/6. 7/6 — — hal. — — 7/3.
2 G. — 8/4. 8/4 — — hal. — — 8/2.	1 — 1/3 — 8/6. 8/6 — — hal. — — 8/3.
2 — 1/4 — 9/4. 9/4 — — hal. — — 9/2.	1 — 1/2 — 9/6. 9/6 — — hal. — — 9/3.
2 — 1/2 — 10/4. 10/4 — — hal. — — 10/2.	1 — 2/3 — 10/6. 10/6 — — hal. — — 10/3

Folgenden Verhältnissen, nemlich:

a) demjenigen v. 1/2 zum halben Th. v. 1/2 od. v. 1/2 zu 1/4.
b) —— — 2/2 — halben — — 2/2 — — 1 G. — 1/2.
c) —— — 3/2 — halben — — 3/2 — — 1 — 1/2 — 3/4.
d) —— — 4/2 — halben — — 4/2 — — 2 — — 1 G.
e) —— — 5/2 — halben — — 5/2 — — 2 — 1/2 — 1 — u. 1/4
f) —— — 6/2 — halben — — 6/2 — — 3 — — 1 — u. 1/2
g) —— — 7/2 — halben — — 7/2 — — 3 — 1/2 — 1 — 3/4
h) —— — 8/2 — halben — — 8/2 — — 4 — — 2 —
i) —— — 9/2 — halben — — 9/2 — — 4 — 1/2 — 2 — 1/4
k) —— — 10/2 — halben — — 10/2 — — 5 — — 2 — 1/2

sind gleich:

a) d. Verh. v. 1/3 z. halben Th. v. 1/3. folgl. d. Verh. v. 1/3 zu 1/6
b) — — — 2/3 — halben — — 2/3. — — — — — 2/3 — 1/3
c) — — — 3/3 — halben — — 3/3. — — — — 1 G. — 1/2
d) — — — 4/3 — halben — — 4/3. — — — — 1 — 1/3 — 2/3
e) — — — 5/3 — halben — — 5/3. — — — — 1 — 2/3 — 5/6
f) — — — 6/3 — halben — — 6/3. — — — — 2 — — 1 G.

g) d. Verh. v. 7/3 z. hal. Th. v. 7/3. folgl. d. Verh. v. 2 G. 1/3 zu 1 G. 1/6
h) — — — 8/3 — hal. — — 8/3. — — — — 2 — 2/3 — 1 — 1/3
i) — — — 9/3 — hal. — — 9/3. — — — — 3 — — 1 — 1/2
k) — — — 10/3 — hal. — — 10/3. — — — — 3 — 1/3 — 1 — 2/3

2te Reihe 3tes, und 3te Reihe 3tes Quadrat.

1/6 ist der 3te Theil von 1/2.
2/6 sd. — 3te — — 2/2.
3/6 — — 3te — — 3/2.
4/6 — — 3te — — 3/2.
und so weiter.

1/9 ist der 3te Theil von 1/3.
2/9 sd. — 3te — — 2/3.
3/9 — — 3te — — 3/3.
4/9 — — 3te — — 4/3.
und so weiter.

Folgenden Verhältnissen, nemlich:

a) demjenigen von 1/2 zum 3ten Theile von 1/2 od. von 1/2 zu 1/6.
b) —— — 2/2 — 3ten — — 2/2 — — 1 G. — 1/3.
c) —— — 3/2 — 3ten — — 3/2 — — 1 — 1/2 — 1/2.
d) —— — 4/2 — 3ten — — 4/2 — — 2 — — 2/3.
und so weiter.

sind gleich:

a) d. Verh. v. 1/3 z. 3ten Th. v. 1/3. folgl. d. Verh. v. 1/3 zu 1/9.
b) — — — 2/3 — 3ten — — 2/3. — — — — 2/3 — 2/9.
c) — — — 3/3 — 3ten — — 3/3. — — — — 1 G. — 1/3.
d) — — — 4/3 — 3ten — — 4/3. — — — — 1 — 1/3 — 4/9.
und so weiter.

2te Reihe 4tes und 3te Reihe 4tes Quadrat.

1/8 ist der 4te Theil von 1/2.
2/8 sd. — 4te — — 2/2.
3/8 — — 4te — — 3/2.
4/8 — — 4te — — 4/2.
und so weiter.

1/12 ist der 4te Theil von 1/3.
2/12 — — 4te — — 2/3.
3/12 — — 4te — — 3/3.
4/12 — — 4te — — 4/3.
und so weiter.

Folgenden Verhältnissen, nemlich:

a) demjenigen von 1/2 zum 4ten Theile von 1/2 oder v. 1/2 zu 1/8.
b) —— — 2/2 — 4ten — — 2/2 — — 1 Gzn. — 1/4.
c) —— — 3/2 — 4ten — — 3/2 — — 1 — u. 1/2 — 3/8
d) —— — 4/2 — 4ten — — 4/2 — — 2 — — 1/2.

und so weiter.

sind gleich:

a) d. Verh. v. 1/3 zum 4ten Th. v. 1/3. folgl. d. Verh. v. 1/3 zu 1/12
b) — — — 2/3 — 4ten — — 2/3. — — — — 2/3 — 1/6.
c) — — — 3/3 — 4ten — — 3/3. — — — — 1 G. — 1/4.
d) — — — 4/3 — 4ten — — 4/3. — — — — 1 — 1/3 — 1/3.

und so weiter.

Auf diese Art werden alle Quadrate jeder Reihe der Tabelle durchgegangen.

Fragen:

Das Verhältniß von 1 Ganzen und 1/2 zu 3/8 ist gleich dem Verhältniß von 1 Ganzen und 2/3 zu einer unbekannten Zahl; es fragt sich, welches diese unbekannte Zahl sey? Antw. Diese unbekannte Zahl ist 5/12. Auflösung: 1 Ganzes und 1/2 ist 3/2; 3/2 sind 12/8; 3/8 sind der 4te Theil von 12/8. Das Verhältniß von 1 Ganzen und 1/2 zum 4ten Theile von 1 Ganzen und 1/2 ist gleich dem Verhältniß von 1 Ganzen und 2/3 zum 4ten Theile von 1 Ganzen und 2/3; 1 Ganzes und 2/3 sind 5/3; der 4te Theil von 5/3 ist 5/12; folglich ist das Verhältniß von 1 Ganzen und 1/2 zu 3/8 gleich dem Verhältniß von 1 Ganzen und 2/3 zu 5/12. (siehe 4tes Quadrat der 2ten und 4tes Quadrat der 3ten Reihe.)

Zu welcher Anzahl von Ganzen verhalten sich 7 Ganze und 5/6 wie sich 3 Ganze und 1/5 zu 8/15 verhalten? Antw. 7 Ganze und 5/6 verhalten sich zu 1 Ganzen und 11/36. Auflösung: 3 Ganze und 1/5 sind 16/5; 16/5 sind 48/15; 8/15 sind

ſind der 6te Theil von $^{48}/_{15}$. Nun verhalten ſich $^{48}/_{15}$ zum 6ten Theile von $^{48}/_{15}$ wie ſich 7 Ganze und $^{5}/_{6}$ zum 6ten Theile von 7 Ganzen und $^{5}/_{6}$ verhalten. — 7 Ganze und $^{5}/_{6}$ ſind $^{47}/_{6}$; der 6te Theil von $^{1}/_{6}$ iſt $^{1}/_{36}$; der 6te Theil von $^{47}/_{6}$ iſt $^{47}/_{36}$; und $^{47}/_{36}$ ſind 1 Ganzes und $^{11}/_{36}$; folglich verhalten ſich 7 Ganze und $^{5}/_{6}$ zu 1 Ganzen und $^{11}/_{36}$ wie ſich 3 Ganze und $^{1}/_{5}$ zu $^{8}/_{15}$ verhalten. (ſiehe 5te Reihe 3tes und 6te Reihe 6tes Quadrat.)

Sechste Abtheilung.

Diese Abtheilung ist den zwey vorhergehenden darin gleich,
zweyten Verhältnisses einer jeden in ihrem Umfange vorkom-
Kinde nicht in dem nemlichen Quadrate vorgezeigt werden
wodurch sich die 3te Abtheilung von der 2ten und 1sten

Erste Art der Uebung dieser Abtheilung.

2te Reihe 2tes, und 3te Reihe 2tes Quadrat.

Folgenden Verhältnissen, nemlich:

a) demjenigen von 1/2 zu 3 mal dem halben Theile von 1/2.
b) —— — 2/2 — 3 — — halben — — 2/2.
c) —— — 3/2 — 3 — — halben — — 3/2.
d) —— — 4/2 — 3 — — halben — — 4/2.
e) —— — 5/2 — 3 — — halben — — 5/2.
f) —— — 6/2 — 3 — — halben — — 6/2.
g) —— — 7/2 — 3 — — halben — — 7/2.
h) —— — 8/2 — 3 — — halben — — 8/2.
i) —— — 9/2 — 3 — — halben — — 9/2.
k) —— — 10/2 — 3 — — halben — — 10/2.

sind gleich:

a) das Verhältniß von 1/3 zu 3 mal dem halben Theile von 1/3.
b) — —— — 2/3 — 3 — — halben — — 2/3.
c) — —— — 3/3 — 3 — — halben — — 3/3.
d) — —— — 4/3 — 3 — — halben — — 4/3.
e) — —— — 5/3 — 3 — — halben — — 5/3.
f) — —— — 6/3 — 3 — — halben — — 6/3.
g) — —— — 7/3 — 3 — — halben — — 7/3.
h) — —— — 8/3 — 3 — — halben — — 8/3.
i) — —— — 9/3 — 3 — — halben — — 9/3.
k) — —— — 10/3 — 3 — — halben — — 10/3.

der halbe Th. v. 1/2 ist 1/4.
m. — halbe — — 1/2 — 3 m. 1/4. 3 m. 1/4 sd. 3/4.
3 — — halbe — — 2/2 — 3 — 2/4. 3 — 2/4 — 6/4. 6/4 sd. 1 1/2.

Sechste Abtheilung.

daß das erste Glied des ersten, und das erste Glied des
menden Proportion Theile von Ganzen enthalten, die dem
können, unterscheidet sich aber von denselben eben dadurch,
unterscheidet.

Zweyte Art der Uebung dieser Abtheilung.

2te Reihe 2tes, und 3te Reihe 2tes Quadrat.

Folgenden Verhältnissen, nemlich:

a)	demjenigen	v. ½	zu einer Zahl v. welcher	½	2 m. d. 3te Th.	ist.
b)	—	— 2/2	— — — — —	2/2	2 — — 3te	— sd.
c)	—	— 3/2	— — — — —	3/2	2 — — 3te	— —
d)	—	— 4/2	— — — — —	4/2	2 — — 3te	— —
e)	—	— 5/2	— — — — —	5/2	2 — — 3te	— —
f)	—	— 6/2	— — — — —	6/2	2 — — 3te	— —
g)	—	— 7/2	— — — — —	7/2	2 — — 3te	— —
h)	—	— 8/2	— — — — —	8/2	2 — — 3te	— —
i)	—	— 9/2	— — — — —	9/2	2 — — 3te	— —
k)	—	— 10/2	— — — — —	10/2	2 — — 3te	— —

sind gleich:

a)	d. Verh.	v. ⅓	zu einer Zahl v. welcher	⅓	2 m. d. 3te Th.	ist.
b)	— —	— 2/3	— — — — —	2/3	2 — — 3te	— sd.
c)	— —	— 3/3	— — — — —	3/3	2 — — 3te	— —
d)	— —	— 4/3	— — — — —	4/3	2 — — 3te	— —
e)	— —	— 5/3	— — — — —	5/3	2 — — 3te	— —
f)	— —	— 6/3	— — — — —	6/3	2 — — 3te	— —
g)	— —	— 7/3	— — — — —	7/3	2 — — 3te	— —
h)	— —	— 8/3	— — — — —	8/3	2 — — 3te	— —
i)	— —	— 9/3	— — — — —	9/3	2 — — 3te	— —
k)	— —	— 10/3	— — — — —	10/3	2 — — 3te	— —

½ ist 2m. ¼. 2m. ¼ sd. 2m. d. 3te Th. v. 3m. ¼. 3m. ¼ sd. ¾.
2/2 sd. 2 — 2/4. 2 — 2/4 — 2 — — 3te — — 3 — 2/4. 3 — 2/4 — 6/4. 6/4 sd. 1½

3 m. der halbe Theil v. 3/2 ist 3 m. 3/4. 3 m. 3/4 sd. 9/4. 9/4 sd. 2 1/4.

3 — — halbe — — 4/2 — 3 — 4/4. 3 — 4/4 — 12/4. 12/4 — 3.

3 — — halbe — — 5/2 — 3 — 5/4. 3 — 5/4 — 15/4. 15/4 — 3 3/4

3 — — halbe — — 6/2 — 3 — 6/4. 3 — 6/4 — 18/4. 18/4 — 4 1/2

3 — — halbe — — 7/2 — 3 — 7/4. 3 — 7/4 — 21/4. 21/4 — 5 1/4

3 — — halbe — — 8/2 — 3 — 8/4. 3 — 8/4 — 24/4. 24/4 — 6.

3 — — halbe — — 9/2 — 3 — 9/4. 3 — 9/4 — 27/4. 27/4 — 6 3/4

3 — — halbe — — 10/2 — 3 — 10/4. 3 — 10/4 — 30/4. 30/4 — 7 1/2.

der halbe Th. v. 1/3 ist 1/6.

3 m. — halbe — — 1/3 — 3 m. 1/6. 3 m. 1/6 sd. 3/6. 3/6 sd. 1/2.

3 — — halbe — — 2/3 — 3 — 2/6. 3 — 2/6 — 6/6. 6/6 — 1.

3 — — halbe — — 3/3 — 3 — 3/6. 3 — 3/6 — 9/6. 9/6 — 1 1/2.

3 — — halbe — — 4/3 — 3 — 4/6. 3 — 4/6 — 12/6. 12/6 — 2.

3 — — halbe — — 5/3 — 3 — 5/6. 3 — 5/6 — 15/6. 15/6 — 2 1/2.

3 — — halbe — — 6/3 — 3 — 6/6. 3 — 6/6 — 18/6. 18/6 — 3.

3 — — halbe — — 7/3 — 3 — 7/6. 3 — 7/6 — 21/6. 21/6 — 3 1/2.

3 — — halbe — — 8/3 — 3 — 8/6. 3 — 8/6 — 24/6. 24/6 — 4.

3 — — halbe — — 9/3 — 3 — 9/6. 3 — 9/6 — 27/6. 27/6 — 4 1/2.

3 — — halbe — — 10/3 — 3 — 10/6. 3 — 10/6 — 30/6. 30/6 — 5.

Folglich sind nachstehenden Verhältnissen, nämlich:

a) dem Verhältniß von 1/2 zu 3/4.

b) — — — 2/2 od. 1 Gzn. — 1 Gzn. u. 1/2.

c) — — — 3/2 — 1 — u. 1/2 — 2 — u. 1/4.

d) — — — 4/2 — 2 — — 3 —

e) — — — 5/2 — 2 — u. 1/2 — 3 — u. 3/4.

f) — — — 6/2 — 3 — — 4 — u. 1/2.

g) — — — 7/2 — 3 — u. 1/2 — 5 — u. 1/4.

h) — — — 8/2 — 4 — — 6 —

i) — — — 9/2 — 4 — u. 1/2 — 6 — u. 3/4.

k) — — — 10/2 — 5 — — 7 — u. 1/2.

gleich:

a) das Verhältniß von 1/3 zu 1/2.

b) — — — 2/3 — 1 Ganzen.

3/2 ſt. 2m. 3/4. 2m. 3/4 ſt. 2m. d. 3te Th. v. 3m. 3/4. 3m. 3/4 ſt. 9/4. 9/4 ſt. 2 1/4

4/2 — 2 — 4/4. 2 — 4/4 — 2 — — 3te — — 3 — 4/4. 3 — 4/4 — 12/4. 12/4 — 3.

5/2 — 2 — 5/4. 2 — 5/4 — 2 — — 3te — — 3 — 5/4. 3 — 5/4 — 15/4. 15/4 — 3 3/4.

6/2 — 2 — 6/4. 2 — 6/4 — 2 — — 3te — — 3 — 6/4. 3 — 6/4 — 18/4. 18/4 — 4 1/2.

7/2 — 2 — 7/4. 2 — 7/4 — 2 — — 3te — — 3 — 7/4. 3 — 7/4 — 21/4. 21/4 — 5 1/4.

8/2 — 2 — 8/4. 2 — 8/4 — 2 — — 3te — — 3 — 8/4. 3 — 8/4 — 24/4. 24/4 — 6.

9/2 — 2 — 9/4. 2 — 9/4 — 2 — — 3te — — 3 — 9/4. 3 — 9/4 — 27/4. 27/4 — 6 3/4.

10/2 - 2 — 10/4. 2 — 10/4 - 2 — — 3te — — 3 — 10/4. 3 — 10/4 -- 30/4. 30/4 — 7 1/2.

1/3 iſt 2m. 1/6. 2m. 1/6 ſt. 2m. d. 3te Th. v. 3m. 1/6. 3m. 1/6 ſt. 3/6. 3/6 ſt. 1/2

2/3 ſt. 2 — 2/6. 2 — 2/6 — 2 — — 3te — — 3 — 2/6. 3 — 2/6 — 6/6. 6/6 — 1.

3/3 — 2 — 3/6. 2 — 3/6 — 2 — — 3te — — 3 — 3/6. 3 — 3/6 — 9/6. 9/6 — 1 1/2.

4/3 — 2 — 4/6. 2 — 4/6 — 2 — — 3te — — 3 — 4/6. 3 — 4/6 — 12/6. 12/6 — 2.

5/3 — 2 — 5/6. 2 — 5/6 — 2 — — 3te — — 3 — 5/6. 3 — 5/6 — 15/6. 15/6 — 2 1/2.

6/3 — 2 — 6/6. 2 — 6/6 — 2 — — 3te — — 3 — 6/6. 3 — 6/6 — 18/6. 18/6 — 3.

7/3 — 2 — 7/6. 2 — 7/6 — 2 — — 3te — — 3 — 7/6. 3 — 7/6 — 21/6. 21/6 — 3 1/2.

8/3 — 2 — 8/6. 2 — 8/6 — 2 — — 3te — — 3 — 8/6. 3 — 8/6 — 24/6. 24/6 — 4.

9/3 — 2 — 9/6. 2 — 9/6 — 2 — — 3te — — 3 — 9/6. 3 — 9/6 — 27/6. 27/6 — 4 1/2.

10/3 - 2 - 10/6. 2 — 10/6 — 2 — — 3te — — 3 — 10/6. 3 — 10/6 — 30/6. 30/6 — 5.

Folglich ſind nachſtehenden Verhältniſſen

nemlich:

a) dem Verhältniß von 1/2 zu 3/4.

b) — — — 2/2 od. 1 Gzn. — 1 Gzn. u. 1/2.

c) — — — 3/2 — 1 — u. 1/2 — 2 — u. 1/4.

d) — — — 4/2 — 2 — — 3 —

e) — — — 5/2 — 2 — u. 1/2 — 3 — u. 3/4.

f) — — — 6/2 — 3 — — 4 — u. 1/2.

g) — — — 7/2 — 3 — u. 1/2 — 5 — u. 1/4.

h) — — — 8/2 — 4 — — 6 —

i) — — — 9/2 — 4 — u. 1/2 — 6 — u. 3/4.

k) — — — 10/2 — 5 — — 7 — u. 1/2.

gleich:

a) das Verhältniß von 1/3 zu 1/2.

b) — — — 2/3 — 1 Gzn.

c) das Verhältniß von 3/3 od. 1 Gzn. zu 1 Gzn. u. 1/2.
d) — — — 4/3 — 1 — u. 1/3 — 2 —
e) — — — 5/3 — 1 — u. 2/3 — 2 — u. 1/2.
f) — — — 6/3 — 2 — — 3 —
g) — — — 7/3 — 2 — u. 1/3 — 3 — u. 1/2.
h) — — — 8/3 — 2 — u. 2/3 — 4 —
i) — — — 9/3 — 3 — — 4 — u. 1/2.
k) — — — 10/3 — 3 — u. 1/3 — 5 —

2te Reihe 3tes, und 3te Reihe 3tes Quadrat.

Folgenden Verhältnissen, nemlich:

a) demjenigen von 1/2 zu 4 mal dem 3ten Theile von 1/2.
b) — — 2/2 — 4 — — 3ten — — 2/2.
c) — — 3/2 — 4 — — 3ten — — 3/2.

und so weiter.

sind gleich:

a) das Verhältniß von 1/3 zu 4 mal dem 3ten Theile von 1/3.
b) — — — 2/3 — 4 — — 3ten — — 2/3.
c) — — — 3/3 — 4 — — 3ten — — 3/3.

und so weiter.

der 3te Th. v. 1/2 ist 1/6.
4 m. — 3te — — 1/2 — 4 m. 1/6. 4 m. 1/6 sd. 4/6. 4/6 sd. 2/3.
4 — — 3te — — 2/2 — 4 — 2/6. 4 — 2/6 — 8/6. 8/6 — 1 1/3.
4 — — 3te — — 3/2 — 4 — 3/6. 4 — 3/6 — 12/6. 12/6 — 2.

und so weiter.

der 3te Theil von 1/3 ist 1/9.
4 m. — 3te — — 1/3 — 4 m. 1/9. 4 m. 1/9 sd. 4/9.
4 — — 3te — — 2/3 — 4 — 2/9. 4 — 2/9 — 8/9.
4 — — 3te — — 3/3 — 4 — 3/9. 4 — 3/9 — 12/9. 12/9 sd. 1 1/3.

und so weiter.

Folglich sind nachstehenden Verhältnissen, nemlich:

a) dem Verhältniß von 1/2 zu 2/3.
b) — — — 2/2 od. 1 Gzn — 1 Gzn. u. 1/3.
c) — — — 3/2 — 1 — u. 1/2 — 2 — u. s. w.

c) das Verhältniß von $\frac{3}{3}$ oder 1 Gzn. zu 1 Gzn. u. $\frac{1}{2}$.
d) — —— — $\frac{4}{3}$ — 1 — u. $\frac{1}{3}$ — 2 —
e) — —— — $\frac{5}{3}$ — 1 — u. $\frac{2}{3}$ — 2 — u. $\frac{1}{2}$.
f) — —— — $\frac{6}{3}$ — 2 — — 3 —
g) — —— — $\frac{7}{3}$ — 2 — u. $\frac{1}{3}$ — 3 — u. $\frac{1}{2}$.
h) — —— — $\frac{8}{3}$ — 2 — u. $\frac{2}{3}$ — 4 —
i) — —— — $\frac{9}{3}$ — 3 — — 4 — u. $\frac{1}{2}$.
k) — —— — $\frac{10}{3}$ — 3 — u. $\frac{1}{3}$ — 5 —

2te Reihe 3tes und 3te Reihe 3tes Quadrat.

Folgenden Verhältnissen, nämlich:
a) demjenigen v. $\frac{1}{2}$ zu einer Zahl v. welcher $\frac{1}{2}$ 3 m. d. 4te Th. ist.
b) —— — $\frac{2}{2}$ — — — — — $\frac{2}{2}$ 3 — — 4te — sd.
c) —— — $\frac{3}{2}$ — — — — — $\frac{3}{2}$ 3 — — 4te — —
und so weiter.

sind gleich:
a) das Verh. v. $\frac{1}{3}$ zu einer Zahl v. welcher $\frac{1}{3}$ 3 m. der 4te Th. ist.
b) — — — $\frac{2}{3}$ — — — — — $\frac{2}{3}$ 3 — — 4te — sd.
c) — — — $\frac{3}{3}$ — — — — — $\frac{3}{3}$ 3 — — 4te — —
und so weiter.

$\frac{1}{2}$ ist 3m. $\frac{1}{6}$. 3m. $\frac{1}{6}$ sd. 3m. d. 4te Th. v. 4m. $\frac{1}{6}$. 4m. $\frac{1}{6}$ sd. $\frac{4}{6}$. $\frac{4}{6}$ sd. $\frac{2}{3}$
$\frac{2}{2}$ sd. 3 — $\frac{2}{6}$. 3 — $\frac{2}{6}$ — 3 — — 4te — — 4 — $\frac{2}{6}$. 4 — $\frac{2}{6}$ — $\frac{8}{6}$. $\frac{8}{6}$ — 1 $\frac{1}{3}$
$\frac{3}{2}$ — 3 — $\frac{3}{6}$. 3 — $\frac{3}{6}$ — 3 — — 4te — — 4 — $\frac{3}{6}$. 4 — $\frac{3}{6}$ — $\frac{12}{6}$. $\frac{12}{6}$ — 2.
und so weiter.

$\frac{1}{3}$ ist 3m. $\frac{1}{9}$. 3m. $\frac{1}{9}$ sd. 3m. d. 4te Th. v. 4m. $\frac{1}{9}$. 4m. $\frac{1}{9}$ sd. $\frac{4}{9}$.
$\frac{2}{3}$ sd. 3 — $\frac{2}{9}$. 3 — $\frac{2}{9}$ — 3 — — 4te — — 4 — $\frac{2}{9}$. 4 — $\frac{2}{9}$ — $\frac{8}{9}$.
$\frac{3}{3}$ — 3 — $\frac{3}{9}$. 3 — $\frac{3}{9}$ — 3 — — 4te — — 4 — $\frac{3}{9}$. 4 — $\frac{3}{9}$ — $\frac{12}{9}$. $\frac{12}{9}$ si. 1 $\frac{1}{3}$
und so weiter.

Folglich sind nachstehenden Verhältnissen, nämlich:
a) dem Verhältniß von $\frac{1}{2}$ zu $\frac{2}{3}$.
b) — —— — $\frac{2}{2}$ oder 1 Gzn. — 1 Gzn. u. $\frac{1}{3}$.
c) — —— — $\frac{3}{2}$ — 1 — u. $\frac{1}{2}$ — 2 — u. s. w.

gleich:

a) das Verhältniß von $\frac{1}{3}$ zu $\frac{4}{9}$.
b) — — — $\frac{2}{3}$ — $\frac{8}{9}$.
c) — — — $\frac{3}{3}$ od. 1 Gzn. — 1 Gzn. u. $\frac{1}{3}$. u. s. w.

2te Reihe 4tes, und 3te Reihe 4tes Quadrat.

Folgenden Verhältnissen, nämlich:

a) demjenigen von $\frac{1}{2}$ zu 5 mal dem 4ten Theile von $\frac{1}{2}$.
b) — — $\frac{2}{2}$ — 5 — — 4ten — — $\frac{2}{2}$.
c) — — $\frac{3}{2}$ — 5 — — 4ten — — $\frac{3}{2}$.

und so weiter.

sind gleich:

a) das Verhältniß von $\frac{1}{3}$ zu 5 m. dem 4ten Theile von $\frac{1}{3}$.
b) — — — $\frac{2}{3}$ — 5 — — 4ten — — $\frac{2}{3}$.
c) — — — $\frac{3}{3}$ — 5 — — 4ten — — $\frac{3}{3}$. u. s. w.

d. 4te Th. v. $\frac{1}{2}$ ist $\frac{1}{8}$.
5 m. — 4te — — $\frac{1}{2}$ — 5 m. $\frac{1}{8}$. 5 m. $\frac{1}{8}$ sd. $\frac{5}{8}$.
5 — — 4te — — $\frac{2}{2}$ — 5 — $\frac{2}{8}$. 5 — $\frac{2}{8}$ — $\frac{10}{8}$. $\frac{10}{8}$ sd. 1 $\frac{1}{4}$.
5 — — 4te — — $\frac{3}{2}$ — 5 — $\frac{3}{8}$. 5 — $\frac{3}{8}$ — $\frac{15}{8}$. $\frac{15}{8}$ — 1 $\frac{7}{8}$.

und so weiter.

d. 4te Th. v. $\frac{1}{3}$ ist $\frac{1}{12}$.
5 m. — 4te — — $\frac{1}{3}$ — 5 m. $\frac{1}{12}$. 5 m. $\frac{1}{12}$ sd. $\frac{5}{12}$.
5 — — 4te — — $\frac{2}{3}$ — 5 — $\frac{2}{12}$. 5 — $\frac{2}{12}$ — $\frac{10}{12}$. $\frac{10}{12}$ sd. $\frac{5}{6}$.
5 — — 4te — — $\frac{3}{3}$ — 5 — $\frac{3}{12}$. 5 — $\frac{3}{12}$ — $\frac{15}{12}$. $\frac{15}{12}$ — 1 $\frac{1}{4}$.

und so weiter.

Folglich sind nachstehenden Verhältnissen, nämlich:

a) dem Verhältniß von $\frac{1}{2}$ zu $\frac{5}{8}$.
b) — — — $\frac{2}{2}$ od. 1 Gzn. — 1 Gzn. u. $\frac{1}{4}$.
c) — — — $\frac{3}{2}$ — 1 — u. $\frac{1}{2}$ — 1 — u. $\frac{7}{8}$. u. s. w.

gleich:

a) das Verhältniß von $\frac{1}{3}$ zu $\frac{5}{12}$.
b) — — — $\frac{2}{3}$ — $\frac{10}{12}$ od. $\frac{5}{6}$.
c) — — — $\frac{3}{3}$ od. 1 G. — 1 Gzn. $\frac{1}{4}$. u. s. w.

Auf diese Art werden alle Quadrate der Tabelle durchgegangen.

gleich:

gleich:

a) das Verhältniß von ⅓ zu 4/9.
b) — — — ⅔ — 8/9.
c) — — — 3/3 od. 1 Gzn. — 1 Gzn. u. ⅓. u. s. w.

2te Reihe 4tes, und 3te Reihe 4tes Quadrat.

Folgenden Verhältnissen, nämlich:

a) demjenigen v. ½ zu einer Zahl v. welcher ½ 4m. d. 5te Th. ist.
b) — — 2/2 — — — — — 2/2 4 — — 5te — sd.
c) — — 3/2 — — — — — 3/2 4 — — 5te — —

und so weiter.

sind gleich:

a) d. Verh. v. ⅓ zu einer Zahl v. welcher ⅓ 4m. d. 5te Th. ist.
b) — — — ⅔ — — — — — ⅔ 4 — — 5te — sd.
c) — — — 3/3 — — — — — 3/3 4 — — 5te — — u. s. w.

½ ist 4m. ⅛. 4m. ⅛ sd. 4m. d. 5te Th. v. 5m. ⅛. 5m. ⅛ sd. ⅝.
2/2 sd. 4 — 2/8. 4 — 2/8 — 4 — — 5te — — 5 — 2/8. 5 — 2/8 — 10/8. 10/8 st. 1¼
3/2 — 4 — ⅜. 4 — ⅜ — 4 — — 5te — — 5 — ⅜. 5 — ⅜ — 15/8. 15/8 — 1⅞

und so weiter.

⅓ ist 4m. 1/12. 4m. 1/12 sd 4m. d. 5te T. v. 5m. 1/12. 5m. 1/12 sd. 5/12.
⅔ st. 4 — 2/12. 4 — 2/12 — 4 — — 5te — — 5 — 2/12 5 — 2/12 — 10/12. 10/12 s. ⅚
3/3 — 4 — 3/12. 4 — 3/12 — 4 — — 5te — — 5 — 3/12. 5 — 3/12 — 15/12. 15/12 — 1¼

und so weiter.

Folglich sind nachstehenden Verhältnissen, nämlich:

a) dem Verhältniß von ½ zu ⅝.
b) — — — 2/2 od. 1 Gzn. — 1 Gzn. u. ¼.
c) — — — 3/2 — 1 — u. ½ — 1 — — ⅞. u. s. w.

gleich:

a) das Verhältniß von ⅓ zu 5/12.
b) — — — ⅔ — 10/12 od. ⅚.
c) — — — 3/3 od. 1 Ganzen — 1 Gzn. u. ¼. u. s. w.

Auf diese Art werden alle Quadrate der Tabelle durchgegangen.

Fragen dieser

Frage: Das Verhältniß von 1 Ganzen und 1/2 zu 2 Gan-
zu einer unbekannten Zahl; es fragt sich, welches diese
2 Ganze und 1/2.

Erste Art der Auflösung.

1 Ganzes und 1/2 sind 3/2; 2 Ganze und 1/4 sind 9/4; um das Verhältniß zwischen 9/4 und 3/2 zu finden, muß ich die Halben in Viertel auflösen; 3/2 sind nun 6/4. Das Verhältniß von 9/4 zu 6/4 kann so ausgedrükt werden: 9/4 und 9 mal der 6te Theil von 6/4; um aber ein einfachers Verhältniß zwischen diesen zwey Zahlen herauszufinden, muß ich 9/4 in 3 mal 3/4 und 6/4 in 2 mal 3/4 zusammenfassen, — nun besteht das Verhältniß von 3 mal 3/4 zu 2 mal 3/4 darin, daß 3 mal 3/4 3 mal der halbe Theil von 2 mal 3/4 ausmachen. Das erste Verhältniß der Proportion besteht darin, daß das 2te Glied desselben 3 mal der halbe Theil des ersten ist. Das erste Glied des 2ten zu suchenden Verhältnisses der Proportion ist 1 Ganzes und 2/3, und das unbekannte 2te Glied dieses Verhältnisses muß ebenfalls 3 mal der halbe Theil von 1 Ganzen und 2/3 seyn, wie das 2te Glied des ersten Verhältnisses 3 mal der halbe Theil des 1sten Gliedes ist. 1 Ganzes und 2/3 sind nun 5/3; der halbe Theil von 5/3 ist 5/6; 3 mal der halbe Theil von 5/3 ist 3 mal 5/6; 3 mal 5/6 sind 15/6; und 15/6 sind 2 Ganze und 1/2.

Folglich ist das Verhältniß von 1 Ganzen und 1/2 zu 2 Gan-
zu 2 Ganzen und 1/2. (siehe 2tes Quadrat der 2ten,

Frage: 3 Ganze und 2/3 verhalten sich zu 4 Ganzen und
verhalten; welches ist diese unbekannte Zahl? Antw. Sie

Erste Art der Auflösung.

3 Ganze und 2/3 sind 11/3; 11/3 sind 44/12; 4 Ganze und 7/12 sind 55/12; 44/12 sind 4 mal 11/12; 55/12 sind 5 mal 11/12; 5 mal 11/12 sind 5 mal der 4te Theil von 4 mal 11/12; nun verhalten sich 44/12 zu 5 mal dem 4ten Theile von 44/12, wie sich

Abtheilung.

zen und $\frac{1}{4}$, ist gleich dem Verhältniß von 1 Ganzen und $\frac{2}{3}$ unbekannte Zahl sey? Antwort: Diese unbekannte Zahl ist

Zweyte Art der Auflösung.

1 Ganzes und $\frac{1}{2}$ sind $\frac{3}{2}$; 2 Ganze und $\frac{1}{4}$ sind $\frac{9}{4}$; um das Verhältniß zwischen $\frac{3}{2}$ und $\frac{9}{4}$ zu finden, muß ich die halben in 4tel auflösen; $\frac{3}{2}$ sind nun $\frac{6}{4}$. Das Verhältniß von $\frac{6}{4}$ zu $\frac{9}{4}$ kann so ausgedrückt werden: $\frac{6}{4}$ sind 6 mal der 9te Theil von $\frac{9}{4}$; um aber ein einfachers Verhältniß zwischen diesen zwey Zahlen herauszufinden, muß ich $\frac{6}{4}$ in 2 mal $\frac{3}{4}$ und $\frac{9}{4}$ in 3 mal $\frac{3}{4}$ zusammenfassen; — nun besteht das Verhältniß von 2 mal $\frac{3}{4}$ zu 3 mal $\frac{3}{4}$ darinn, daß 2 mal $\frac{3}{4}$ 2 mal der 3te Theil von 3 mal $\frac{3}{4}$ ausmachen. — Das erste Verhältniß der Proportion besteht darin, daß das erste Glied desselben 2 mal der 3te Theil des 2ten ist. Das erste Glied des 2ten zu suchenden Verhältnisses der Proportion ist 1 Ganzes und $\frac{2}{3}$, und 1 Ganzes und $\frac{2}{3}$ müssen ebenfalls 2 mal der 3te Theil des 2ten Gliedes seyn, wie das 1ste Glied des ersten Verhältnisses 2 mal der 3te Theil des 2ten Gliedes ist. 1 Ganzes und $\frac{2}{3}$ sind nun $\frac{5}{3}$; $\frac{5}{3}$ sind 2 mal $\frac{5}{6}$; 2 mal $\frac{5}{6}$ sind 2 mal der 3te Theil von 3 mal $\frac{5}{6}$; 3 mal $\frac{5}{6}$ sind $\frac{15}{6}$, und $\frac{15}{6}$ sind 2 Ganze und $\frac{1}{2}$.

zen und $\frac{1}{4}$ gleich dem Verhältniß von 1 Ganzen und $\frac{2}{3}$ und 2tes Quadrat der 3ten Reihe.

$\frac{7}{12}$, wie sich eine unbekannte Zahl zu 3 Ganzen und $\frac{5}{6}$ ist 3 Ganze und $\frac{1}{15}$.

Zweyte Art der Auflösung.

3 Ganze und $\frac{2}{3}$ sind $\frac{11}{3}$; $\frac{11}{3}$ sind $\frac{44}{12}$; 4 Ganze und $\frac{7}{12}$ sind $\frac{55}{12}$; $\frac{55}{12}$ sind 5 mal $\frac{11}{12}$; $\frac{44}{12}$ sind 4 mal $\frac{11}{12}$; 4 mal $\frac{11}{12}$ sind 4 mal der 5te Theil von 5 mal $\frac{11}{12}$; nun verhalten sich $\frac{44}{12}$ zu einer Zahl von welcher $\frac{44}{12}$ 4 mal der 5te

die unbekannte Zahl zu 5 mal dem 4ten Theile derselben verhält. Nun verhält sich die unbekannte Zahl zu 3 Ganzen und 5/6 wie sich 44/12 zu 55/12 verhalten, folglich sind 3 Ganze und 5/6 5 mal der 4te Theil der unbekannten Zahl; nun muß ich wissen, von welcher Zahl 3 Ganze und 5/6 5 mal der 4te Theil sind. 3 Ganze und 5/6 sind 23/6; 1/6 ist 5 mal 1/30; 23/6 sind 5 mal 23/30; 5 mal 23/30 sind 5 mal der 4te Theil von 4 mal 23/30; 4 mal 23/30 sind 92/30, und 92/30 sind 3 Ganze und 1/15.

Folglich verhalten sich 3 Ganze und 2/3 zu 4 Ganzen und
halten. (siehe 3te Reihe 4tes, und 6te Reihe 5tes

Frage: Das Verhältniß von 1 Ganzen und 3/7 zu einer
und 3/8 zu 1 Ganzen und 4/7; welches ist diese unbekannte

Erste Art der Auflösung.

1 Ganzes und 3/8 sind 11/8; 1 Ganzes und 4/7 sind 11/7; 1/7 ist 8/56; 1/8 ist 7/56; 1/7 ist 8 mal der 7te Theil von 1/8; 11/7 sind also 8 mal der 7te Theil von 11/8. Das Verhaltniß von 11/8 zu 8 mal dem 7ten Theile von 11/8 ist gleich dem Verhältniß von 1 Ganzen und 3/7 zu 8 mal dem 7ten Theile von 1 Ganzen und 3/7. 1 Ganzes und 3/7 sind 10/7; der 7te Theil von 10/7 ist 10/49; 8 mal der 7te Theil von 10/7 ist 8 mal 10/49; 8 mal 10/49 sind 80/49; und 80/49 sind 1 Ganzes und 31/49.

Folglich ist das Verhältniß von 1 Ganzen und 3/7 zu 1 Gan
zu 1 Ganzen und 4/7. (Siehe 8te Reihe 7tes, und 7te

Frage: Eine unbekannte Zahl verhält sich zu 2 Ganzen
verhält; welches ist diese unbekannte Zahl? Antw. Sie

Erste Art der Auflösung.

1 Ganzes und 5/9 sind 14/9; 1 Ganzes und 3/4 sind 7/4; 1/9 ist 4/36; 14/9 sind 14 mal 4/36 oder 56/36; 1/4 ist 9/36, 7/4

Theil sind; wie sich die unbekannte Zahl zu einer Zahl verhält, von welcher sie 4 mal den 5ten Theil ausmacht. Nun verhält sich die unbekannte Zahl zu 3 Ganzen und 5/6 wie sich 44/12 zu 55/12 verhalten; folglich muß die unbekannte Zahl 4 mal der 5te Theil von 3 Ganzen und 5/6 seyn; nun muß ich wissen, welche Zahl 4 mal der 5te Theil von 3 Ganzen und 5/6 sey. 3 Ganze und 5/6 sind 23/6; der 5te Theil von 1/6 ist 1/30; der 5te Theil von 23/6 ist 23/30; 4 mal der 5te Theil von 23/6 ist 4 mal 23/30; 4 mal 23/30 sind 92/30, und 92/30 sind 3 Ganze und 1/15.

7/12 wie sich 3 Ganze und 1/15 zu 3 Ganzen und 5/6 ver- Quadrat.)

---

unbekannten Zahl ist gleich dem Verhältniß von 1 Ganzen Zahl? Antw. Diese unbekannte Zahl ist 1 Ganzes und 31/49.

Zweyte Art der Auflösung.

1 Ganzes und 3/8 sind 11/8; 1 Ganzes und 4/7 sind 11/7; 1/8 ist 7/56; 1/7 ist 8/56; 1/8 ist 7 mal der 8te Theil von 1/7; 11/8 sind also 7 mal der 8te Theil von 11/7. Das Verhältniß von 11/8 zu einer Zahl von welcher 11/8 7 mal der 8te Theil sind, ist gleich dem Verhaltniß von 1 Ganzen und 3/7 zu einer Zahl, von welcher 1 Ganzes und 3/7 7 mal der 8te Theil sind. 1 Ganzes und 3/7 sind 10/7; 10/7 sind 7 mal 10/49; 7 mal 10/49 sind 7 mal der 8te Theil von 8 mal 10/49; 8 mal 10/49 sind 80/49; und 80/49 sind 1 Ganzes und 31/49.

zen und 31/49 gleich dem Verhältniß von 1 Ganzen und 3/8 Reihe 7tes Quadrat.)

---

und 7/10, wie sich 1 Ganzes und 5/9 zu 1 Ganzen und 3/4 ist 2 Ganze und 2/5.

Zweyte Art der Auflösung.

1 Ganzes und 5/9 sind 14/9; 1 Ganzes und 3/4 sind 7/4; 1/9 ist 4/36; 14/9 sind 14 mal 4/36 oder 56/36; 1/4 ist 9/36; 7/4

sind 7 mal 9/36 oder 63/36; 63/36 sind 9 mal 7/36; 56/36 sind 8 mal 7/36; 9 mal 7/36 sind 9 mal der 8te Theil von 8 mal 7/36. — Nun verhalten sich 14/9 zu 9 mal dem 8ten Theile von 14/9, wie sich die unbekannte Zahl zu 9 mal dem 8ten Theile derselben verhält. Nun verhalten sich 14/9 zu 7/4 wie sich die unbekannte Zahl zu 2 Ganzen und 7/10 verhält; folglich sind 2 Ganze und 7/10 — 9 mal der 8te Theil der unbekannten Zahl. 2 Ganze und 7/10 sind 27/10; 27/10 sind 9 mal der 8te Theil von 24/10; 24/10 sind 2 Ganze und 2/5.

Folglich ist das Verhältniß von 2 Ganzen und 2/5 zu 5/9 zu 1 Ganzen und 3/4. (siehe 4te Reihe 9tes und

---

Frage: Zu welcher Anzahl von Ganzen verhält sich der wie sich 1 Ganzes und 3/7 zu 1 Ganzen und 2/3 verhält? zen und 1/3 verhält sich zu 1 Ganzen und 5/72, wie sich

Erste Art der Auflösung.

1 Ganzes und 3/7 sind 10/7; 1 Ganzes und 2/3 sind 5/3; um das Verhältniß zwischen 7teln und 3teln zu bestimmen, muß ich beyde in 21stel auflosen. 10/7 sind 30/21; 5/3 sind 35/21; 35/21 sind 7 mal 5/21; 30/21 sind 6 mal 5/21; 7 mal 5/21 sind 7 mal der 6te Theil von 6 mal 5/21; nun verhalten sich 30/21 zu 7 mal dem 6ten Theile von 30/21 wie sich der Unterschied zwischen 3 Ganzen und 1/4 und 2 Ganzen und 1/3 zu einer Zahl verhält, welche 7 mal dem 6ten Theile dieses Unterschieds gleich ist. Ich muß also den Unterschied zwischen 3 Ganzen und 1/4 und 2 Ganzen und 1/3 suchen, und 7 mal den 6ten Theil von demselben nehmen. 3 Ganze und 1/4 sind 13/4; 2 Ganze und 1/3 sind 7/3; 1/4 ist 3/12; 13/4 sind 39/12; 7/3 sind 28/12; der Unterschied zwischen 39/12 und 28/12 ist 11/12; der 6te Theil von 11/12 ist 11/72; 7 mal der 6te Theil von 11/72 ist 77/72; 77/72 sind 1 Ganzes und 5/72.

Folglich verhält sich der Unterschied zwischen 3 Ganzen und 1/4 und 3/7 zu 1 Ganzen und 2/3 verhält.

---

sind 7 mal 9/36 oder 63/36; 63/36 sind 9 mal 7/36; 56/36 sind 8 mal 7/36; 8 mal 7/36 sind 8 mal der 9te Theil von 9 mal 7/36. Nun verhalten sich 14/9 zu einer Zahl von welcher 14/9 8 mal der 9te Theil sind, wie sich die unbekannte Zahl zu einer Zahl verhält, von welcher dieselbe 8 mal der 9te Theil ist. Nun verhalten sich 14/9 zu 7/4 wie sich die unbekannte Zahl zu 2 Ganzen und 7/10 verhält; folglich ist die unbekannte Zahl 8 mal der 9te Theil von 2 Ganzen und 7/10. 2 Ganze und 7/10 sind 27/10; der 9te Theil von 27/10 ist 3/10; 8 mal der 9te Theil v. 27/10 ist 8 mal 3/10 oder 24/10; und 24/10 sind 2 Ganze und 2/5. 2 Ganzen und 7/10 gleich dem Verhältniß von 1 Ganzen und 10te Reihe 9tes Quadrat.)

Unterschied zwischen 3 Ganzen und 1/4 und 2 Ganzen und 1/3, Antw. Der Unterschied zwischen 3 Ganzen und 1/4 und 2 Gan= 1 Ganzes und 3/7 zu 1 Ganzen und 2/3 verhält.

Zweyte Art der Auflösung.

1 Ganzes und 3/7 sind 10/7; 1 Ganzes und 2/3 sind 5/3; um das Verhältniß zwischen 7teln und 3teln zn finden, muß ich beyde in 21stel auflösen. 10/7 sind 30/21; 5/3 sind 35/21; 30/21 sind 6 mal 5/21; 35/21 sind 7 mal 5/21; 6 mal 5/21 sind 6 mal der 7te Theil von 7 mal 5/21; nun verhalten sich 30/21 zu einer Zahl von welcher 30/21 6 mal der 7te Theil sind, wie sich der Unterschied zwischen 3 Ganzen und 1/4 und 2 Ganzen und 1/2 zu einer Zahl verhält, von welcher dieser Unterschied 6 mal der 7te Theil ist. Ich muß also den Unterschied zwischen 3 Ganzen und 1/4 und 2 Ganzen und 1/3 suchen und bestimmen; von welcher Zahl die herausgekommene 6 mal den 7ten Theil ausmache. 3 Ganze und 1/4 sind 13/4; 2 Ganze und 1/3 sind 7/3; 1/4 ist 3/12; 13/4 sind 13 mal 3/12; 13 mal 3/12 sind 39/12; 7/3 sind 28/12; der Unterschied zwischen 39/12 und 28/12 ist 11/12; 11/12 sind 6 mal 11/72; 6 m. 11/72 sind 6 mal d. 7te Theil v. 7 mal 11/72; 7 m. 11/72 sind 77/72 od. 1 Ganzes u. 5/72. und 2 Ganzen und 1/3 zu 1 Ganzen und 5/72 wie sich 1 Ganzes

---

FSC
www.fsc.org
MIX
Papier | Fördert gute Waldnutzung
FSC® C083411

Zeitfracht Medien GmbH
Ferdinand-Jühlke-Straße 7
99095 Erfurt, Deutschland
produktsicherheit@kolibri360.de